本书部分内容为青岛社科项目"儒家经典的微美学思想研究"成果
（课题编号 QDSKL1901180）

本书获得青岛理工大学 2023 年度人文社科学术出版资助

"儒道互补"
美学史观研究

蔡萍 著

中国社会科学出版社

图书在版编目（CIP）数据

"儒道互补"美学史观研究／蔡萍著 . —北京：中国社会科学出版社，2023. 11

ISBN 978 - 7 - 5227 - 2660 - 1

Ⅰ . ①儒…　Ⅱ . ①蔡…　Ⅲ . ①美学史—研究—中国　Ⅳ . ①B83 - 092

中国国家版本馆 CIP 数据核字（2023）第 192814 号

出 版 人	赵剑英
责任编辑	安　芳
责任校对	张爱华
责任印制	李寡寡

出　　版	中国社会科学出版社
社　　址	北京鼓楼西大街甲 158 号
邮　　编	100720
网　　址	http：//www. csspw. cn
发 行 部	010 - 84083685
门 市 部	010 - 84029450
经　　销	新华书店及其他书店

印刷装订	三河市华骏印务包装有限公司
版　　次	2023 年 11 月第 1 版
印　　次	2023 年 11 月第 1 次印刷

开　　本	710 × 1000　1/16
印　　张	21. 5
插　　页	2
字　　数	309 千字
定　　价	116. 00 元

目　录

绪　　论

一　学术史回顾

"儒道互补"是李泽厚在《美的历程》（1981 年）中作为中国思想史的主线提出的一个新命题，后在《华夏美学》（1989 年）中充分展开成为中国古代美学史的主线。笔者认为"儒道互补"首先是李泽厚提出的思想史观，其次是中国美学史观，而李泽厚对后者的论述更为充分。本书正是对后者即李泽厚所提出的"儒道互补"美学史观（以下简称"儒道互补"美学史观）进行集中和深入研究。以下对这一选题的相关研究情况进行梳理：

（一）作为思想史观的"儒道互补"研究成为热点

李泽厚提出"儒道互补"命题后得到了广泛认可，"儒道互补"研究逐渐成为一个热点问题。但"儒道互补"不是作为美学史观而首先是作为思想史观被广泛认可。如以"儒道互补"为主题检索共有 1000 余篇期刊论文。按发表年度分组后可见从 80 年代初只有 1—2 篇。到 2006 年突然增加到 60 余篇。此后一直保持在每年 60 篇左右。这表明该研究领域属于持续增加日趋稳定的研究领域。"儒道互补"研究比较集中于在哲学和美学领域。其主要研究内容和代表性成果如下：

其一，"儒道互补"中的儒道关系。在"儒道互补"中的儒道关系是否平等的问题上出现了两种对立的观点，一种观点是以儒家为主干的、以道补儒的"儒道互补"。这是李泽厚所提出的"儒道互补"命题的原始内涵：在思想史和美学史上"儒道互补"是儒家本位论的，道家只能处于补充地位而不具有独立价值。李泽厚的这一思想是对冯友兰、牟宗三思想的继承。冯友兰早期的《中国哲学史》即以儒家经学作为汉以后的学术代表。牟宗三始终坚持儒家的主导地位，强调以道补儒，期望德性主体开出知性主体。这一观点也得到了陈来、陈炎的吸收和发展。陈来认为儒、道构成了一种阴阳互补，但儒家是阳，是正题，是逻辑在先，儒家致力于群体生活规则的研究而且积极进取，贡献更大。另一种观点是强调儒道并立或对等的儒道功能互补论；这派观点在哲学上主要以牟钟鉴、吴重庆和安继民为代表。牟钟鉴认为"儒道互补"是两家学说向前发展的重要动力，两家虽然互补，却始终没有合一。并认为儒家和道家分别是伦理教化型的人文主义和自然复归型的人文主义，还从进化与复归、阳与阴、实与虚、群体与个体四个方面界定"儒道互补"的内涵和特征，指出"儒道互补"影响了中国人的生活艺术，士的精神的实质即"儒道互补"。牟钟鉴强调"儒道互补"并不是将道家作为一种单纯的补充作用，实际上儒家和道家在历史的发展过程中是相互影响、相互吸收的，二者的地位是平等的。① 安继明的著作《秩序与自由："儒道互补"初论》运用现代科学的方法论，把"儒道互补"概括为秩序与自由的互补，具体为宗法主义和自然主义、角色主义和自由主义的互补。② 此外，张其成还提出易为主干，儒道两翼之说，他认为儒家思想和道家思想既互相排斥，又互相吸收；既互相对立，又互相融合。在此意义上来说，儒道本是一家。这种观点实际上是调和儒道矛盾，总体上还是强调了儒道的平等性。③ 两种观点彼此分立，总体上说，目前第二种强调儒道平等的观点获得了更多的接受。

---

① 牟钟鉴、林秀茂：《论儒道互补》，《中国哲学史》1998 年第 6 期。

② 安继明：《秩序与自由："儒道互补"初论》，社会科学文献出版社 2010 年版。

③ 张其成：《国学是中国人的心灵家园》，《人民论坛》2014 年第 10 期。

其二，"儒道互补"的地位和意义。牟钟鉴、林秀茂、白奚、吴重庆、安继民、董平、张光成、赵吉惠等大多数学者都和李泽厚一样肯定了"儒道互补"在中国文化中的地位和意义。如牟钟鉴、林秀茂认为抓住了"儒道互补"，就等于抓住了中国思想发展史的大纲。① 白奚也认为"儒道互补"使中国的文化结构趋于自我完善，也使得中国知识分子的人生趋于完整和艺术化。② 安继民认为"儒道互补"是中国传统文化及传统哲学的基本格局。③ 赵吉惠认为中国传统文化应以"儒道互补"为主体结构。④ 韩秉方认为"儒道互补"是国学之根基。⑤ 此外海外汉学界葛瑞汉、于连、郝大维、安乐哲都肯定了中国哲学的"儒道互补"结构特点及其当代价值。王祥云、彭彦琴、霍涌泉、宋志明、邵龙宝、冯合国等学者论述了"儒道互补"对中国人的文化心理、情感模式、乐观心理、处世模式等方面的重要影响。总之，"儒道互补"在中国文化中的地位和意义得到了普遍认可。

其三，"儒道互补"的历程。李泽厚认为"儒道互补"是中国思想史的基本线索和主线，这一观点得到了广泛认可，但在"儒道互补"的发生和形成时期方面出现了较大分歧。一些学者认为"儒道互补"的格局在先秦形成，如代云、黄斌，一些学者认为是汉武帝时期，如赵吉惠、陈静。还有一些学者如程剑平、戴继诚、安华宇和梁建民等认为"儒道互补"理论形成于魏晋玄学时期。白奚则认为"儒道互补"在历史上经历了战国和宋明两次高潮，在宋明以后的儒、释、道三家并立互补的文化结构中，"儒道互补"居于更

---

① 牟钟鉴、林秀茂：《论儒道互补》，《中国哲学史》1998 年第 6 期。
② 白奚：《孔老异路与儒道互补》，《南京大学学报》（哲社版）2000 年第 5 期。
③ 安继民：《论儒道互补》，《中州学刊》2007 年第 6 期。
④ 赵吉惠：《论"儒道互补"的中国文化主体结构与格局》，《陕西师范大学学报》（哲社版）1994 年第 6 期。
⑤ 韩秉方：《儒道互补——国学之根基》，《读书》2011 年第 5 期。

基础的地位等。① 这一认识突出了"儒道互补"的高潮期和"儒道互补"到"儒释道互补"的变动性更为符合儒道关系发展史的复杂性，更有说服力。

其四，"儒道互补"的前提。李泽厚主张"儒道互补"的前提是"同一论"。相似的观点有"调和论"如董平认为儒道本质同一而实践有差异是"儒道互补"的前提；② 还有"因果论"如安继民认为："儒道互补"是中国文化中互为因果相互作用的两股力量，即儒家以道家为因，道家以儒家为果，而儒道之间又分享着共同的一元、自因和时间性哲学特征。③ 还有一些学者强调"儒道互补"的前提是"差异论"。如白奚提出孔、老异路是"儒道互补"的前提；④ "差异论"的强烈形式是"挑战论"，如孙敏强认为道家通过彻底否定语言文字、圣人经典、君权政治等，对儒学独尊地位发动的挑战是"儒道互补"形成的历史原因。⑤ 笔者认为单一的同一论和差异论都难以反映儒道关系的复杂性，儒道对立而相同或相通是"儒道互补"的共同前提。

其五，"儒道互补"中的儒道差异。对这一问题学者们的分歧较大，主要有以下代表性观点：道德本体和生命本体（董平）⑥；"德性我"和"情意我"或"生命我"（代云）；功利与超功利、整体精神与个体精神（张国钧）；圣人人格和君子人格（崔红丽）；刚健有为和贵柔守雌（郭戎戈）等。安继民概括了儒、道两家的八大差异如秩序与自由、角色本位与生存主体、仁道与自性、伦理—

① 白奚：《孔老异路与儒道互补》，《南京大学学报》（哲社版）2000 年第 5 期。
② 董平：《"儒道互补"原论》，《浙江大学学报》（人文社会科学版）2007 年第 5 期。
③ 安继民：《论儒道互补》，《中州学刊》2007 年第 6 期。
④ 白奚：《孔老异路与儒道互补》，《南京大学学报》（哲社版）2000 年第 5 期。
⑤ 孙敏强：《儒道互补历史原因管窥——兼论道家对儒学独尊地位的挑战》，《浙江大学学报》（人文社会科学版）2003 年第 6 期。
⑥ 董平：《"儒道互补"原论》，《浙江大学学报》（人文社会科学版）2007 年第 5 期。

政治与哲理—超越、维护正义与追求真理、儒家的"把人当子看"和道家的"把人当人看"、宗法主义与自然主义、北方与南方天候地缘的产物等。① 在儒道对立互补方面，安继民的研究成果比较全面，值得关注。

此外，有极少数学者对"儒道互补"作为思想史观和传统文化基本观念进行了批评。如张光成认为把传统文化概括成"儒道互补"已经成为一种思维框架，概括不科学，容易使有关研究产生重个性而轻共性的弊病。"儒道互补"只是传统文化的形式而忽视了与当时社会实践的相互作用的实质内容、忽视对其他思想流派的研究和对传统文化的全面认识，这种概括把儒道学说看成既成、静态和必然的存在而忽视其动态变化等。② 张光成在普遍认同"儒道互补"在思想史中的重要地位的主流中认识到其局限性，分析深刻，很有启发性。

以上对"儒道互补"思想史观的研究方向众多，成果较丰富，研究也比较深入，是笔者研究"儒道互补"美学史观可资借鉴的研究基础。已有研究不足之处在于，总体上学界基本已经将"儒道互补"作为中国古代思想史观的既定理论前提来研究，而对"儒道互补"的探究性和反思性研究还比较欠缺。

（二）作为美学观的"儒道互补"研究方兴未艾

李泽厚提出的"儒道互补"命题除了被作为思想史观被广泛认可与接受，还作为一种中国古代美学观被认可。这方面的研究也取得了一些成果。主要如下：

1. "儒道互补"人格美学成为研究热点

诸多学者通过不同的论述方式都认为"儒道互补"从根本上奠定了中国知识分子的理想人格，是中国古代人格美学的典范。其中

① 安继民：《论儒道互补》，《中州学刊》2007 年第 6 期。

② 张光成：《把传统文化概括成"儒道互补"或儒家文化的缺陷》，《哲学动态》1991 年第 7 期。

吴重庆的研究很有代表性，其专著《儒道互补——中国人的心灵建构》从人为与自然、内圣与外王、形上与形下三个方面的统一概括了"儒道互补"在中国人理想人格追求上的内涵。① 近年来，对中国文人"儒道互补"典范人格美学的探讨成为一个研究热点，其中陶渊明和苏轼的"儒道互补"人格已经得到普遍认可。李白、范蠡、张衡、司马迁、仲长统、葛洪、曹植、诸葛亮、韩愈、王阳明等还有现代作家废名都被认为具有"儒道互补"的理想人格。也有极少数学者对"儒道互补"人格进行了批评。如工琼从中国传统文化的内核——儒道互补的中国人性结构剖析中国封建社会结构的超稳定性原因，并指出"儒道互补"的稳定的群体人性结构是一种完美的人性结构的假象，而且"儒道互补"的残缺的个体人性结构导致了国人的奴性人格。②

2. "儒道互补"美学思想研究比较盛行

一些学者对"儒道互补"在中国美学中的具体影响进行了研究。如蒋孔阳在《中国艺术与中国古代美学思想》一文中深刻分析了儒家和道家美学产生的基础。中国古代社会的两大特点，一是宗法礼教，二是小农经济，分别产生了以礼乐为中心的儒家美学思想和以无为、自然为中心的道家美学思想。③ 张文勋在《中国古代美学中的儒道互补》一文中从审美功能、审美判断、审美心理、审美趣味四方面，具体深入探讨了儒、道互补的内在机制，对儒、道两家的美学思想作了较全面的比较研究。④ 张文勋还出版了专著《儒道佛美学思想探索》（1988 年）从不同侧面研究了儒、道、佛三家的审美观念、审美体验、审美趣味的异同⑤，也值得关注。很多学

---

① 吴重庆：《儒道互补——中国人的心灵建构》，广东人民出版社 1993 年版。

② 王琼：《儒道互补的中国人性结构与中国封建社会超稳定性结构》，《西安教育学院学报》2003 年第 6 期。

③ 蒋孔阳：《中国艺术与中国古代美学思想》，《复旦学报》1987 年第 2 期。

④ 张文勋：《中国古代美学中的儒道互补》，《中国文化研究》2008 年第 3 期。

⑤ 张文勋：《儒道佛美学思想探索》，中国社会科学出版社 1988 年版。

者对"儒道互补"在美学上的重要性进行了充分肯定。如李建强认为中国传统艺术美学的发展史是儒道两家长期互相影响、互相促进的发展轨迹。① 韩国学者俞俊英甚至认为"儒道互补"是东亚美学共同话题，具有国际性意义。② 近年来探讨"儒道互补"对文学或具体作品的影响成为一种文艺美学研究方法。如张梅论"儒道互补"现象对中国文学的影响（2003 年）、吴贤哲论"儒道互补"对汉代文学创作的影响（2007 年），还有论"儒道互补"对《史记》、阮籍作品、陶渊明诗歌、苏轼作品、《三国演义》的影响等。"儒道互补"还成为分析各类艺术的方法论。如李水泳对山水画创作（2008 年）、轩小杨对《淮南子》中的音乐美学思想（2009 年）、邵长宗对宋瓷（2007 年）、薛保华对中国园林设计的分析（2010 年）。此外还有刘宏彬对中华民族社会美观念的成因的分析（1988 年）、许军、秦璟对葛洪生态美学和谐观的分析（2008 年）等。

以上成果对"儒道互补"美学观进行了全面的、立体的、交叉的、动态的极为丰富的研究，对笔者的研究颇有启发性。但总体上是将"儒道互补"作为中国古代美学观的既定理论前提来研究，对"儒道互补"美学观的原始内涵及其产生过程缺乏深入了解，也缺乏对"儒道互补"美学观的反思性研究。

（三）作为美学史观的"儒道互补"研究十分薄弱

目前笔者未见"儒道互补"美学史观的提法，美学界一直将李泽厚的"儒道互补"作为美学观，而不是作为美学史观进行研究，所以这方面的研究成果比较欠缺。但也有一些相关研究成果值得重视。

1. "儒道互补"在李泽厚美学思想研究中比较薄弱

李泽厚美学思想研究一直是 20 世纪中国美学研究的热点问题。以"李泽厚"为主题检索共有两千余篇文章。从论文的学科分类

---

① 李建强：《中国传统艺术美学的儒道互补》，《美术大观》2007 年第 12 期。

② ［韩］余俊英：《作为东亚美学共同话题的"儒道互补"》，《文史哲》2001 年第 1 期。

看，研究其美学思想的论文占据了近一半比例，有绝对优势，其次是哲学和文学。李泽厚的美学是哲学美学，其中有一系列的自创范畴和命题。在美的本质的认识上，他提出了美的客观社会说、实践美学、历史本体论、人类学本体论、度本体等；在中国美学中他提出了"实用理性""乐感文化""儒道互补""巫史传统""情本体"等命题。这些范畴和命题都成为李泽厚美学研究的重点内容。根据以上美学范畴和命题进行主题检索篇目如下：

表1　　　　　李泽厚提出的重要美学范畴和命题研究情况一览表　　　（单位：篇）

研究主题	实践美学	历史本体论	情本体	乐感文化	实用理性	新感性	人类学本体论	心理本体	儒道互补	巫史传统	度本体
篇目	421	72	68	46	35	34	31	27	25	8	4

数据来源：中国知网（检索时间2016年12月31日）。

　　由表1可见，李泽厚美学中的研究主题最多的是实践美学，多达421篇。其次是各类本体研究包括历史本体论、心理本体、情本体、度本体，一共175篇，其中历史本体论和"情本体"各占近一半。"乐感文化""实用理性""儒道互补""巫史传统"是李泽厚提出的关于中国美学的四个重要命题，但在这四个命题中关于"儒道互补"的研究数量不多，仅有25篇，仅高于"巫史传统"，研究明显不足。除了论文之外，以"李泽厚"为主题检索有8本著作，其中有4本美学著作。王生平的《李泽厚美学思想研究》（1987年）全书分为七个部分：李泽厚的美学道路、主体性实践哲学和美学、人化的自然、中国古典美学中的自然的人化、关于美是自由的形式、关于审美心理学和形象思维及其规律。[①]该著主要是围绕李泽厚实践美学的基本观点展开论述，虽然谈到了中国古典美学中的"自然的人化"即儒家美学思想，但对李泽厚"儒道互补"美学观

———————

　　① 王生平：《李泽厚美学思想研究》，辽宁人民出版社1987年版。

的论述并不充分。刘再复的《李泽厚美学概论》（2009 年）在自序中称李泽厚是中国现代美学的第一小提琴手。全文分为主篇和附篇两部分。主篇主要是对李泽厚美学思想的分析和评价：如分析了李泽厚美学体系图式、李泽厚的中国美学观和刘小枫的挑战，李泽厚美感心理数学方程式的猜想等。刘再复认为李泽厚美学是真正的原创性美学，是具有哲学、历史纵深度的美学表述。李泽厚的历史本体论是马克思与康德的互补，李泽厚通过对康德的重新阐释提出了主体实践美学，李泽厚美学是近似曹雪芹的大观美学与通观美学，是中国古代美学的现代阐释与"情感真理"的发现，建构了具有普世意义的中国现代话语谱系，创立了独特的现代美学命题。副篇主要是与李泽厚的美学对谈选编。[①] 赵士林的《李泽厚美学》（2012年）全文七章分析了李泽厚美学思想的文化背景与当代价值、李泽厚美学的结构、李泽厚论美学的研究对象和方法、李泽厚论美的哲学、李泽厚论审美心理学、李泽厚论艺术社会学、李泽厚论中国美学史和"以美育代宗教"。[②] 以上三本著作基本是对李泽厚美学思想体系的深入分析，主要围绕李泽厚的历史本体论和实践美学，对李泽厚美学思想价值进行积极的肯定性评价。虽然涉及李泽厚对中国美学史"儒道互补"思想的认识，但并未深入展开。与前三本著作主要是肯定性研究不同，汪济生《实践美学观解构：评李泽厚的〈美学四讲〉》对李泽厚实践美学思想进行了批判性研究。汪济生对李泽厚实践美学观的演绎过程和概念系统进行了全面的分析和考察，对其进行了否定性的评价：如认为李泽厚实践美学具有错误与紊乱的"逻辑起点"并分析了择错逻辑起点的原因和连锁反应。[③] 该著主要是以《美学四讲》为依据对李泽厚实践美学观进行批判，而对《美的历程》和《华夏美学》等包括"儒道互补"美学观在

① 刘再复：《李泽厚美学概论》，生活·读书·新知三联书店 2009 年版。

② 赵士林：《李泽厚美学》，北京大学出版社 2012 年版。

③ 汪济生：《实践美学观解构：评李泽厚的〈美学四讲〉》，上海人民出版社2007 年版。

内的中国美学研究鲜有涉及。总体上,这些著作对李泽厚"儒道互补"思想或者只是提及或者并未展开深入论述。但对李泽厚美学思想的研究比较深入、系统,对本书研究颇具参考价值。

综上可见,对李泽厚"儒道互补"思想进行专门研究的成果比较少,在李泽厚美学研究中也不占主流地位。

2. 李泽厚"儒道互补"美学观研究成果较少

如前所述,以主题检索"李泽厚"并含"儒道互补"仅有论文25篇,其中硕博论文共3篇,硕士论文3篇:谢春江《论融儒道精神于一体的唐朝文人旅游》①、胡维《李泽厚"新感性"思想研究》②、张兰兰《李泽厚中国古典美学思想研究》③,博士论文1篇即刘广新的《李泽厚美学思想述评》。④ 这四篇论文并不把"儒道互补"当作研究主题,或者是直接使用这一概念或者有所涉及但分析并不充分。经过进一步筛选发现与本书研究相关性明显的仅剩下8篇论文:可分为两类:一类是基本赞同李泽厚"儒道互补"美学观并对此进行深化的,有5篇。如赵潇对李泽厚"儒道互补"美学观进行了补充,将孔子和庄子的艺术精神分别作为"为人生而艺术"和"为艺术而艺术"的典型。⑤ 陈德献从审美的人生态度、人格理想、审美趣味三个方面,比较深入具体探讨了李泽厚"儒道互补"美学思想的内涵。⑥ 还有宋伟认为李泽厚以"积淀说"为理论支撑,提出"巫史传统说",并强调"巫史传统"是中国古代文化

① 谢春江:《论融儒道精神于一体的唐朝文人旅游》,硕士学位论文,湘潭大学,2004年。

② 胡维:《李泽厚"新感性"思想研究》,硕士学位论文,陕西师范大学,2014年。

③ 张兰兰:《李泽厚中国古典美学思想研究》,硕士学位论文,山东大学,2016年。

④ 刘广新:《李泽厚美学思想述评》,博士学位论文,浙江大学,2006年。

⑤ 赵潇:《"儒道互补"与中国艺术精神——再读李泽厚〈美的历程〉的一点感受》,《郑州铁路职业技术学院学报》2007年第4期。

⑥ 陈德献:《李泽厚美学思想中的"儒道互补"》,《殷都学刊》2011年第3期。

思想史的最大秘密之所在，为我们重新思考中国文化和中国美学提供了独特的视角。① 宋伟将"巫史传统"而非"儒道互补"作为中国美学的主线忽视了"巫史传统"是李泽厚所认为的"儒道互补"的根源，但不是中国美学的主线。贾永平认为李泽厚从思想史发掘出的"'儒道互补'是两千多年来中国思想的一条主线"应用到美学领域中，引发了美学中的命题矛盾。但李泽厚最终通过"自然的人化"与"人的自然化"调和了矛盾，获得了"儒道互补"在美学上的确立。② 贾永平发现了李泽厚将思想史研究中的"儒道互补"主线说应用到美学领域存在命题适用性的矛盾，这富有启发性。但笔者对该文的结论不认同。在笔者看来李泽厚从马克思主义"自然的人化"观出发将通过儒家与道家区分为"自然的人化"与"人的自然化"只是理论上而不是实际上调和了儒道矛盾。还有王一川《现代艺术理论中的"中国艺术精神"》将李泽厚的"儒道互补"美学思想置于宗白华吸收黑格尔的"时代精神"论与斯宾格勒的"文化心灵"论所开创、现代新儒家的代表性人物所继承和发展的中国艺术精神论的理论体系中，在这一体系中一些代表性人物对在中国艺术精神研究中各有侧重，如方东美把艺术性与道德性并列为"中国艺术精神"的两根支柱并提出中国艺术的生命精神，唐君毅强调中国各门艺术的"相通相契"性，徐复观重视道家美学的"中国艺术精神"，而对李泽厚的认识是以"意境"论激活中国化马克思主义艺术理论并从中国艺术史探寻"中国民族的文化—心理结构"，强调"儒道互补"的儒家美学是华夏美学主流。③ 王一川在此只是肯定了李泽厚"儒道互补"美学思想在中国艺术精神理论

① 宋伟：《从"巫史传统"到"儒道互补"：中国美学的深层积淀——以李泽厚"巫史传统说"为中心》，《社会科学辑刊》2012 年第 9 期。

② 贾永平：《论"儒道互补"在李泽厚美学中的确立》，《兰州文理学院学报》（社会科学版）2014 年第 5 期。

③ 王一川：《现代艺术理论中的"中国艺术精神"》，《东北师大学报》（哲学社会科学版）2016 年第 2 期。

体系中的地位，但不以此为研究中心，所以并未深入展开。

另一类是对李泽厚的"儒道互补"观进行了批判性分析的，主要有 3 篇论文。如方然认为李泽厚的"儒道互补"有两点缺陷：一是李泽厚以"儒道互补"的文化精神贯穿美学史研究，必然会产生将儒家背离艺术的教化原则混同于美学规律的误区；二是以道补儒的"儒道互补"不符合实际。他指出在中国美学史上以庄子为代表的道家思想比其他任何学派都更重视艺术本体及艺术创造规律的研究，因此它的影响最为深远。① 这篇文章较早指出了李泽厚"儒道互补"美学观的局限性，尤其是第一点也为笔者所认同，但他认为道家美学比儒家美学更影响更深远陷入了"道家美学主干论"的误区，对中国文艺发展的实践有所背离。再如邓东《李泽厚与陈炎的"儒道互补"研究之比较》认同"儒道互补"是中国思想文化的主线并以陈炎为参照进行对比研究，对李泽厚的"儒道互补"美学观进行了的否定，主要从以下五点展开：李泽厚片面强调了二者都源于非酒神精神的同一性，分析角度单一；李泽厚为适应"自然人化"理论，突出的并不是儒家"自然的人化"与道家"人的自然化"之间平等、对应的双向关系，而是从"自然"到"人"的单向生成关系，其"华夏美学"只是一种静态的结构关系史；李泽厚对儒道如何互补缺乏动态的或历时态的理论表述；李泽厚所述的"儒道互补"不是双向互动而只是"以道补儒"；李泽厚始终没有指出儒道两家衔接而互补的确切的方式。而且他按照"儒同化了道"的一贯思路，从西方文化的价值判断标准上着眼，对"儒道互补"作出了很低的评价："'儒道互补'成了相对贫乏而低级的'原始的圆满'"；李泽厚用一元的价值判断来包揽研究对象的意义使学术活动成为一种"周而复始的重新评价或价值逆反"。李泽厚在"儒道互补"研究中选取的方法始终停留在价值判断的儒家一元

---

① 方然：《重估庄子在中国美学史上的地位——兼评李泽厚"儒道互补"说》，《河南师范大学学报》（哲学社会科学版）1997 年第 1 期。

决定论。最后得出结论：相比李泽厚，陈炎在"价值中立"的立场
上扩大了理论视野，在"方法多元"的前提下发扬科学精神使其对
于"儒道互补"做出了合乎逻辑的充分的解释，揭示了儒道这两大
文化源泉在民族历史及美学史上的整体功能。① 这篇文章运用对比
分析法深入清晰地揭示了李泽厚和陈炎对于"儒道互补"思想的分
歧，突出了陈炎的"儒道互补"儒道之间平等的双向互补超越了李
泽厚的"儒道互补"以道补儒的单一性，分析比较深入。但笔者认
为尽管陈炎和李泽厚在"儒道互补"的具体观点上有明显不同，但
在对中国文化"儒道互补"的认可和推崇上的立场是完全一致的，
所以该文对"儒道互补"思想本身探究不足。李汉兴的《论李泽
厚"儒道互补"说之疏漏》认为道家渴望回归远古淳朴社会的理
想很难融入传统思想文化的主流，所以，"儒道互补"仅仅关涉少
数中国古代知识分子的价值取向。② 该文主要是针对"儒道互补"
难以涵盖中国古代知识分子价值取向的复杂性而谈"儒道互补"思
想的局限性，但并不涉及美学思想。

　　以上这些研究成果因为与本书的研究主题比较相近，各位论者
的探讨对笔者的研究具有很大的参考价值，但总体上对李泽厚"儒
道互补"美学观进行直接研究的成果较少，也还不够深入。

　　3. 李泽厚"儒道互补"美学史观研究成果欠缺

　　笔者以"李泽厚'儒道互补'美学史观"为主题搜索知网目
前未见同题研究成果。即使单独检索"美学史观"，研究成果也较
少。检索主题含有"美学史观"的文章一共仅有 19 篇。最早的一
篇发表于 1985 年。其中大多数只提到了这一概念，但并未深入论
述，或者是对某种西方美学史观的介绍，如程孟辉、沈勇提出了鲍
桑葵的美学史观，或者是直接提出某位美学学者在某部著作中的美

---

① 邓东：《李泽厚与陈炎的"儒道互补"研究之比较》，《山东科技大学学报》
（社会科学版）2002 年第 9 期。

② 李汉兴：《论李泽厚"儒道互补"说之疏漏》，《吕梁学院学报》2015 年第 5
期。

学史观，如皮朝纲、董运庭分析了敏泽《中国美学思想史》中的美学史观，[①] 温玉林提出了叶朗《中国美学史大纲》中的美学史观[②]，李雄艳提出了朱志荣的美学史观[③]，对"美学史观"研究的成果极其有限。而且目前无论是李泽厚本人还是其他研究者都未见"儒道互补"美学史观的提法。已有的对李泽厚"儒道互补"思想进行研究也基本是作为美学观而不是作为美学史观进行研究。"美学观"和"美学史观"虽然有关联但还是存在明显不同。前者是对"美"的本质、规律、不同美学研究对象如社会美、自然美和艺术美的认识。而后者虽未见明确而公认的定义但基本能确定的是美学史不是一种简单的美学史料的编纂、描述史，而是有书写者主观立场的美学史写作，是对人类或国家、民族美学发生发展历史的基本规律的认识。笔者在此尝试给出一个简单的美学史观定义：美学史观是研究者根据美学史资料建构出来一种关于美学史发展规律的基本观念。在笔者看来，美学史观主要包括研究对象、研究方法、研究范围和写作特点四个要素。笔者认为李泽厚的"儒道互补"美学史观的主要内容是：研究对象是以汉民族文化为主的华夏美学中儒家美学为主体的"儒道互补"的基本线索；研究方法是唯物史观及建立在唯物史观基础上的积淀论思想；写作特点是主线式勾勒；研究范围是从史前巫史传统开始到中国古代社会结束。笔者认为李泽厚的"儒道互补"思想最初尽管是作为思想史观提出的，但在《美的历程》和《华夏美学》中李泽厚以"儒道互补"作为中国美学史的基本线索，并对中国美学史的四种代表性的美学思想：儒家美学、庄子美学、屈骚传统和禅宗美学进行了整合和分析，以"儒道互

---

① 皮朝纲、董运庭：《旁搜远绍 肆外阆中——评敏泽〈中国美学思想史〉兼论中国古典美学研究的几个问题》《中国社会科学》1988 年第 7 期。

② 温玉林：《叶朗〈中国美学史大纲〉的美学史观研究》，《西部学刊》2016 年第 2 期。

③ 李雄艳：《朱志荣的中国美学史观》，《贵阳学院学报》（社会科学版）2012 年第 3 期。

补"建构了中国美学史，提出了研究中国美学史的新视角，具有开创性意义。

综上所述，作为思想史观的"儒道互补"是近年来的学术热点问题。目前学界大都已经基本认同了"儒道互补"是中国思想史、哲学史的基本命题和规律的重要地位。对"儒道互补"中儒道关系、儒道差异、"儒道互补"的前提等方面的研究比较充分。但对"儒道互补"的内在形成机制、发展的具体历程、反思等方面的研究不足。作为美学观的"儒道互补"研究方兴未艾，主要集中于"儒道互补"人格美学研究和作为文学和艺术美学分析的方法论研究。虽然有少数几篇文章已经开始对李泽厚"儒道互补"美学思想进行研究，但总体上说，目前"儒道互补"更多的是作为思想史观和美学观重要命题被研究的，作为美学史观的"儒道互补"研究成果十分欠缺。对李泽厚"儒道互补"美学史观的形成发展、内涵、意义和局限性等重要问题的研究还很不足，而且笔者认为"儒道互补"美学史观对中国美学研究具有重要的学术史价值，这一问题尚有很大的研究空间。笔者试图对这些问题进一步探讨，以期充实已有研究。

二　本书主要研究内容、方法、意义和创新点

（一）主要研究内容和研究方法

1. 主要研究内容

本书围绕着李泽厚"儒道互补"美学史观形成、发展、内涵、地位、意义和阐释困境的基本思路展开。主要研究内容：

第一章主要梳理李泽厚"儒道互补"从思想史观到美学史观的形成、发展和深化的具体过程。

第二章深入分析李泽厚"儒道互补"美学史观的内涵：儒道同一，儒家主干、以道补儒，"儒道互补"美学史观并不局限于儒道之间而是对屈骚传统、禅宗美学和近代人性解放思想都进行了兼收并蓄和扩展，儒道互补是"人的自然化"与"自然的人化"的统一。

　　第三章分析李泽厚"儒道互补"美学史观在其思想体系中的地位："儒道互补"与李泽厚的其他重要思想范畴如历史本体论、"度本体""情本体"和"自然的人化观"之间有密切的关系。"儒道互补"不仅是李泽厚所提出的美学史观，而且也是贯穿其思想体系的基本思维特征、独特品格和基本精神。"儒道互补"是"自然的人化观"的扩展，是历史本体论的基本精神，是情本体论的归宿，是"度本体"的集中体现。

　　第四章分析李泽厚"儒道互补"美学史观的学术史价值：如确立了中国美学史思想根基；与中西方有代表性的美学史观比较，创新了美学史书写范式；合理阐释中国古代美学史的发展规律，提升了中国美学独特价值；努力建构"儒道互补，会通中西"的理想中西文化交流模式；开创中国美学现代性。

　　第五章分析了李泽厚"儒道互补"美学史观的阐释困境局限性，主要有诠释方法阐释困境包括"儒道互补"根源模糊和论证中的矛盾性；"儒道互补"在中国古代诗歌美学、绘画美学和陶瓷美学史中没有得到充分体现的文艺实证阐释困境；儒道互补的"互补"思维、单一论思维、统一论思维和混同思维的阐释困境。

　　结语对全书进行总结，充分肯定李泽厚"儒道互补"美学史观在"突破西方美学"在中国的重围，探寻中国文化的深层文化心理结构，建构中华美学的文化自觉和美学自信的重要价值，对建立新的美学史观，实现中国美学研究的新开拓提出了再思考。

　　2. 主要研究方法

　　笔者对材料的诠释、分析主要运用了马克思主义唯物史观和辩证法；对相关研究成果运用了文献整理法；对李泽厚的"儒道互补"美学史观的创新意义，李泽厚"儒道互补"中的"互补"思维特点运用了比较研究法；对中国绘画史、陶瓷史的研究运用了艺术实证法；为了了解儒、道、佛思想对现实生活的影响运用了实地考察法，考察了北京孔庙、雍和宫、台北孔庙、台南孔庙、台北保安宫、台北龙山寺等地，为了增加艺术鉴赏能力和理解力考察了国家博物馆、中国美术馆、台北故宫博物院、四川省博物馆等近 20 家美术馆和博物馆；了解一些学者对李泽厚"儒道互补"美学史观的看法时运用了访谈法；对少数研究成果的分析运用了图表法。

（二）主要研究意义和创新点

1. 主要研究意义

其一，补充已有研究的学术史意义。本书中的"儒道互补"美学史观是在笔者的导师，首都师范大学王德胜老师的指导下提出的。检索文献尚未见到"'儒道互补'美学史观"这样的提法。作为当代中国最重要的美学家之一，李泽厚美学思想长期影响中国美学研究，李泽厚后期全面回归中国传统文化研究也引起了学界广泛关注。李泽厚完全做到了前者但对于后者却由于其疏阔宏观的"我注六经"的研究方式而稍显不足。笔者欣赏和钦佩李泽厚罕见而宝贵的"大胆假设"和"以论带史"的学术创新力，因为正是这种创造力使其美学思想独树一帜。这也是李泽厚能在 20 世纪 50 年代和 80 年代两次美学大讨论中成为历史主角的原因。但对于其欠缺精力或时间而不能"小心求证"的问题恰是我们这些后学者可以继续深入研究完善的学术天地。学界已经基本把李泽厚提出的"儒道互补"作为思想史命题而普遍接受，而对其进行美学史观研究十分有限，笔者拟对李泽厚的"儒道互补"美学史观进行较全面深入的研究，或可弥补这方面研究的不足。

其二，研究中国美学史根本问题的理论意义。儒道关系一直是中国哲学史研究的核心问题之一，20 世纪 80 年代这一问题重新兴起成为学术热点问题。这一问题是一项根本性的宏大研究课题，它涉及整个中国哲学史、思想史和美学史的内在结构和发展过程，需要长期研究。正如牟钟鉴所言："儒学史的研究在过去一直以经学史为轴心。近代以来，学者们注意到儒学与佛学的交融互动，但比较忽略儒学与道家的互渗互补。事实上道家对儒学的影响至少不比佛学更次要，如果不认真研究，儒学史的真实面貌就不可能揭示清楚。"① 对李泽厚"儒道互补"美学史观的研究有助于深入、全面把握儒道关系在中国美学史中的发展变化，从而更清晰、更深入地了解中国美学史的基本规律和独特性。而且中国美学史中还有其他美学思想，如佛家美学、屈骚传统等，这些美学思想也需要研究儒道美学的关系才能深入下去。所以对儒道关系这一中国思想史和美学史的根本问题进行深入、全面、系统的研究，是中国美学返本开新的重要向度，极具理论意义。

其三，整理中国美学遗产应对西方美学冲击的现实意义。在中国古代思想史上，儒道密切融合的理性共同对抗了外来的佛教文化宗教非理性的冲击。而李泽厚提出"儒道互补"实际是对面对西学冲击希望寻找或建构中国自足的美学体系的一种"回应性研究"，也是在外来文化冲击中坚守中华文化民族个性的积极探索。儒道思想作为本土文化的主体在当代被寄予了很高的复兴中华文化使命的厚望。尤其是近年来，随着我国综合国力的增强，提升文化自觉、文化自信，探索中华美学精神也成为研究热点，中国古代美学研究愈发重要。深入了解"儒道互补"可以继承和发展中国古代美学精神，提高中国本土美学自觉和自信，更好开创中国美学的未来。本书追随这一时代潮流对中华美学中的"儒道互补"精神进行深入的思考和探讨，期待为中国美学未来发展提供一些启示。

其四，对外交流意义。儒道思想已经成为海外汉学研究的重要内容，中国古代的儒道美学研究也日益引起海外关注。作为一个美学研究者有必要对本土美学遗产进行更深入的了解，否则会面临对外美学交流的失语状态。对此，笔者有切身体会。2016 年春天，笔者为了完成论文去台湾大学哲学系访学。其间在有很多海外学生的课堂里却听不懂林义正老师的《春秋公羊学》和佐藤将之老师的《郭店楚简》，而一些并非以汉语为母语的海外学生却能对老师的提

① 牟钟鉴、林秀茂：《论儒道互补》，《中国哲学史》1998 年第 6 期。

问侃侃而谈，笔者深感自己对中国古代哲学和美学思想了解十分薄弱，甚是羞愧。笔者期待以本书写作为契机和挑战，更全面、更深入地理解中华美学遗产，在对外美学交流中平等交流和积极争取话语权。

2. 主要创新点

本书主要有以下两点创新：一是研究视角的创新，研究对象未见同题选题，对李泽厚"儒道互补"思想的反思性研究更加全面。二是观点的创新，主要如下：

其一，"儒道互补"主要是美学史观而不是之前许多学者所认为的美学观；而且在李泽厚宏阔的理论建构中，"儒道互补"不仅是《华夏美学》中建构中国美学史的主线，还是思想史观、文化史观，还被赋予了更大的中国文化心理建构和拯救人类现代生存困境的重要目的。

其二，与大多数论者所认为的儒道双向互补的内涵不同，"儒道互补"美学史观具有极其丰富的独特内涵，如强调儒道同源于巫史传统所以互补；儒家美学思想为主干，以道补儒；儒家美学思想对其他美学思想的兼收并蓄，将屈骚传统纳入儒家美学，将禅宗美学纳入道家美学的更深层次的儒道互补；将"自然人化观"与"儒道互补"思想结合实现了儒家美学思想的"自然的人化"和道家美学思想"人的自然化"的现代意义上的互补等。

其三，"儒道互补"美学史观具有重要的学术史价值；如与中西方代表性美学史观相比较，"儒道互补"美学史观是中国美学史书写的新范式，努力建构理想的"儒道互补，中西会通"中西文化交流模式等。

其四，与多数学者对李泽厚的"儒道互补"完全认同不同，笔者认为李泽厚"儒道互补"美学史观具有难以克服的阐释困境，如诠释方法阐释困境、缺乏文艺实证阐释困境、思维方式阐释困境等。但这些阐释困境并不仅属于李泽厚，而是20世纪80年代以后中国美学史写作的共同困境。

其五，以"儒道互补"的思维方式探寻中国深层文化—心理结构或者将"儒道互补"作为一种中国文化的价值理想都不能真正有助于中国美学和中国文化解决现实问题和走向世界的中心。所以，我们需要继续根据中国文艺发展实际建构新的美学史观。

第 一 章

谁持彩练当空舞

——"儒道互补"美学史观的形成和发展

　　本章主要论述李泽厚提出的"儒道互补"美学史观的确立和发展的过程。由于李泽厚提出了"儒道互补"这一命题，并将这一命题不断拓展论域，如同赤橙黄绿青蓝紫变幻莫测的色彩，十分复杂，令人眼花缭乱，但其中总有一条"儒道互补"的彩练被舞动起来并贯彻始终。"赤橙黄绿青蓝紫，谁持彩练当空舞?"出自毛泽东的《菩萨蛮·大柏地》。1929 年初赣南、闽西的红军根据地创建之始遭遇围剿第三次危机，毛泽东和朱德率领红军在江西省瑞金县城北 30 公里大柏地进行战斗，大获全胜，打破危局。1933 年夏天，毛泽东重新经过大柏地，触景生情，写了这首词。这首词以欢快激昂的笔调，描绘了大柏地雨后多姿多彩的壮丽景色。整首词抒发了作者斗志昂扬的大无畏豪情。笔者以"谁持彩练当空舞"也希望可以形象说明李泽厚提出"儒道互补"命题及美学史观等论域的游刃有余的学术魄力。

第一节 "儒道互补"美学史观提出背景

一 西学东渐：从"儒道对立"到"儒道会通"

　　李泽厚提出的"儒道互补"美学史观与中国古代思想史中儒道关系由对立在近代逐渐走向融合的时代背景密切相关。中国古代思想史经历了复杂的发展过程。先秦时期曾经出现过"百家争鸣"的思想活跃时代。但"百家"中只有儒、道思想真正传承下来并产生深远影响，其他思想有些逐渐湮没，有些被吸收同化在儒道思想中。在中国历史上儒道之间的关系极其复杂，学者们对此进行了深入的研究，主要形成了"儒道对立或冲突论""儒道师承论或同源论"和"儒道融合或会通论"三种观点，彼此交织，争论不休，持续至今。李泽厚提出的"儒道互补"观念属于儒、道融合会通论。

近代西学东渐以前，在儒道关系上，强调儒道之间存在明显对立和分歧"儒道对立或冲突论"一直存在。这也是历史上关于儒道关系的主要观点。早在战国时代，就有对儒道对立论述的文献。如《论语》《庄子》《韩非子·显学》《荀子·非十二子》等。其中《论语·微子》篇孔子表明自己与当时的隐士"道不同"的志向，《庄子》的很多篇章中孔子常常受到道家人物的批判和嘲笑。司马迁在《史记·老子韩非列传》中有言："世之学老子者则绌儒学，儒学亦绌老子。"这些都显示了儒道思想早期的对立性。汉代董仲舒倡导"罢黜百家，独尊儒术"之后，儒道的分歧和对立一直延续下来。如魏晋时期嵇康提出"越名教而任自然"显示出崇道反儒的思想，以道家思想为基础的魏晋玄学思想对儒家思想形成很大冲击。

"儒道对立或冲突论"贯穿中国思想史和哲学史始终，但其中还交织着"儒道师承论或同源论"和"儒道融合或会通论"。"儒道师承论或同源论"认为儒道存在师承关系，这种观点具体可分为"儒出于道""道出于儒"或"儒道同源"三种观点。主张"儒出于道"的观点从孔子向老子问礼出发认为儒家师承于道家。如在《庄子》外篇《天地》《天运》《天道》《田子方》《知北游》五篇都曾提到孔子曾问礼于老子。主张"道出于儒"的学者如孙道升在《道家出于儒家颜回说》（1934 年）一文中认为道家脱胎于孔子弟子颜回，引发了近百年来儒道师承关系的论战，至今仍未取得一致意见。一些学者从儒道都以《易经》为共同的经典认为二者同源，形成了"儒道同源论"。

"儒道融合或会通论"从中国古代哲学发展思维特点"阴阳相生""和谐会通"出发，认为儒道思想相互辩论又相互吸收。儒道融合、儒道会通的思想也长期存在。如《庄子》中孔子或者以被道家人物批判而幡然悔悟的形象出现，或者直接以道家人物形象出现，孔子形象出现了儒道会通性。《庄子·天下》篇认为儒家知"道"之末，而不知其本；道家知其本，而不知其末，所以只有两家的结合才为其根本，显示出儒道融合的特点。司马谈《论六家之要旨》也认为道家学说"采儒墨之善，撮名法之要，与时迁移，应物变化，立俗施事，无所不宜"，这说明道家学说在汉代已经吸取了儒家、墨家的成分而为己所用。学界也公认《易传》虽以儒家思想为主，却吸收了道家思想，是儒道融合的产物。《汉书·艺文志·诸子略》中有孔子、老子"各引一端，崇其所善，以此驰说，取合诸侯。其言虽殊，辟犹水火，相灭亦相生也。仁之与义，敬之与和，相反而皆相成也"的说法，这也显示出儒道在对立前提下的互动性。《淮南子·要略》认为儒家"祖述尧舜，宪章文武"，是一种"助人君顺阴阳，明教化"的政治伦理学说，主要给统治者提供治国之术；而道家提倡"清虚以自守，卑弱以自持"的自然无为思想，二者虽然泾渭分明，却相反而相成。《淮南子》也是儒道思想融合的产物。随着外来佛教思想的传入，儒道思想都受到了冲击，也激起了儒家思想对佛教思想的反击。如唐代韩愈基于维护道统的需要旗帜鲜明地提出尊儒反佛思想。陈寅恪在《论韩愈》（《金明馆丛稿初编》）中也认为韩愈为申明夷夏之大防呵诋佛老，为匡救政治之弊害而排斥佛老。宋明理学为对抗外来佛教思想而主张辟佛老，发展了儒家的心性之学。近代以来，中国在外忧内困的社会环境下，知识分子也在西方文化的冲击下对本土文化进行了深入的思考。如林语堂是最早将中国文学译介到西方，促进中西交流的先行者之一。林语堂在其英文小说《京华烟云》（1939 年）中提出"道家及儒家是中国人灵魂的两面，缺一不可"，形成了儒道会通的文化观，这一观点具有"儒道互补"的雏形。还有一些学者如汤一介在儒道会通的基础上提出"儒道释三教会通说"，以儒道释三家并立与合流为基本线索，阐述中国传统思想文化的发展历程。

在"儒道会通论"中由于对儒道地位的不同认识和儒道独立性的认识又形成了两种不同的观点：

其一，儒家主干说。有许多学者持此见解。如钱穆、冯友兰、牟宗三都在认同儒道会通的前提下强调儒家的主导地位。任继愈主编的《中国哲学发展史》也认为魏晋以降，儒、佛、道三家成为三大主流学说，其中以儒为主体，以佛、道为辅翼，互相渗透、互相推动，他们的合流影响着中国文化的全局。李泽厚在北大求学时受教于任继愈，李泽厚也说："任继愈先生是我这么多年来唯一保持联系的老师。"① 这种师生关系保持了 60 多年。其思想可能受到了任老师的影响。李泽厚所提出的"儒道互补"思想是典型的儒家主干说的代表。

其二，道家主干说。如郭沫若认为："道家思想直可以说垄断了中国两千多年的学术界。"② 吕思勉也认为："道家之学，实为诸家之纲领。诸家皆专明一节之用，道家则总揽其全。诸家皆其用，而道家则其体。《汉志》抑之儒家之下，非也。"③ 西方汉学家李约瑟也认为"中国人性格中有许多最吸引人的因素都来源于道家思想，中国如果没有道家思想，就像一棵烂掉了根的大树"④。这派观点在美学上主要以宗白华、徐复观为代表。宗白华在《中国美学史重要问题的初步探索》中指出楚国的图案、楚辞、汉赋、六朝骈文、颜延之诗、明清的瓷器，一直存在到今天的刺绣和京剧的舞台

---

① 卫毅：《任继愈：抱憾的"大师"》，《南方人物周刊》，2008 年 7 月 23 日。

② 郭沫若：《十批判书》，人民出版社 1954 年版，第 152 页。

③ 吕思勉：《先秦学术概论》，中国大百科全书出版社 1985 年版，第 27 页。

④ ［英］李约瑟：《中国科学技术发展史》（第二卷），《科学思想史》，科学出版社 1990 年版，第 178 页。

服装，是一种"错彩镂金、雕缋满眼"的美。汉代的铜器、陶器，王羲之的书法、顾恺之的画，陶潜的诗、宋代的白瓷，是一种"初发芙蓉，自然可爱"的美。并认为"魏晋六朝是一个转变的关键，划分了两个阶段。从这个时候起，中国人的美感走到了一个新的方面，表现出一种新的美的理想。那就是认为'初发芙蓉'比之于'错彩镂金'是一种更高的美的境界"，[①] "这两种美的理想，从另一个角度看，正是艺术中的美和真、善的关系问题"[②]。宗白华强调在中国美学史中自从魏晋以后中"芙蓉出水"之美比"错彩镂金"之美具有更高的地位，表现出对道家美学更高地位的认可。徐复观在《中国艺术精神》一书中认为孔子的伦理哲学主要落实在道德学说上，而庄子的虚静说落实在艺术创造上，道家在中国艺术史上起到了主要作用，所以是中国艺术精神的主要代表。[③]

以上三种论点几乎贯穿了两千多年来的中国思想史，彼此之间争论不休，反映出中国古代思想史中儒道关系异常复杂的基本事实。

中国古代尽管也有儒道会通的思想，笔者检索四库全书总库发现"儒道互补"这一命题并未出现，而且"互补"一词出现的频率也极少。表示两种事物互相帮助、促成，中国古汉语更多使用"相济"。如《易·序卦》中有："比必有所畜，故受之以小畜。"晋韩康伯注曰："则各有所畜，以相济也。"晋刘琨《劝进表》有言："臣闻昏明迭用，否泰相济。"刘勰《文心雕龙·宗经》："四教所先，符采相济。""儒道互补"作为一个完整命题应当是近代以后提出的。有人认为林语堂最早在《京华烟云》提出"儒道互补"的命题。对此笔者有不同看法。笔者认为林语堂即可能是近代最早明确提出"儒道互补"思想的学者，但未必是最早提出"儒

---

① 宗白华:《美学散步》，上海人民出版社 1981 年版，第 37 页。

② 宗白华:《美学散步》，上海人民出版社 1981 年版，第 37 页。

③ 参见徐复观《中国艺术精神》，春风文艺出版社 1987 年版。

道互补"完整命题的学者。笔者检索了30卷的《林语堂全集》[①]，没有检索到"儒道互补"完整命题，只有一些表达"儒道互补"相近思想的说法。如林语堂写道："孔子之对待人生的眼光是积极的，而道学家的眼光则是消极的，由于这两种根本不同的元素的煅冶，产生一种永生不灭的所谓中国民族德性"[②]；"道家精神和孔子精神是中国思想的阴阳两极，中国的民族生命赖以活动"[③]；"孟子的那种比较积极的人生观念和老子的那种比较圆滑和顺的观念，协调起来成为一种中庸的哲学，这种中庸的哲学可说已成了一般中国人的宗教，动和静的冲突，结果却产生了一种妥洽的观念，使人们对于这个很不完美的地上天堂也感到了满足"[④]；"道家及儒家是中国人灵魂的两面"[⑤]，等等。在近代以来国内主要学习西方文化的时代，难能可贵的是林语堂20世纪30年代开始用娴熟的英文创作了《吾国吾民》《生活的艺术》《苏东坡传》《京华烟云》等经典作品，逆向对西方人传播中国文化进行文化宣传。这些作品在西方大获成功，一定程度上改变了中国人在西方人眼中的刻板印象。林语堂把儒家精神和道家精神看作是中国人灵魂的一体两面，二者相互融合，形成了中国人自足中和的民族个性，并以此宣传中国人形象。而且通过说明中国人性格的儒道融合，来扩展为人类的共性，寄希望以此会通中西文化。如林语堂认为："道家哲学和儒家哲学的涵义，一个代表消极的人生观，一个代表积极的人生观。那么，我相信这两种哲学不仅中国人有之，而且也是人类天性所固有的东西。我们大家都是生来就一半道家主义，一半儒家主义。"[⑥] 所以林

---

①　参见林语堂《林语堂名著全集》，东北师范大学出版社1994年版。

②　林语堂：《吾国与吾民》，江苏人民出版社2014年版，第49页。

③　林语堂：《吾国与吾民》，江苏人民出版社2014年版，第50页。

④　林语堂：《生活的艺术》，《林语堂名著全集》（第21卷），东北师范大学出版社1994年版，第99页。

⑤　林语堂：《我这一生——林语堂口述自传》，万卷出版公司2013年版，第169页。

⑥　林语堂：《生活的艺术》，外语教学与研究出版社2007年版，第108页。

语堂的文化主张也被概括为"儒道融合，会通中西"。这一思想对李泽厚应该是有一定影响的。虽然林语堂主张闲适文学遭到了以鲁迅先生为代表的学者的批判，但其自觉而有力地进行优秀中华文化的推广与宣传确实是 20 世纪中国文化输出的成功典范。

　　而且即使林语堂果真第一次提出"儒道互补"完整命题，他崇尚道家思想的文学主张也与李泽厚推崇儒家思想的立场不同。林语堂曾指出："中国人民出于天性地接近老庄思想甚于教育之接近孔子思想。"[①] 可以说，林语堂是站在道家立场来评判、选择中国文化的。正如陈平原所言："尽管林语堂强调他谈的是超越儒道释的整个的中国文化。可当他大讲中国文学的非功利性和幽默色彩、中国人的达观精神和热爱生命善于享受悠闲的人生态度时，实际上讲的主要是道家文化。"[②] "是老庄思想使林语堂理解的东西文化得以交汇融合在一起。""林语堂艺术思想四个支点（非功利、幽默、性灵、闲适），借助于道家文化，才真正汇为一体。"[③] 可见，林语堂提出的儒道融合的思想更强调以道家思想为主旨，这与李泽厚提出的"儒道互补"以儒家为主干有很大区别。

　　就目前笔者所检索到的资料来看，笔者认为李泽厚在其美学名著《美得历程》中率先明确提出了"儒道互补"命题。他提出"'儒道互补'是中国美学史的一条基本线索"并将"儒道互补"作为先秦美学的基本特征进行专论。但李泽厚提出这一命题不是空穴来风，"儒道互补"思想属于儒道会通论，这种思想由来已久，只是在近代西学东渐的时代背景下得以凸显，为李泽厚的"儒道互补"命题的提出提供了历史契机。在中国历史上自汉武帝独尊儒术以来，儒家的官方哲学地位一直是主流。虽然经历过道家地位上升时期如魏晋玄学，唐代、元代崇奉道教，但这些时期毕竟短暂，还

---

①　林语堂：《吾国与吾民》，江苏人民出版社 2014 年版，第 50 页。
②　陈平原：《林语堂的审美观与东西文化》，《文艺研究》1986 年第 3 期。
③　陈平原：《林语堂的审美观与东西文化》，《文艺研究》1986 年第 3 期。

不能动摇儒家的意识形态主导地位。对儒家学者而言，可以"援道入儒"，吸收道家思想，如《易传》和宋明理学，但不会认同儒道平等的"互补"思想。而道家与儒家在正面较量基本处于弱势地位，也难以强调与儒家平等的"互补"思想，只有到近代以后，西方文化入侵，儒道之间的分歧和对立被外来压力所弱化，儒道思想不得不一致对外，需要共同应对危机，所以强调彼此对立的声音减弱，而强调二者互动、融合的思想却日益盛行。在这样的时代背景下儒道之间的"互补"思想更容易被提出和认可。可能受到钱穆、冯友兰、牟宗三、任继愈等前辈的影响，李泽厚的"儒道互补"思想也强调以儒家为主干，道家为补充。继李泽厚之后，一些学者在"儒道互补"的基础上提出中国古代社会后期逐步确立了儒释道多元互补的稳定的文化结构。"儒道互补""儒佛互补"和"佛道互补"都存在过。而且自1993年湖北荆门郭店出土了一批战国中晚期的儒家和道家竹简文献后，许多学者对先秦时代儒道关系问题提出了新的看法，至今论争不断，难以形成定论。总之，"儒道互补"命题的提出有深厚的思想史发展基础，符合了近代以来强调儒道会通思想的历史潮流。

二　文化自觉：从"西方美学在中国"到中国美学本土化

"儒道互补"美学史观的提出也是近百年来中国美学研究发生、发展的历史结果。中国美学研究萌芽于20世纪初西学东渐的时代背景中。一方面，中国美学研究的先驱者对康德、黑格尔、叔本华、尼采等西方思想家的美学观点和科学的研究方法大力引进。另一方面，他们也以此来阐释和分析中国古代美学思想，希望发现中国美学的独特价值和重要价值，借此在美学研究上确立中国文化的自信心。如王国维的《人间词话》《红楼梦评论》《宋元戏剧考》等美学名著开启了运用西方美学理论分析中国古典诗词、小说和戏剧等文艺作品的研究范式。蔡元培认识到不同于西方美学系统的理论表述，中国美学思想主要是散见和渗透在诗论、乐论、画论、书论等各种著述中，并提出"分门的研究"和"断代的研究"的美学史研究分类方式。其《美学的进化》（1921 年）是近现代最早论及中国美学史研究的文献。20 世纪三四十年代朱光潜由心理学而入美学比较准确系统地介绍了近现代西方美学理论，为中国古典美学研究提供了参照。以上学者对中国美学研究具有开创之功，但在一定程度上也使中国美学研究走上了"西方美学在中国"的道路。真正发现中国美学自身独特价值并自觉运用中国美学鉴赏体验的方法论进行研究的是宗白华。20 世纪 40 年代，其《论〈世说新语〉和晋人的美》一文以"自由"概念统贯以老庄哲学为基础的魏晋美学与艺术精神，开创了中国美学史的断代研究和微观研究，突出了中国美学的自身特点。宗白华强调不仅要从文字著作里发掘中国美学思想，更要从中国考古学所发掘和博物馆保存的文物来考察与印证中国美学思想，并特别强调以中国古代工艺美学思想为研究起点。邓以蛰《画理探微》是第一部中国绘画美学史论著。他对"书法高于绘画"的美学观点进行新的阐发，深化了对书法美学的认识。1963 年，朱光潜的《西方美学史》出版。这是我国学者撰写的第一部美学通史。这部不断再版的美学史是中国人了解西方美学的入门必读书，对中国美学史的写作也产生了深远影响：首先，形成了哲学美学的基本美学史研究范式；其次，确立了美学史研究的德国古典哲学的理性主义传统并将美的基本问题作为研究重点；最后，确立了以不同时期美学家关于美的本质的观点为主线的美学史观。这一时期中国台湾地区出现了一些中国古代美学研究的重要文章或著作，如方东美《中国艺术的理想》（1950 年）、唐君毅的《中国文化之精神价值》（1953 年）和徐复观的《中国艺术精神》（1966 年）。方东美把中国艺术精神的源头追溯到"生生之德"，并提出中国艺术精神的核心是生命精神。方东美对庄子所代表的道家思想和艺术精神非常推崇，还将道家生生不息的生命精神、儒家积健为雄的艺术精神和佛家一体参融的智慧融为一体来诠释中国艺术的生命精神。① 唐君毅将中国艺术精神归结为孔子的"游于艺"。并表明"游"之目的，并不在于艺术本身，而在于陶冶性情，将人的心灵安顿于德性圆融之境，凸显了儒家艺术精神的特质和重要地位。徐复观改变了以儒家思想为主体的中国古代思想史诠释传统，发现了庄子在中国古代美学中的重要地位，并初步确立了庄子美学为主体的中国艺术精神论，产生了巨大的影响。只是由于当时两岸隔绝，这部著作 20 多年后即 1987 年才在大陆出版。② 20 世纪 80 年代后，中国美学史研究成为美学研究的热点，逐渐取得了显著的成果。1980 年出版的北京大学哲学系美学教研室所编《中国美学史资料选编》（上、下册），标志着中国美学史学科建设的开始，但这还是美学史资料的汇编而不是一部真正的中国美学史，也没有形成美学史观。至此，超越"西方美学在中国"已经成为中国美学研究的时代呼声，第一部中国美学通史的写作呼之欲出，可以说李泽厚的《美的历程》（1981 年）的出版顺应了这一时代要求。中国美学研究由此也进入了一个生机盎然、成果显著的兴盛时期。

第二节　"儒道互补"美学史观
形成和发展过程

李泽厚在《美的历程》中提出了"儒道互补"命题，后来形成思想史观、美学观、美学史观等。这个思想探索的过程并非一蹴而就，而是通过李泽厚不同时期的几部著作和文章而逐渐发展和深化，以下详述之。

一　《孔子再评价》——确立"儒家主干"地位

李泽厚最初并不是在美学研究中确立儒家的主导地位的，而是

---

① 王德胜主编：《传承与转换——现代中国美学理论建构问题研究》，安徽教育出版社 2020 年版，中华书局 2013 年版，第 290 页。

② 参见徐复观《中国艺术精神》，春风文艺出版社 1987 年版。

在其思想史研究成果《孔子再评价》①一文中。在该文中，李泽厚通过论述孔子在中国文化中无可匹敌的长处确立了儒家在中国古代思想史中的主干地位。在他看来，孔学主要有以下优点：

1. 孔子是周礼的保存者，是中国文化—心理结构的奠基者

李泽厚认为孔子在氏族体制崩毁的时代条件下，竭力维护、保卫"周礼"，以"仁"释"礼"，将社会外在规范内化为个体的内在自觉，是中国哲学史上的创举，为汉民族的文化—心理结构奠下了根基。所以孔子理所应当地成为中国文化的代言人和象征。孔学具有广泛的渗透性，自觉或不自觉地成为人们的指导原则，构成了汉民族的共同心理状态和性格特征，如对待人生的积极进取精神，服从理性的清醒态度，重实用轻思辨，重人事轻鬼神，善于协调群体，避开反理性的炽热迷狂和盲目服从等。李泽厚还从唯物史观出发指出了孔学主导地位的社会物质基础。他认为孔学具有相对独立性和自身发展的规律，它不是某种一成不变的非历史的先验结构，而是历史的建筑在和制约于农业社会小生产的经济基础之上。这一基础虽历经奴隶制、封建制、半封建半殖民地各个阶段而并未遭重大破毁，宗法血缘关系及其相应的观念体系也长久保持下来，这是孔学这一文化—心理结构长久延续的主要原因。②

2. 孔学具有强大的自我调节性

仁学思想是孔子学说的核心。李泽厚指出孔子仁学思想是由四个因素组成：一是血缘基础；二是心理原则；三是人道主义；四是个体人格。③这四个方面形成的整体特征是实践理性。这些因素互相依存、互相融合或互相制约而具有了自我调节、相互转换和相对稳定的适应功能。所以孔子的仁学思想能够消化、吸收或排斥、抵御外来的侵犯、干扰，而长期保持自我调节，不断延续下来，构成

①　《孔子再评价》一文完成于 1978 年 12 月，最早发表于《中国社会科学》1980 年第 2 期，后收入李泽厚《中国古代思想史论》的第一篇。

②　参见李泽厚《孔子再评价》，《中国社会科学》1980 年第 2 期。

③　李泽厚：《孔子再评价》，《中国社会科学》1980 年第 2 期。

中国文化独具特色的思维模式和文化—心理结构。①

3. 孔学的实践理性对中国文化产生深远影响

李泽厚指出了孔子仁学的整体特征是"实践理性"（即实用理性）。"实践理性"是一种理性精神或理性态度，"这种理性具有极端重视现实实践的特点。即它不在理论上去探求讨论、争辩难以解决的哲学课题，并认为不必要去进行这种纯思辨的抽象。重要的是在现实生活中如何妥善地处理它"②。孔子以"仁"释"礼"不是用某种神秘的狂热而是用冷静、现实的态度来解说和对待事物和传统，不是禁欲或纵欲式的扼杀或放任情感欲望，而是用理性来引导、满足、节制情欲；不是对人对己的虚无主义或利己主义，而是在人道和人格的追求中取得某种均衡。尽管后来儒分为八，但又都共同保存了孔学的实践理性的基本精神。孔子以"仁"释"礼"将个体的价值和意义置于现实世间生活之中，即"道在伦常日用之中"，个体人格的完成和心灵的满足即可达到社会理想的实现。孔子通过教诲学生，"删定"诗书，通过熏陶和教育传承实践理性的思维模式产生了广泛而深远的社会影响。如在孔子实践理性的影响下，孔子对鬼神"敬而远之"，中国人因此摆脱了宗教神学的统治。再如孔子仁学以血缘为基础，以"人情味"的亲子之爱为辐射核心，扩展为对外的人道主义和对内的理想人格，影响到中国人重人情的生活理念。还如孔子的实用理性的态度既不厌弃人世，也不自我屈辱、"以德报怨"影响到中国人重视生命和现世的思想观念。③

4. 孔学中庸思想具有新价值

李泽厚对孔子仁学受实践理性思想影响而形成的中庸思维方式进行了积极的肯定。他认为与孔子仁学的实践理性一致，中庸思想

---

① 参见李泽厚《孔子再评价》，《中国社会科学》1980 年第 2 期。
② 李泽厚：《孔子再评价》，《中国社会科学》1980 年第 2 期。
③ 参见李泽厚《孔子再评价》，《中国社会科学》1980 年第 2 期。

即中国古代辩证法更重视矛盾对立之间的渗透、依存和互补、系统的反馈机制和自行调节以保持整体结构的动态平衡稳定。孔子把握了这一思维特征，把它们概括在实践理性这一仁学模式中，讲求各个因素之间动态性的协调、均衡。李泽厚认为战国中山王墓葬中青铜器铭文所载"籍敛中则庶民附"这句话可以作为孔子所讲"中庸"之道的真实内涵，实质上是要求在保存原始民主和人道的温情脉脉的氏族体制下进行阶级统治，既竭力维护上下尊卑的等级秩序，又拒绝过分暴力的压迫与剥削。这表明孔子的"仁"与外在的人道主义相对应，在内在方面突出了个体人格的主动性和独立性。①在此，李泽厚对儒家备受批判的"中庸"思想进行了重新解读和肯定。

5. 孔学的关键是情感原则

李泽厚指出孔学、儒家最为重要而且区别于其他学说的关键点是心理情感原则。孔子把"三年之丧"的传统礼制直接归结为亲子之爱的生活情理，把"礼"的基础直接诉之于心理依靠。这样既把整套"礼"的血缘实质规定为"孝悌"，又把"孝悌"建筑在日常亲子之爱上，这就"由'神'的准绳命令变而为人的内在欲求和自觉意识，由服从于神变而为服从于人、服从于自己，这一转变在中国古代思想史上无疑具有划时代的意义"②。总之，孔子并不排斥正常情欲的合理性，注重情感与理性的和谐。孔子后学孟子的"仁政——不忍人之心——四端——人格本体"的内收路线赋予心理情感以先验的形上性质，最终促进了道德主体性的建立和儒家积极的入世人生态度。③李泽厚因此强调"不是去建立某种外在的玄想信仰体系，而是去建立这样一种现实的伦理—心理模式，正是仁学思想和儒学文化的关键所在"④，这也使儒学既不是宗教，又能替代宗

---

① 参见李泽厚《孔子再评价》，《中国社会科学》1980 年第 2 期。

② 李泽厚：《孔子再评价》，《中国社会科学》1980 年第 2 期。

③ 参见李泽厚《孔子再评价》，《中国社会科学》1980 年第 2 期。

④ 李泽厚：《孔子再评价》，《中国社会科学》1980 年第 2 期。

教的功能扮演准宗教的角色。正由于把观念、情感和仪式引导和满足在日常生活的伦理—心理系统之中，其心理原则又具有自然基础的正常人的一般情感，这使仁学一开始避免了摒斥情欲的宗教禁欲主义、悲观主义和宗教出世观念。

　　李泽厚通过以上对孔子无与伦比的优点的论述而顺理成章地将孔学作为中国文化的"母结构"，确立了儒家的主干地位。① 李泽厚认为孔子仁学可以形成一些新的观念体系或派生结构。但其他思想最终又被这个"母结构"所吸收，或作为"母结构"的补充而存在发展。他同意郭沫若的认识认为庄子出自颜回，生发出道家庄周学派，即"道出于儒"。并指出"……道家在整个中国古代社会中，始终是作为儒家的对立的补充物才有其强大的生命力的"②。也认识到道家对文艺影响的重要性："……只是由于老庄道家和楚骚传统作为对立的补充，才使中国古代文艺保存了灿烂光辉。"③ 但由于他已经确立了孔子的主导地位，继而认为孔学是中国文化的"母结构"，并通过庄子出于颜回的认识将庄学道家作为了派生结构，实际上是"子结构"，这样道家思想只能成为孔学和儒家思想的补充者。他也认识到孔子仁学结构原型的实践理性本身有其弱点和缺陷。如由于过分偏重实用性，在认识论上忽视科学的抽象思辨，使中国古代科学长期停留于经验论水平。而且儒家主张"发乎情止乎礼义""怨而不怒"，强调以理节情，使生活和艺术中的情感经常处在自我压抑的状态中，"文以载道"要求艺术服务于狭窄的现实统治和政治目的，对文艺发展产生了负面的影响，压抑人性形成了中国人逆来顺受的奴隶性格。但李泽厚强调这也只是"在一定程度和意义上有阻碍科学和艺术发展的作用"④。在他看来，这些负面影响显然并不是主流，也并不影响孔子无与伦比的地位。

---

① 李泽厚：《孔子再评价》，《中国社会科学》1980 年第 2 期。

② 李泽厚：《孔子再评价》，《中国社会科学》1980 年第 2 期。

③ 李泽厚：《孔子再评价》，《中国社会科学》1980 年第 2 期。

④ 李泽厚：《孔子再评价》，《中国社会科学》1980 年第 2 期。

李泽厚在该文中对孔子思想价值的积极肯定的观点曾经引起了很大争议。但我们如果能回到李泽厚写这篇文章的1978年——解放思想成为时代潮流的历史背景下，也许会对李泽厚多一分理解。五四运动以后，孔子一直是封建专制主义、等级主义和禁欲主义的反动上层建筑和意识形态人格化的象征，是落后封建地主阶级的总代言人，是中国走向工业化、现代化的严重障碍的总代表，对孔子的评价完全是负面的。李泽厚对孔子的再评价既与董仲舒、朱熹等大儒眼中的完美"圣人"不同，也与五四运动以来对孔子和儒家思想进行全面批判和打倒的主流思想不同，他对孔子的评价是全面而辩证的。一方面，李泽厚恢复了孔子在维护和保存"周礼"的精神文化保存者的本来面目，强调了孔学在塑造中华民族文化—心理结构方面的重要价值和孔学本身所具有的自我调节性、实用理性的积极意义，揭示了孔学"中庸"思想所包含的氏族民主遗风、原始人道主义的正面价值。他认为孔子儒学来源于氏族民主制的人道精神和人格理想，具有经世致用的理性态度，不乏乐观进取、敢于担当的实践精神，这些思想精华都曾在漫长的历史中滋养了中国无数仁人志士。另一方面，李泽厚也承认孔学阻碍科学和艺术发展的消极作用，也批评了孔学对国人奴性人格形成的极大负面性。但总体上他对于孔子所代表的原始儒家的思想价值是充分肯定的。

综上所述，李泽厚在《孔子再评价》一文中充分论述了孔子思想的优点认为孔子具有无与伦比地位，虽然没有明确提出"儒家主干""儒道互补"的命题，但已经在中国古代思想史领域确立了儒家主干，以道补儒的"儒道互补"美学史观的基本观点。而这篇文章写于1978年，发表于1980年，与《美的历程》1981年的出版时间比较接近，所以研究李泽厚中国美学思想的学者们一般都注意到"儒道互补"命题是李泽厚在《美的历程》中针对中国美学史提出的，却忽略了这一命题的基本精神其实已经在思想史研究论文《孔子再评价》中先提出来了。《孔子再评价》和《美的历程》在发表时间上如此接近也说明李泽厚的中国美学史研究一开始就建立在其思想史研究的基础上。

二 《美的历程》——提出"儒道互补"思想史观

在《美的历程》中李泽厚指出中国历史博物馆中展示的不同时期的艺术品是中国作为文明古国的心灵历史："时代精神的火花在这里凝练、积淀下来。传留和感染着人们的思想、情感、观念、意境，经常使人一唱三叹，留恋不已。我们在这里所要匆匆迈步走过的，便是这样一个美的历程。"① 此时李泽厚只说是对中国博物馆中的精美文物进行一次美的巡礼。没有形成自觉的"儒道互补"的美学史观，而是提出了"儒道互补"思想史观。为了探寻中华先民的文化—心理结构，在第一章"龙飞凤舞"中李泽厚从唯物史观出发，认为远古文化遗存中装饰品与一般劳动工具有根本区别。虽然两者都有实用功利性，前者是幻想的"人化"和"对象化"，是包括宗教、艺术、哲学在内的上层建筑。后者的内容是现实的"人的对象化"和"自然的人化"，与种族繁衍构成人类早期生存的物质基础。并进一步认为在远古的巫术礼仪和图腾舞蹈中原始装饰品"积淀"了自然形式中的社会内容和主体感受中的观念性的想象和理解。"蛇""鸟"的原始图腾逐渐转化为中国独特的"龙飞凤舞"的民族文化符号。原始时期这些非理性的巫术礼仪逐渐被先秦理性的"礼乐传统"所取代。在《美的历程》第三章"先秦理性精神"中李泽厚指出先秦时期百家争鸣，而孔子因为对"礼乐文化"的理性主义解释而取得了无可替代的地位。"就思想、文艺领域说，这主要表现为以孔子为代表的儒家学说，以庄子为代表的道家则作了它的对立和补充。"② 紧接着提出了"'儒道互补'是两千多年来中

---

① 李泽厚：《美的历程》，《美学三书》，天津社会科学院出版社 2003 年版，序言。

② 李泽厚：《美的历程》，《美学三书》，天津社会科学院出版社 2003 年版，第45 页。

国思想的一条基本线索"①。这是李泽厚第一次旗帜鲜明地提出了
"儒道互补"思想史观。这一论断有以下内涵：先秦思想诸子争鸣
的理性主义奠定了汉民族的文化心理结构；以孔子为代表的儒家学
说是主要的；儒道思想的对立和补充是就思想、文艺领域而言的；
道家思想在思想文艺领域的代表不是老子而是庄子；道家做了儒家
学说的对立和补充。在此，李泽厚延续了《孔子再评价》的思想强
调了孔学不可替代的主导地位。他认为："汉文化之所以不同于其
他民族的文化，中国人之所以不同于外国人，中华艺术之所以不同
于其他艺术，其思想来由仍应追溯到先秦孔学。"② 在此进一步强调
孔子把原始文化纳入实践理性的统辖之下，还对"实践理性"做出
了更简洁的界定："是说把理性引导和贯彻在日常现实世间生活、
伦常感情和政治观念中而不做抽象的玄思。"并指出这条路线的基
本特征是"怀疑论或无神论的世界观和对现实生活积极进取的人生
观。它以心理学和伦理学的结合统一为核心基础"③。这也可以看作
李泽厚"乐感文化"思想的萌芽。

　　在《美的历程》中李泽厚还指出儒家重视日常心理—伦理的社
会人生中的情感是中国艺术和审美的重要特征。并以古代建筑为例
说明儒家思想的主导地位及"儒道互补"思想的影响。儒家思想的
实用的、入世的、理智的、历史的因素在中国古代建筑中占据明显
优势：如具有严肃、方正、井井有条的严格对称结构，不以单体建
筑的形貌而以整体建筑群的结构布局、制约配合取胜，注重装饰效
果等。他认为在封建社会后期中国建筑中增加的园林艺术实现了中
国建筑艺术的"儒道互补"：造景、借景等园林方法使建筑艺术实

---

　　① 李泽厚：《美的历程》，《美学三书》，天津社会科学院出版社 2003 年版，第
45 页。
　　② 李泽厚：《美的历程》，《美学三书》，天津社会科学院出版社 2003 年版，第
45 页。
　　③ 李泽厚：《美的历程》，《美学三书》，天津社会科学院出版社 2003 年版，第
46 页。

现了天人合一，把道家所追求的自然美有机融合在儒家的严整恢宏的建筑群中。① 并由此强调"在中国古代文艺中，浪漫主义始终没有太多越出古典理性的范围"②。在建筑中，"它们也仍然没有离开理性精神的基本线索，而把空间意识转化为时间过程。渲染表达的是现实世间的生活意绪，而不是超越现实的宗教神秘。实际上，是以玩赏的自由园林（道）来弥补居住的整齐屋宇（儒）"③。这里李泽厚已经确立了"儒道互补"实际是儒家美学为主干，"以道补儒"的思想内涵。

在《美的历程》第三章中作者提出了"儒道互补"思想史观后继续将这一思想史特征融入中国美学史。但在此后"楚汉浪漫主义""魏晋风度""盛唐之音""宋元山水意境""明清浪漫洪流"等各章并没有将"儒道互补"这一基本线索贯穿各章内容。学界普遍认可李泽厚的《美的历程》在系统建构中国美学史方面具有开创性的意义，充分肯定其书写中华汉民族为主体的民族美学史的自觉性。但总体上在《美的历程》中以唯物史观和在此基础上改造的"积淀说"只是提出了"儒道互补"的基本线索论，未在全书各章突出儒家美学的绝对主导地位，尚未自觉建立"儒道互补"美学观和美学史观。这些任务是在《中国美学史（先秦两汉编)》和《华夏美学》中逐步完成的。

三　《中国美学史（先秦两汉编)》——"儒道互补"美学观的确立

在《中国美学史（先秦两汉编)》（1984 年）的初版后记中李

---

① 李泽厚：《美的历程》，《美学三书》，天津社会科学院出版社 2003 年版，第58 页。

② 李泽厚：《美的历程》，《美学三书》，天津社会科学院出版社 2003 年版，第58 页。

③ 李泽厚：《美的历程》，《美学三书》，天津社会科学院出版社 2003 年版，第60 页。

泽厚指出在 1978 年（中国社会科学院）哲学成立美学研究室讨论
规划时，由他提议集体编写一部三卷本的《中国美学史》。而《美
的历程》也是为此计划而做的写作准备和导引。但《中国美学史》
在诸多学者分工完成了初稿后，"只有我这个主编没有写。当然也
动笔写过一些提纲，对各章的基本观点、脉络提出了一些看法和意
见"①。李泽厚后来在接受采访时也强调："……还有和刘纲纪合作
写《中国美学史》，是他执笔写的，所以我始终不把这部书列入我
的著作中，尽管我提供了某些基本观点。"② 在这篇后记中也指出
1980 年是他拉刘纲纪来帮忙，并在参阅其他同志初稿的基础上由刘
纲纪一人执笔完成。而且李泽厚还引用了刘纲纪的一封信"全书的
基本思想是你的，我不过是作了些差强人意的阐明而已，这不是客
气话"③。但李泽厚最后发表了声明，"我只应任此书之过，不能掠
刘公之美……如果这本书对读者真有点什么用处的话，功劳主要应
属刘纲纪同志"④。总体上说，《中国美学史（先秦两汉编）》继续
发展了李泽厚在《美的历程》中的"儒道互补"思想，这可能是
他所说的提供了"基本观点"的一部分。所以尽管李泽厚没有写
《中国美学史（先秦两汉编）》，但笔者在分析"儒道互补"美学史
观形成过程时还是将其列入，对刘纲纪的贡献也给予充分肯定。
《中国美学史（先秦两汉编）》已经表现出了初步的美学史观意识。
他们将中国美学史的研究对象进行广义和狭义的区分。而他们采用
的不是广义的审美意识研究而是狭义的研究方式："主要以历代思
想家、文艺理论批评家著作中所发表的有关美与艺术的言论作研究

---

① 李泽厚、刘纲纪：《中国美学史（先秦两汉编）》，安徽文艺出版社 1999 年
版，第 605 页。

② 李泽厚、戴阿宝：《美的历程——李泽厚访谈录》，《文艺争鸣》2003 年第 1
期。

③ 李泽厚、刘纲纪：《中国美学史（先秦两汉编）》，安徽文艺出版社 1999 年
版，第 605 页。

④ 李泽厚、刘纲纪：《中国美学史（先秦两汉编）》，安徽文艺出版社 1999 年
版，第 606 页。

对象。"① 而这是美学史观的核心内容。这也决定了他们不同于
《美的历程》的艺术史写作范式而进入了注重理论形态的美学史书
写范式。《中国美学史（先秦两汉编）》认为孔子的美学是其"仁
学"思想的延伸。孔子试图通过推行"仁学"思想达到社会和谐
的目的。因此"个体的心理欲求同社会的伦理规范两者的交融统
一，成为孔子美学最显著的特征"，② 孔子美学的目的也是维护社会
和谐。孔子提出"尽善""尽美"的理想，要求审美与伦理建设的
交融即强调美与善的高度统一。所以孔子美学可以称为"审美的心
理学—伦理学"或"心理学—伦理学的美学"。③ 孟子继承了孔子
美学并且"更加深刻地发展了强调了美与善的内在一致性"。④ 与
儒家重视"自然的人化"，即强调审美的社会作用、人际和谐，美
与善的统一相比，道家重视"人的自然化"，即强调个体的自由，
强调"天和""与道冥同"，人与天地万物相和谐、美与真的统一。
他们认为自道家的创始人老子起，"就以对现实社会的强烈批判和
对自然的热烈向往而奠定了与儒家对立而又互补的思想格局"，"凡
是在孔子美学表现了它的重大弱点的地方，老子美学就以批判的姿
态出现，给以抨击，或加以补充"。⑤ 他们认为老子用"道"来论
美比孔子用"仁"要高明，"因为它第一次深刻地触及了美之为美
的特征问题，不再停留在对美与社会伦理道德的关系的认识上"⑥。

---

① 李泽厚、刘纲纪：《中国美学史（先秦两汉编）》，安徽文艺出版社 1999 年
版，第 6 页。

② 李泽厚、刘纲纪：《中国美学史（先秦两汉编）》，安徽文艺出版社 1999 年
版，第 118 页。

③ 李泽厚、刘纲纪：《中国美学史（先秦两汉编）》，安徽文艺出版社 1999 年
版，第 174 页。

④ 李泽厚、刘纲纪：《中国美学史（先秦两汉编）》，安徽文艺出版社 1999 年
版，第 174 页。

⑤ 李泽厚、刘纲纪：《中国美学史（先秦两汉编）》，安徽文艺出版社 1999 年
版，第 212 页。

⑥ 李泽厚、刘纲纪：《中国美学史（先秦两汉编）》，安徽文艺出版社 1999 年
版，第 214 页。

庄子美学继承了老子美学。庄子哲学的核心是反对人的异化。"以自然无为为美，也就是以个体人格的自由地实现为美"① 是庄子美学的关键特点。这和儒家要求的"美"体现于人的社会性完全不同。庄子提出"圣人法天贵真"，要求"美"必须符合于人的"性命之情"即符合人的生命自由发展的要求。所以他们认为庄子思想比孔子和老子具有更多美学内容。庄子崇尚的美是一种"天然取胜的美"，儒家所推崇的美是一种"以人工取胜的美"，庄子美学强调的是"美"与"真"的统一对应于儒家美学所强调的"美"与"善"的统一。在此，他们已经提出了儒家美学的"美与善的统一"和道家美学"美与真的统一"的互补性，并指出了儒家美学"自然的人化"和道家美学"人的自然化"之间的互补性。《中国美学史（先秦两汉编）》绪论将中国美学的基本特征描述为强调美与善的统一，情与理的统一，认知与直觉的统一，人与自然的统一和富于古代人道主义精神，以审美境为人生的最高境界等。② 显然在对中国美学史基本特征的认识上他们突出了以儒家美学为主的思想意识。在研究方法上，他们从马克思实践唯物主义出发，认为每一时期的审美意识总是受到该时期的社会实践的制约，所以明确提出"根据对社会物质生活条件的分析去科学地、深入地说明中国美学的发展"③。同时也强调在认识中国美学发展规律时，应具体问题具体分析，不能"以唯物论和唯心论的斗争作为贯穿全书的基本线索"，而应根据"历史发展本身所显示出来的线索"，④ 以历史与逻辑相统一的原则来分析中国美学的发展历程。这为"儒道互补"

---

① 李泽厚、刘纲纪：《中国美学史（先秦两汉编）》，安徽文艺出版社 1999 年版，第 235 页。

② 李泽厚、刘纲纪：《中国美学史（先秦两汉编）》，安徽文艺出版社 1999 年版，第 23—33 页。

③ 李泽厚、刘纲纪：《中国美学史（先秦两汉编）》，安徽文艺出版社 1999 年版，第 13 页。

④ 李泽厚、刘纲纪：《中国美学史（先秦两汉编）》，安徽文艺出版社 1999 年版，第 19 页。

美学史观的确立提供了思想基础和方法论基础。综上可见，李泽厚、刘纲纪在《中国美学史（先秦两汉编）》中基本确立了"儒道互补"美学观，为李泽厚在《华夏美学》中确立美学史观奠定了理论基础。

四　《华夏美学》——确立"儒道互补"美学史观

李泽厚对中国思想史和美学史的思考逐渐深入，从更加宏观的文化视野来把握华夏美学的民族特色及基本规律成为其美学思想发展的必然，《华夏美学》（1988 年）应运而生。如果说《美的历程》是作者用马克思主义实践美学的观点自觉建构的中华审美趣味史和艺术史，只是提出了"儒道互补"的思想史线索，《中国美学史（先秦两汉编）》确立了"儒道互补"美学观，但这毕竟是一部未完成的半部美学史，《美学四讲》作为"谈美学的对象与范围""谈美""谈美感""谈艺术"的四次演讲集，主要总结作者的美学观点并不关注美学史观，那么只有《华夏美学》才是真正体现中国民族特色的"儒道互补"的美学史观的简明华夏美学理论通史。原因具体如下：

1. 在该书前记中李泽厚旗帜鲜明地表明"华夏美学"的特定内涵："这里所谓华夏美学，是指以儒家思想为主体的中华传统美学。我以为，儒家因有久远深厚的社会历史根基，又不断吸取、同化各家学说而丰富发展，从而构成华夏文化的主流、基干。说见拙著《中国古代思想史论》，该书则从美学角度论述这一事实。"[①] 在此作者十分明确提出了儒家为主体的华夏美学传统，并强化了儒家美学思想的主体地位。

2. 由于在《美的历程》中已经指出"儒道互补"是中国思想史的一条基本线索。现在《华夏美学》从美学角度论述儒家为主干，同时也意味着将"儒道互补"作为中国美学史的一条基本线

---

① 李泽厚：《华夏美学》，《美学三书》，天津社会科学院出版社 2003 年版，第196 页。

索。该书第三章的标题即是"儒道互补"。

3.《华夏美学》的篇章结构不同于《美的历程》中单纯的时间线索，而是对中国美学史的发展历程按照"儒道互补"美学史观的基本线索来整合和建构：第一章"礼乐传统"主要论述"儒道互补"的根源；第二章"孔门仁学"强调"儒道互补"的儒家优势和主干地位；第三章"儒道互补"强调了"儒道互补"主线论，也是全书的中心章；第四章"美在深情"主要论述屈骚传统对"儒道互补"主线的补充；第五章"形上追求"的主要内容是禅宗美学对"儒道互补"主线的补充；第六章"走向近代"是近代个性解放思潮对"儒道互补"主线的补充与回归。由此可见，《华夏美学》全面深化儒家的主干地位，不仅对儒、道理论形态的美学思想、命题、范畴进行了深入阐发，而且全书基本按照"儒道互补"的主线对屈骚传统、禅宗美学、近代美学进行整合，并把这一指导思想贯彻全书，显示出强烈的根据"儒道互补"进行中国美学史整合的自觉意识。

4. 相对于作者之前的文章和著作，《华夏美学》中对"儒道互补"美学思想的内涵论述最全面、深入。作者首先指出道家美学与儒家美学互补的前提是同源性和交融性。然后充分论述了"儒道互补"美学史观的丰富而独特的内涵：中国美学史上的儒家为主干，以道补儒；孔子美学对屈骚传统的吸收，庄子美学对禅宗美学的吸收实现了以"儒道互补"为基础的对其他美学思想的兼收并蓄和更全面的"儒道互补"；对儒家美学"自然的人化"和道家美学"人的自然化"之间的互补性的论述也更加深入。

总之，《华夏美学》中对"儒道互补"美学史观的论述十分清晰而集中，"儒道互补"已经超越思想史线索和作为美学观的共时性结构而真正在整个中国美学史中充分展开，成为一种贯穿历史的历史性结构，也成为真正的美学史观。尽管李泽厚本人并未如此提及和论述"'儒道互补'美学史观"这一命题，但这并不影响李泽厚作为"儒道互补"美学史观的创立者。李泽厚是在《美的历程》中首次提出"儒道互补"的思想史观，在与刘纲纪合著的《中国美学史（先

秦两汉编)》共同提出了"儒道互补"美学观，作为合作者刘纲纪对
"儒道互补"美学史观的确立是有贡献的。但李泽厚在《华夏美学》
中确立了"儒道互补"美学史观并进行了系统论证，所以笔者认为
李泽厚在"儒道互补"美学史观的建构中依然是主导者。在行文中
也主要谈及李泽厚。当然刘纲纪作为《中国美学史（先秦两汉编)》
的著者其对于确立"儒道互补"美学观的贡献也需要肯定。

　　但在"儒道互补"美学史观得到众多学者的支持和深化后，李
泽厚并没有继续停留在美学领域，而是超越中国美学史，进一步将
"儒道互补"思想扩展为文化史观和应对人类生存危机的方法论。

五　"儒道互补"美学史观的深化

（一）"儒道互补"成为文化史观

　　李泽厚在《初拟儒学深层结构说》（1996 年）中第一次对儒学
做了"正名"的工作，即尽可能地澄清"儒""儒学"或"儒家"
"儒教"这些概念在使用中的意义。主要形成了以下新认识：

　　1. 将儒学区分为表层结构和深层结构，并指出儒学逐渐由表
层积淀为中国人心中的深层结构。"儒"的重要特征之一"它已化
入为汉民族某种文化—心理结构的主要成分，千百年来对广大知识
分子并由之而对整个社会的思想情感、行为活动一直起着规范作
用；并由意识而进入无意识，成为某种思想定式和情感取向"[①]。这
就是儒学的"深层"结构，也是更为根本的。

　　2. 提出"一个世界"的概念将其作为儒学以及中国文化所积
淀而成的情理互渗交融的文化—心理深层结构的主要特征。在儒家
的"一个世界"观的影响下，中国人形成了重视人际关系、人世情
感，强调自强不息、坚韧奋斗的"乐感文化"特点和注重实际效用
的"实用理性"的思维方式。

　　3. 儒家无论是主张"性善"还是"性恶"，都重视教育，即要

---

　　①　李泽厚：《初拟儒学深层结构说》，《华文文学》2010 年第 5 期。

求将理性渗入情感，使人的动物性情欲转换为"人性"情感。儒学以人性的情感心理作为出发点，以双向的亲子之爱以及家庭成员之爱作为轴心和基础，逐渐成为准宗教的思维定式和情感取向。

4. 儒学表层结构和深层结构都要应对近代西方科学、民主和现代西方个人主义、悲观主义、反理性主义对中国本土文化的全面挑战。作者期待以"一个世界"为根基，以"乐感文化""实用理性""儒道互补"为特色的儒家思想和华夏文化心理结构可以应对这些挑战并在现代社会得以保存和发展。①

综上，李泽厚在《初拟儒学深层结构说》一文中全面深化了儒家思想对于中国文化的深层心理结构的塑造作用，并突出了儒家思想的情感性特质，丰富了儒家美学的深层内涵并对儒家思想的创新寄予了第二次文艺复兴的文化使命。这样儒家美学也因儒家思想的深层结构性和情感性而进一步成为华夏美学无可替代的坚实主体，儒家美学的主体地位得到了极大的强化和深化，实现了从"儒道互补"美学史观向文化史观的转化和深化。

（二）"儒道互补"成为应对人类生存危机的方法论

到了《己卯五说》（1999年）中的《说"巫史传统"》，李泽厚将在《美的历程》中提出的儒家起源于"巫术礼仪"提升为"儒道互补"的根源即"巫史传统"。在《华夏美学》中作者提出儒、道都源于非酒神型的远古传统，但未展开论述，这一任务在《说"巫史传统"》中得以完成。这篇文章开篇即指出："我以前曾提出的'实用理性''乐感文化''情感本体''儒道互补''儒法互用''一个世界'等概念来话说中国文化思想，今天则用'巫史传统'一词统摄之，因为上述我以之来描述中国文化的特征，其根源在此处。"② 并强调"本文只是突出论点，不求全面，希望引起

---

① 李泽厚：《初拟儒学深层结构说》，《华文文学》2010 年第 5 期。

② 李泽厚：《历史本体论·己卯五说》，生活·读书·新知三联书店 2013 年版，第 156—157 页。

人们注意这个我认为极为重要的源头和环节，从而更深入更准确地把握华夏文明的基本特质和传统精神"①。作者在此取代包括"儒道互补"在内的其他命题对中国文化特征的概括，而将"巫史传统"作为中国文化的总特征，全面深化了对巫史传统的认识并极大地突出了"巫史传统"的重要地位。儒、道的区别在于"一仁二智"即儒家着重保存和理性化的是原巫术礼仪中的外在仪文方面和人性情感方面，道家则保存和理性化了原巫术礼仪中与认知相关的智慧方面。② 进一步肯定了"巫术礼仪不仅是儒道两家而且是整个中国文化的源头"。③ 并因此分析了阴阳、五行、"气"和"度"的巫术礼仪根源。此文还揭示了中国上古思想的最大秘密："'巫'的基本特质通由'巫君合一'、'政教合一'途径，直接理性化而成为中国思想大传统的根本特色。巫的特质在中国大传统中，以理性化的形式坚固保存、延续下来，成为了解中国思想和文化的钥匙所在。"④ 李泽厚将由"巫"而"史"看作是形成中国文化特点的关键。这个关键在于中国形成了"一个世界"的传统，而不像西方形成现世与天堂"两个世界"的宗教传统。他认为"巫术礼仪"是古人从巫术祭祀活动中发展出的一整套极其繁复的仪文礼节的形式规范，它可以沟通天人，和合祖先，降福氏族，同时又具有"凝聚氏族，保持秩序，巩固群体，维系生存"的作用。⑤ "巫"有逐渐理性化的过程，即"由'巫'而'圣'，由'巫君合一'而

---

① 李泽厚：《历史本体论·己卯五说》，生活·读书·新知三联书店 2013 年版，第 188 页。

② 李泽厚：《历史本体论·己卯五说》，生活·读书·新知三联书店 2013 年版，第 182 页。

③ 李泽厚：《历史本体论·己卯五说》，生活·读书·新知三联书店 2013 年版，第 183 页。

④ 李泽厚：《历史本体论·己卯五说》，生活·读书·新知三联书店 2013 年版，第 183 页。

⑤ 李泽厚：《历史本体论·己卯五说》，生活·读书·新知三联书店 2013 年版，第 162 页。

'内圣外王'"。与此相对应，"巫术礼仪"的理性化的过程则是
"由'巫'而'史'而'德'、'礼'"，这样孔子"以仁释礼"开
创了儒家的思想传统。儒、道两家承接巫史传统而形成了"重过程
而非对象"和"重身心一体而非灵肉二分"的基本特征即中国传
统文化"一个世界"的特征，这也是儒道能够互补的最重要根源。
作者因而得出结论"西方由'巫'脱魅而走向神学（认知，由巫
术中的技艺发展而来）与宗教（情感，由巫术中的情感转化而来）
的分途。中国则由'巫'而'史'，而直接过渡到'礼'（人文）
'仁'（人性）的理性化塑建"①。到周初，这个中国上古"由巫而
史"的进程，出现了质的转折点，即周公旦的制礼作乐最终完成了
"巫史传统"的理性化过程，从而奠定了中国文化大传统的根本。②
李泽厚认为自己一直宣讲的"情本体"，"其本土根源亦出自此巫
史传统"③。他反复强调儒学与西方的哲学和宗教不同，却兼有二者
功能，其关键就在于它以培育塑建人性情感为主题和核心。孔子所
要维护和追求的是上古巫术礼仪中的敬、畏、忠、诚等真诚的情感
素质和心理状态。这种状态经孔子加以理性化，名之为"仁"，并
成为人性的内在根据，落实于日常的"礼"之中。孔子释"礼"
归"仁"完成了内在巫术情感理性化的最终过程。巫术礼仪理性化
产生的是情理交融，合信仰、情感、直观、理智于一身的实用理性
的思维方式和信念形态。

综上，《说"巫史传统"》一方面是对"儒道互补"根源的深
化性认识；另一方面放弃了"儒道互补"而将"巫史传统"作为
中国文化的总特征，实际上是将后期提出的"情本体"不再局限于

<hr />

　　① 李泽厚：《历史本体论·己卯五说》，生活·读书·新知三联书店 2013 年版，
第 163 页。

　　② 李泽厚：《历史本体论·己卯五说》，生活·读书·新知三联书店 2013 年版，
第 172 页。

　　③ 李泽厚：《历史本体论·己卯五说》，生活·读书·新知三联书店 2013 年版，
第 180 页。

儒家思想而通过将"儒道互补"的共同根源"巫史传统"而证明了"情本体"在中国文化心理结构的重要地位，或许可以说李泽厚提高"巫史传统"的地位很大程度上是服务于其后期"情本体"理论建构目的需要的。

李泽厚在其他文章中也多次论及"儒道互补"，在诸多方面对其进行了深化。如在其《哲学小传》（2003 年）中对自己提出和论证"儒道互补"的目的做了说明："我论证中国'儒道互补'的哲学传统，特别是儒家，孔子强调'一个世界'（这个尘世世界）的真实性和真理性，将这个世界的各种情感：……提到哲学高度，确认自己历史性存在的本体性格，倒可能消解那巨大的人生之无。"① 可见李泽厚总结自己的思想历程时并不认为"儒道互补"是一种美学史观，他更坚持"儒道互补"是中国哲学的重要传统，其中的"情本体"思想才是对抗人生之无意义的重要内容。在《实用理性与乐感文化》（2004 年）中关于"儒道互补"他进一步指出："正是它（儒家）积淀了超越具体时代、社会的人的文化心理结构，这也就是'儒道'、'儒法'虽互补，却为什么仍以'儒'为主干的原因。"② 关于"儒道互补"对现代社会的价值，李泽厚指出现代社会一方面为科技、工业的强大的"理性"的急剧扩张和发展。另一方面表现为文艺、哲学的同样急剧发展的"反理性"的流行和泛滥，这是今天文化、心理的冲突图景。"对于有着'儒道互补'长久经验的中国人来说，这两者倒可以相反相成。理性需要解毒，人类需要平衡，人不能是动物，也不能是机器。于是人要不断去探寻，询问专属于自己的命运。"③ 这样"儒道互补"已经远远超越了中国思想史、中国美学史而具有了人类理性与反理性或非理性互

---

① 李泽厚：《课虚无以责有》，《读书》2003 年第 7 期。

② 李泽厚：《实用理性与乐感文化》，生活·读书·新知三联书店 2013 年版，第184 页。

③ 李泽厚：《实用理性与乐感文化》，生活·读书·新知三联书店 2013 年版，第174 页。

补的世界普适性意义，成为解决人类现代生存困境的方法论。

综上所述，虽然在后期李泽厚对"儒道互补"并没有进行多少具体内涵的扩展，主要是深化儒家思想的内涵、主干地位及提出"巫史传统"深化互补的根源，但由此不断扩展"儒道互补"应用的论域，从思想史到美学史，从中国文化到世界价值，成为解决人类生存困境的重要方法论。

要之，在李泽厚的思想中，"儒道互补"首先是中国古代思想史的线索；其次是基本的美学观和中国美学思想的一个基本线索；再次是中国文化的基本精神和深层文化心理结构的文化史观；最后是人类解决现代理性与反理性冲突的方法论。这样作为中国古代美学史观的"儒道互补"因而具有了极为广泛和复杂的问题域。至此，我们或许可以理解为什么李泽厚始终没有提及"儒道互补"美学史观。笔者认为主要原因可能有两方面，一方面是李泽厚当时对美学史观的认识并没有上升到自觉的高度，即使时至今日，学界对于美学史观的确立和研究依然比较欠缺；另一方面在李泽厚宏阔的理论建构中，"儒道互补"不仅是《华夏美学》中建构中国美学史的主线，还被赋予了更大的中国文化心理建构和拯救人类现代生存困境的重要目的。他应该"不甘于"或者说"不满足于"仅将"儒道互补"定位于美学史观。这或许也是李泽厚后期不再关注美学研究的原因之一。只是就本书而言，笔者的研究中心是美学史，所以只着重论述"儒道互补"的美学史观。但"儒道互补"美学史观与思想史、哲学史、文化史和应对现代人类生存危机的方法论的复杂关系还是成了李泽厚美学研究的一种独特的研究路径和思维方式。基于此，笔者的研究也需要在集中论述李泽厚"儒道互补"美学史观的基础上，兼及其他论域。

第 二 章

万紫千红总是春
——"儒道互补"美学史观的内涵

本章主要论述"儒道互补"美学史观的具体内涵。由于"儒道互补"美学史观内涵十分丰富，像万紫千红般色彩丰富，但其本质是强调儒家主干地位，也是李泽厚所认为的中国文化深层心理结构的优势所在，如同中国文化永葆生机的春意所在。所以笔者引用了儒学代表思想家朱熹《春日》（胜日寻芳泗水滨，无边光景一时新。等闲识得东风面，万紫千红总是春。）中的一句诗"万紫千红总是春"来与朱熹推崇儒家思想至尊地位的思想相呼应。朱熹这首诗不是一首普通的咏春诗，泗水位于曲阜，此处以泗水代指儒家创始人孔子的讲学之地，在宋南渡时已被金人侵占。朱熹不可能在泗水之滨游春吟赏。诗人表面上赞美寻芳泗水的春景，其实将儒家圣人之道比作催发生机、点燃万物的春风。《春日》是一首寓理趣于形象之中的哲理诗。李泽厚在"儒道互补"美学史观中对儒家思想主干地位的强调实际上也是对朱熹儒家本位思想的继承。

第一节 "儒道互补"前提：儒道同一

李泽厚提出的"儒道互补"命题被广泛接受，几乎是其所提出的新概念和命题中最少受到质疑和批评的。但笔者研究发现这种广泛接受已经偏离了这一命题丰富而独特的原始内涵，存在着很大程度上的误读和改造。本章以李泽厚《华夏美学》为主，兼及散落在其他论著中的认识对"儒道互补"美学史观内涵重新进行梳理和分析，以期对此进行更加完整、深入的把握。

与诸多学者强调儒、道的差异和对立的认识不同，李泽厚强调"儒道同一"，这包括儒道之间的相通性和儒道具有同源性两方面的内容。

一　儒道具有相通性

在《华夏美学》中李泽厚强调了庄子美学和儒家美学的相通性。主要通过以下四点论述：

1. 庄子出于颜回

李泽厚认为"从思想史的角度看，道家的主要代表庄子，毋宁是孔子某些思想、观念和人生态度的推演、发展者"，[①] "庄子激烈地提出这种反束缚、越功利的审美的人生态度早就潜藏在儒家学说之中"。[②] 因为《庄子》中多次称引颜回并借孔子的言论来体现道家的主张。《论语》中孔子也有"吾与点也"等说法，显示出孔子思想与庄子思想的相通或一致性。李泽厚认为道家哲学的主要影响也在士大夫阶层，他们也有"学而优则仕"（《论语·子张》），关心社稷苍生，济世安邦等与儒家思想相同或相似的人生追求，因此庄子及其后学并不与儒家思想完全背离。庄子是否出于颜回还存在争议，但李泽厚所分析的基本符合儒道思想的原始面貌，就《论语》和《庄子》原典来看，儒道思想确实存在着一定的相似性或相通性。

2. 魏晋名士没有背离儒家思想

李泽厚认为即使在庄老风行的魏晋时期有竹林七贤为代表的玄

---

① 李泽厚：《华夏美学》，《美学三书》，天津社会科学院出版社 2003 年版，第264 页。

② 李泽厚：《华夏美学》，《美学三书》，天津社会科学院出版社 2003 年版，第272 页。

谈、饮酒避世、放任等有违礼法的现象，却持续时期很短，并没有动摇儒家思想的根基。

3. 儒道都尊重生命

在李泽厚看来，庄子尽管避弃现世，嘲笑儒家礼乐思想，但主养生，肯定自然生命。孔子和庄子都有"邦无道则愚"等保身全生的思想，显示出二者对生命的重视。这与屈原勇于赴死的态度完全不同。

4. 儒道都强调情感本体

李泽厚从儒道都尊重、肯定感性生命出发引申为二者对情感的重视。孔子有"予也有三年之爱于其父母乎"（《论语·阳货》）的情感自省，这是把以亲子之爱为基础的人际情感塑造、扩充为"民吾同胞"的人性本体，形成了以心理情感为根本的儒学传统。这一传统经过积淀成为中国文艺和美学持续出现的原型主题。李泽厚强调："这种以亲子为核心扩而充之到'泛爱众'的人性自觉和情感本体，正是自孔子仁学以来儒家留下来的重要美学遗产。"[①] 中国文艺在各种生离死别和历史变故的表现中形成了富有人情味的审美特征。他还强调了这种以情感为本体的思想并不局限于儒家，而是儒、庄、屈、禅共同作用的结果，也是华夏美学的共同特征。所以李泽厚在《华夏美学》结语中强调在中国文化中，心理情感本体就是最后的实在。《华夏美学》提出的"情感本体"思想后来成为其后期推崇的"情本体"思想。

综上，李泽厚强调了"儒道互补"的前提是二者的同一性。在此前提下，他进一步通过庄子出于颜回，魏晋名士并不背离儒家思想，儒道尊重生命、强调情感本体等方面来论证二者的同一性。李泽厚对"儒道互补"的根源论证逻辑摆脱了由来已久的儒道对立性和差异性的争论，强调儒道思想的同一性并充分论证，这是辩证而

---

① 李泽厚：《华夏美学》，《美学三书》，天津社会科学院出版社 2003 年版，第236 页。

富有启发性的。此后李泽厚进一步通过论证儒道同源于"巫史传统"来继续深化了这种同一性。

二　儒道具有同源性

李泽厚在《美的历程》中指出了"儒道互补"的根本原因在于儒道"它们二者都起源于非酒神型的远古传统"[①]，但未进行充分展开。后来在《华夏美学》中他指出儒道同源，即儒道同出于原始的巫术礼仪。巫术礼仪是古人从巫术祭祀活动中发展出的极其繁复的形式规范，具有沟通天人、和合祖先、凝聚氏族、维系生存和保持秩序等重要作用。在《论"巫史传统"》一文中李泽厚将"巫术礼仪"更名为"巫史传统"（即"理性化的巫传统"）并对其内涵和价值给予了深入论述。他认为由"巫"到"礼"是中国早期社会形成的关键。周公由巫术建立周礼，孔子"以仁释礼"开创了儒家的思想传统，奠定了中国哲学的基础。李泽厚还指出道家也从巫术礼仪中汲取资源建立了其思想体系，如道家的核心范畴"道"即是受巫术礼仪的影响而产生。"巫史传统"使得伦理秩序和政治体制具有宗教般的神圣性，形成了政治、伦理和宗教的彼此融合。但也由于"巫史传统"中巫通天（神）人，人的主体性被强调，人的地位被置于较高的位置。所以中国古代文明对人的有限性、过失性缺少深刻认识，这与西方基督教对人的原罪的认识不同。中国文艺因此缺乏对人性罪恶感和悲剧感的深度探索，形成了"乐感文化"的特点。

综上，李泽厚认为从"巫"到"巫术礼仪"即巫史传统出现了中国先民理性化的过程，周公制礼加速了这一理性化的过程，孔子"以仁释礼"确定了儒家思想的理性传统并由此确立了中国的大文化传统。道家的思想核心"道"也从巫史传统中汲取资源。从而

---

①　李泽厚：《华夏美学》，《美学三书》，天津社会科学院出版社 2003 年版，第264 页。

巫史传统也成为"儒道互补"的非酒神传统和"一个世界"的共同根源。李泽厚将"巫史传统"的特点概括为"重过程而非对象"和"重身心一体而非灵肉二分",这也是儒、道得以互补的根源所在。不仅如此,他还将"巫史传统"扩展为中国文化的总根源,极大地超出了"儒道互补"美学史观的论域。此外,他虽然强调儒道的同一性,但并不忽视儒道在美学上的差异性。如他指出儒家主张情感的正常抒发和满足,强调的是艺术为社会政治服务的实用功利;道家强调的是人与对象的超功利的无为关系亦即审美关系,重视的是内在的、精神的、实质的美。儒、道对后世文艺的影响主要区别在主题内容方面和创作规律方面即审美方面。这显示出李泽厚对儒道美学关系的辩证性认识。

第二节 "儒道互补"实质:
儒家主干,以道补儒

前已述及李泽厚最初并不是在美学研究中,而是在《孔子再评价》一文中通过论述孔子在中国文化中的地位无可匹敌的优势确立了儒家思想的主导地位。后来在《华夏美学》前言中李泽厚明确指出,"这里所谓华夏美学,是指以儒家思想为主体的中华传统美学"。由此确立了儒家美学的主干地位,并进行了论证。

一 儒家美学主干地位的证明

在《华夏美学》中李泽厚充分论述了儒家美学作为主干的原因,主要是与其他美学思想相比的各种优势,具体如下:

(一)来源优势

李泽厚在第一章"礼乐传统"中追根溯源,指出儒家思想与中国原始文化最契合,并直接继承和保存了中华文化—心理的原始礼乐传统从而超越于其他思想取得主导性地位。也就是说儒家的主干地位不是天授而是由来有自,来源于中华文化的远古传统。原始儒家作为原始礼乐传统的直接继承者和保护者而具有了来源上的优势。李泽厚主要从以下三点论述：

1. "美"字起源的两种解释："羊大为美"和"羊人为美"如何实现统一

"羊人为美"为图腾舞蹈，强调社会性的规范向自然感性的沉积，"羊大则美"为味甘好吃，强调自然性的塑造陶冶和向人的生成。前者是理性存积在感性中，后者是感性中有理性，二者从不同角度表现了同一事实，即"积淀"，指人的内在自然（五官身心）的人化，即与动物界有了真正的区分：在制造、使用工具的社会结构基础上，形成了人的"文化心理结构"。儒家"发乎情止乎礼义"来源于中国原始审美追求感性与理性、自然与社会相交融统一的远古传统，而且构成了后世儒家美学以理节情的根本主题。李泽厚运用了积淀理论来分析巫术礼仪，认为巫术礼仪是社会性的观念、理想等向各种心理功能特别是情感和感知的积淀。儒家礼乐传统因为继承了巫术礼仪中感性与理性的统一而成为原始文化的保存者而具有了重要地位。中国文化、美学和文化心理结构也因此形成了自己的民族个性：感性与理性、自然与社会相交融统一。

2. 礼乐传统的"乐从和"特点先于儒家思想并直接孕育了儒家传统

约在殷周鼎革之际远古图腾歌舞、巫术礼仪进一步完备和分化形成"礼""乐"的系统化。儒家的"礼"也有这种原始根源，即在规范了的世俗生活中去展示神圣的意义。《论语》有"立于礼"说明必须经过"礼"的各种训练，人才能获得人性。儒家发展了"礼"与内在心理的重要关系。但是"礼"对人的情感毕竟是外在、强制的行为规范，而"乐从和"却可以使人情感更自由。"乐"既来源于祭祀，又作用于人际，它所追求的不仅是人间关系而且是天人关系的协同一致：人和——上下和——天地和。礼乐传统的"乐从和"特点直接孕育了儒家传统并形成了中国美学一系列相反相成的和谐的"哀而不伤"的艺术标准："这是'A而非A＋'

即'中庸'的哲学尺度,即所谓'乐而不淫,哀而不伤,怨而不怒',亦即'温柔敦厚'。"① 因此,华夏美学一开始就形成了非酒神型的文化传统,排斥各种过分强烈的情感和反理性情欲的展现。李泽厚通过对"乐从和"尊重情感并主张以理节情的传统的深入分析来强调儒家思想对这一传统的直接继承和发扬,由此奠定了儒家领先于其他思想的地位。

3. 礼乐传统影响了儒家诗教的"载道"传统

礼乐传统使中国原始巫术礼仪、图腾歌舞走上了非酒神型的发展道路和文化模式,这一持久的传统影响各类文艺的创作要求"成教化,助人伦",也影响到"美善同一"的中国传统美学理论。《乐记》中"乐"必须服务于伦理政教的理论也体现在作为儒家美学基本法规的《诗大序》中。"文以载道"是儒家继承原始礼乐传统并进一步确立和强化的美学传统。"温柔敦厚"成为服从于伦理政治要求的美学原则。

综上所述,李泽厚在《华夏美学》第一章"礼乐传统"中充分分析了中国原始先民在原始巫术中形成了感性与理性、个体性和社会性统一的非酒神型的原始礼乐传统和"乐从和"的原始美学传统。而儒家思想作为周礼自觉的维护者继承和发展了这些原始传统。因而儒家思想为主干的地位不是自封的,而是由来有自,与其对华夏原始礼乐传统的继承和发展密切相关。儒家主干地位早在先秦时期基于其对中国远古礼乐传统的继承和维护就已经确立。李泽厚对礼乐传统的深入分析显示出中国远古文化重视文艺与政治的密切关系由来已久,儒家最先和最用力将其定型和稳定化。这是儒家思想超越其他思想取得后来的主干地位的第一个优势。

(二) 理论优势

在《华夏美学》第二章"孔门仁学"中李泽厚逐步论述了儒

---

① 李泽厚:《华夏美学》,《美学三书》,天津社会科学院出版社 2003 年版,第217 页。

家思想何以成为华夏美学主干的自身的理论优势：从人性的自觉到与天道的统一，儒家完成了伦理本体论到宇宙本体论的转变，也完成了民间独立思想向官方意识形态的转变。这些转变既有儒家思想内容上的基础也有董仲舒等帝王师的精致化和外在改造。具体如下：

1. 孔子对人性自觉的重视

孔子一生尽心维护和恢复周礼，其对传统的继承建立在他为礼乐所找到的"仁"的自我意识的新解释基础上。氏族血缘是孔子仁学的现实社会渊源，孝悌是这种渊源的直接表现。而"孝"的可能性和必要性不诉诸外在规范而诉诸内在情感，即把"仁"的最后根基归结为以亲子之爱为核心的人类心理情感，即与动物相区别的人性的自觉意识。在李泽厚看来，儒家不仅把一种自然生物的亲子关系予以社会化，而且还要求把体现这种社会化关系的具体制度（"礼乐"）予以内在的情感化、心理化，并把它当作人的最后实在和最高本体。这是儒家自身优势的关键。虽然孔子的仁学理论作为"治国平天下"的政治方略不可能实现，但这种人性自觉的思想却深深地影响和作用于后世。儒家还把这种自觉与安邦治国、拯救社会紧密联系了起来，这种人性自觉就有了超越的宗教使命感和形而上的历史责任感。"因之，并非'个性解放'之类的情感，而毋宁是人际关怀的共同感情（人道），成了历代儒家士大夫知识分子生活存在的严肃动力。"① 富有人情味和种种仁爱为怀的世间留恋成了中国文艺文史上许多经典作品的创作特色。李泽厚在此总结了孔门仁学所确立的人性自觉和情感本体思想并将这些思想作为中国美学重要的遗产。

2. 孔子强调了"乐"对于人格塑造的重要意义

孔子提出"志于道，据于德，依于仁，游于艺"（《论语·述

---

① 李泽厚：《华夏美学》，《美学三书》，天津社会科学院出版社 2003 年版，第234 页。

而》）"游于艺"不仅是前三者的补足和完成，而且就其实质而言，即是合目的性与合规律性的审美自由感。孔子还讲"兴于诗，立于礼，成于乐"（《论语·泰伯》）。"诗"主要给人以语言智慧的启迪感发；"礼"给人以外在规范的培育训练；"乐"便是给人以内在心灵的完成。以上表明孔子的最高的人性成熟只能在审美结构中。李泽厚指出"与其他许多宗教教主或哲人不同，孔子以世俗生活中的情感快乐为存在的本体和人生的极致"①。可见，"礼乐传统"中的"乐者，乐也"，在孔子这里获得了全人格塑造的意义。儒家的人格理想是"圣贤"，这"圣贤"不是英雄、超人和上帝，而就在人间。孔子多次讲"学而时习之""有朋自远方来"等快乐，这种快乐既是对外在世界的实践性的自由把握，又是对人道、人性和人格完成的关怀。礼乐传统是从外在的人伦关系和人际关怀来发掘人性的自觉，孔子的"仁"是从内在的人格培养和人性完成来指向心理本体。李泽厚总结说"总之，把本来是维系氏族社会的图腾歌舞、巫术礼仪（'礼乐'），转化为自觉人性和心理本体的建设，这是儒家创始人孔子的哲学——美学最深刻和最重要的特点"②。李泽厚的论述与后世一些儒家学者单纯强调德性伦理不同，他强调了孔子的"游于艺"和"成于乐"都体现了审美自由感对于人性成熟的重要意义。这表明原始儒家把礼乐转化为自觉人性和心理本体的建设，以世俗生活中的情感快乐为存在的本体和人生的极致，表现了孔子对审美在实现人格理想中的作用的高度重视。

3. 儒家时间情感化具有重要美学意义

先秦儒家持守的是一种执着于现实人生的实用理性。儒家将"死"的意义建立在"生"的价值之上，认为只有懂得生，才能在死的自觉中感受到存在。对儒家来说，既然人的个体感性存在是真

---

① 李泽厚：《华夏美学》，《美学三书》，天津社会科学院出版社 2003 年版，第241 页。

② 李泽厚：《华夏美学》，《美学三书》，天津社会科学院出版社 2003 年版，第242 页。

实的生成而并非幻影，"如何在稍纵即逝的短暂人生和感性现实本身中赢得永恒和不朽，才是应该努力追求的存在课题"①。在儒家看来，超越与不朽不在天堂和来世，而即在此感性人世中，从而时间意识就具有突出意义。"时间情感化是华夏文艺和儒家美学的一个根本特征，它是将世界予以内在化的最高层次，这也来源于孔子。"② 李泽厚认为，"孔子对逝水的深沉喟叹，代表着孔门仁学开启了以审美替代宗教，把超越建立在此岸人际和感性世界中的华夏哲学和美学的大道"③。所以中国艺术是时间的艺术、情感的艺术。"线"则是时间在空间里的展开。"华夏文艺的精神之一是'逝者如斯夫，不舍昼夜'（《论语·子罕》）那谜一样的情感中永恒的时间或情感和时间的永恒。"④ 正因为追求的是这种情感的永恒，中国艺术不大关注具体物象描摹。由于具有不同的人生内容、时间并不同质。情感化的时间和不同质的时间中的情感，使心理成了超越道德的本体存在。儒家哲学在情感本体意义上与美学的感性追求中实现了融合。李泽厚通过论述原始儒家的情感本体思想试图证明儒家哲学在中国美学中的最重要地位。曾经因宋明理学提出"存天理，灭人欲"而一直被批判为无情无义的儒家哲学被李泽厚还原为情深义重的原始儒家美学。李泽厚的论述符合原始儒家的本来面貌，也颇具论辩技巧。现在原始儒家重情已经得到了学界的公认，但三十多年前李泽厚对儒家重情思想的认识难能可贵。

4. 儒家美学开创了阳刚之美

孟子继承并发展了孔子仁学，使人性情感更加内在化，是人性

---

① 李泽厚：《华夏美学》，《美学三书》，天津社会科学院出版社2003年版，第245页。

② 李泽厚：《华夏美学》，《美学三书》，天津社会科学院出版社2003年版，第245页。

③ 李泽厚：《华夏美学》，《美学三书》，天津社会科学院出版社2003年版，第246页。

④ 李泽厚：《华夏美学》，《美学三书》，天津社会科学院出版社2003年版，第247页。

自觉的另一次重大开拓，并最早树立起中国审美范畴中的崇高：阳刚之美。孟子的"浩然之气"突出的是正面的道德力量的无可匹敌。而且孟子认为物质性的"气"（生命感性）是由精神性的"义"的凝聚而产生，道德的凝聚变而为生命的力量，生命真正成为人的存在。道德的理性即在感性存在的"气"中，这正是孔、孟"内圣"不同于宗教神学之所在，是儒家哲学、伦理学、美学的基本特征。"气"身兼道德与生命、感性与超感性、物质与精神等双重特点。这种感性生命力量具有由道德支配感性行动而不为外界所动摇的刚强意志。而且孟子并没有停留在纯理性的主体道德上，而是要求把主体的道德人格与整个宇宙统一起来，即由人而天，由道德——生命而实现天人合一。孟子的思想影响到后世中国文艺中追求的"气势""骨气""运骨于气""阳刚之气"等审美范畴。李泽厚在此进一步深化了儒学的美学传统。指出孟子不仅继承了孔子给予礼乐传统以仁学的自觉意识，而且有所超越，最早确立了中国审美范畴中"阳刚之气"的崇高传统。这的确也是由儒家所确立的影响深远的中国美学传统。

5. 儒家实现了"天人同构"的美学升华

荀子提出"制天命而用之"的思想对内在自然的教育塑造和人格建立是为了"外王"，是"治国平天下"，即人对整个世界的全面征服。这种思想也影响到自战国以至秦汉以征服世界为主题特色的艺术。在理论上，直接开启了"人与天地参"的儒学世界观在《易传》中的建立。"人与天地参"，即人的身心、社会群体与天地自然的同一，亦即"天人合一"。这种"合一"强调人应效法自然，在动态变化运行中不断建功立业、生成和发展，即"日新之谓之盛德"。以《周易》为最高代表的儒家丢掉了巫术、神话和宗教的解释，将它世俗化、实用化、理智化，形成了一个天人相通的哲学观。这个哲学观在汉代经阴阳家的自觉融入，发展成为董仲舒"天人感应"的宇宙论系统，并形成了"天人相通""天人感应"和"天人同一"的儒家美学原则。李泽厚强调，"《周易》这种天人同构的运动世界观，显然把孟子强调道德生命的气势美，经过荀学的洗礼后，提到宇宙普遍法则的高度，成为儒家美学的核心因素，它也是儒家美学的顶峰极致"①。从孟子的"集义所生"的气势，到荀子、《易传》的"天行"刚健，董仲舒的"天人感应"，突出的是对人的内在道德和外在活动的肯定性的生命赞叹和快乐。"阳刚之美"也成为儒家美学首要的审美范畴。杜甫的诗、颜真卿的字、范宽的画集中体现了这一美学标准。

　　综上所述，李泽厚在"孔门仁学"中用孔子的"人而不仁如乐何？"、"游于艺""成于乐"、"逝者如斯夫，不舍昼夜"三句经典名句概括出人性的自觉、人格的完成和人生的领悟，又用孟子的"我善养吾浩然之气"和《易传》的"日新之谓盛德"概括出儒家道德与生命，天人同构的超越性和本体精神。在李泽厚看来，儒家能成为华夏美学的主干不仅与其深厚的礼乐传统根源有关，而且与儒家深刻的哲学观念有关。归结起来儒家的深刻哲学美学内涵可以概括如下：孔子所建立的"仁"的核心观念使人具有了区别动物的人性自觉，其实是人理性的自觉，高扬了人性；"游于艺"和"成于乐"表现出孔子对人性自由和人间快乐的追求，也是儒家审美人生追求的开始；孔子的"逝者如斯夫，不舍昼夜"对时间流逝的感慨表明了儒家所追求的超越时间的不朽不在宗教世界，而在当下即得的世间的审美的自由生活中，而且弘扬了如时间一样勇往直前的积极进取的乐观人格；孟子的"我善养吾浩然之气"提升了儒家哲学的人格境界，平凡生命在道德追求中获得极大意义，使得道德人格成为儒家的最高追求并同时确立了阳刚之美的儒家美学标准；《易传》的"日新之谓盛德"进一步使得儒家的道德人格获得了天道意义，在人的道德境界中实现了天人合一，也把儒家审美境界推到了最高峰。总之，从根本上说，儒家思想确立了独具特色的实用

---

　　①　李泽厚：《华夏美学》，《美学三书》，天津社会科学院出版社 2003 年版，第258 页。

理性传统，从理性的自觉到理性对感性的支配，到把实现感性与理性、道德与生命统一的人格美作为最高的美，到《易传》和董仲舒的"天人合一"的气势美和动态美，温和、乐观的情感美形成了根底深厚、生命力强大的美善统一的美学传统。儒家美学超越了道德本体化实现了情感本体化，并达到了天人合一的宇宙论层次。

同时李泽厚也对儒家美学的负面价值有所认识，如他指出由于一开始就排斥了罪恶、苦难等强烈的负面因素，中国文艺总是以团圆的结局来麻痹和欺骗受伤的心灵。李泽厚总结说"这就是以非酒神型的'礼乐传统'为历史根基，以'浩然之气'和'天人同构'为基本特点的儒家美学所产生出来的优点与弱点"①。但显然他更加肯定儒家美学的优越性。至此，李泽厚把儒家美学系统化、精致化确立了儒家美学在中国古代美学中的优越地位。可以看出他始终是儒家美学坚定的维护者。出于李泽厚历史本体论哲学也即主体性实践哲学立场，他对儒家哲学的推崇也与儒家始终重视改造人类主体性的认识有关。李泽厚在本章中对儒家美学优越性的论证过程层层深入，每一层的分析都能逐步深入，如行云流水，语言富有诗意，读来令人叹服。

（三）吸收优势

李泽厚强调的"儒道互补"中的"儒"具有特定内涵，一开始，李泽厚强调它不是儒家思想在历代的发展变化所形成的僵化和纯化体系，如两汉经学和宋明理学，而是一种理想化的"孔门仁学"即以孔子的思想为主，孟子和荀子所继承和发展的原始儒家。所以他常常对两汉经学和宋明理学思想进行批判。如在《美的历程》批评两汉经学为"烦琐、迂腐、荒唐，既无学术效用又无理论

---

① 李泽厚：《华夏美学》，《美学三书》，天津社会科学院出版社 2003 年版，第263 页。

价值的谶纬和经术，在时代动乱和农民革命的冲击下，终于垮台"①。再如在《华夏美学》中对宋明理学多有批判。如批评宋明理学大家程颐"作文害道"的观点，批评朱熹的"道者，文之根本，文者，道之枝叶"，"作诗费工夫，要何用?"的观点等。李泽厚批评宋明理学家"他们确乎继承又极端发展了自'礼乐传统'到儒家诗教的重质轻文、重伦常政治轻审美愉悦的正统准则和批评尺度。但是他们也确乎是片面地发展了，而且他们完全忽视或有意无视审美本身的逻辑、规律及其重要意义"②。而且李泽厚对理学家的文艺成就评价也不高。如他不同于钱穆对理学家诗歌的推崇，而认为理学家们只注意在诗中说理故创作水平不高。这样，宋明理学似乎要被排除在李泽厚的理想化儒学体系之外了。但宋明理学一直被认为是儒学正统思想，如果将其排除在儒家美学思想之外就会失去儒家美学的传承性。而且可能影响到之前对儒家美学优越性的论证。所以李泽厚后来不再以之前对原始儒家自身的优越性分析来论述宋明理学的美学价值，而是改变了论证角度和论证策略，即从宋明理学超强的吸收能力方面来论证其美学价值。李泽厚认为宋明理学吸收和改造了佛学思想，从心性论的道德追求上，把审美的人生态度提到形而上的超越性高度，而使人生境界上升到超伦理的准宗教性水平，并因此以审美替代宗教。所以，宋明理学正是儒家传统美学的发展者，这发展不是在文艺创作和批评中，而是在心性思想所建造的形上本体上。这个本体不是伦理道德，也不是神秘力量，而是"天地境界"，即审美的人生境界。它是儒家"仁学"经过道、屈、禅而发展了的新形态。他由此指出孔孟不过发其端绪，真正发掘儒家深远的形上意味，是由宋明理学吸收禅宗之后的解释学产物。所以宋明理学汲取了庄、屈、禅之后成为儒家哲学和华夏美

①　李泽厚:《美的历程》,《美学三书》,天津社会科学院出版社 2003 年版,第65 页。

②　李泽厚:《华夏美学》,《美学三书》,天津社会科学院出版社 2003 年版,第359 页。

学的最高峰。① 这样儒家因具有强大的吸收能力和自我丰富能力而又取得了另一种优势。

综上，李泽厚所强调的"儒道互补"美学中的"儒"既包括孔子、孟子、荀子的原始儒家美学，也包含吸收道、屈、禅后的宋明理学，而且他认为宋明理学经由禅宗佛学再回到儒学时，建构了以审美代宗教的形上本体境界，成为儒家美学的真正高峰。儒家也因具有强大的吸收能力和自我丰富能力而取得了另一种优势。这样，儒家思想和儒家美学都成为完整的、传承有序的思想体系，从而达到了李泽厚所追求的儒家既是主干又是一以贯之的主线的论述目的。对儒家美学的分析李泽厚都巧妙地绕开了一般认为的儒家对文艺具有压制作用的功利主义美学观点。总体上，李泽厚对这一问题的论证是颇具新意和论辩技巧的。

此外，李泽厚还从载体与范畴入手进一步探讨了中国美学如何发挥儒学主导的传统从近代走向现代。他最后以中国古代美学的物质载体汉语、方块汉字、毛笔和木材等和读书人所具有的儒家人文精神的心理载体来再次证明儒家的主导地位是自然而然的和毋庸置疑的，并最终将华夏美学建基于儒家"心理主义"基础上的"情感本体"即"情理交融的人性心理"。

二 "以道补儒"基本观点的论证

确立了儒家美学的诸多优势后，李泽厚就稳固了儒家美学的主干地位并以此为前提展开了第三章"儒道互补"的论述。他集中论述了"儒道互补"的主要内容是以道补儒，道家缺乏独立地位。论述主要从以下两方面展开：一方面，李泽厚认为"庄子哲学即美学"②，高度肯定庄子美学的价值；庄子哲学超越了欲望和功利，打

---

① 李泽厚：《华夏美学》，《美学三书》，天津社会科学院出版社 2003 年版，第363 页。

② 李泽厚：《华夏美学》，《美学三书》，天津社会科学院出版社 2003 年版，第290 页。

破了生死、梦醒、物我的界限，摆脱了好恶、是非、美丑等限制，追求精神超脱的"逍遥游"。庄子的"乐"不是儒家属伦理又超伦理的"乐"，而是反伦理和超伦理的"天地与我并生，万物与我齐一"（《庄子·齐物论》）的真正自由的"天乐"境界。为达到这一境界，需要"心斋""坐忘""虚""静""明"，从而培育和积淀成一种与道同体的纯粹意识。儒家美学强调"和"主要在"人和"，与天地的同构也基本落实为人际，庄子美学强调的"和"是"天和"，即"与道冥同"，使人在任何境遇都可以快乐，可以物我两忘、主客同体，是在儒家天人感应之上的更高一级的追求。庄子笔下的"至人"和"神人"最高人格理想和生命境地的审美快乐，不只是一种心理的快乐，更重要的是一种超越的本体态度。庄子的这种"天人合一"之所以可能，正在于它以积淀了理性超越的感性为前提。庄子提出"与物为春"（《庄子·德充符》）、"万物复情"（《庄子·天地》），可见，庄子依然重视情感、肯定生命的人性追求。这与庄子一贯重视的"保身全生"的主张完全一致。李泽厚在此直接肯定庄子哲学即美学，并在论述庄子美学的价值时将其与儒家美学的境界追求进行了对比，认为庄子美学达到了更高的人生境界和审美境界显示出褒庄而贬儒的论述倾向。但很快他就在随后的论述中全面扭转了这一倾向。

另一方面，李泽厚还是强调庄子美学是儒家美学的补充者，不具有独立地位。他对庄子美学价值的充分肯定似乎儒家美学的主体地位即将动摇。但他不仅是有丰富思想而且是有高明论辩技巧的思想家。在充分肯定了庄子美学的价值后，他转而指出庄子及其后学常常未能彻底忘怀"君国"和"天下"，并不真正背弃孔门儒学。庄子哲学的主要影响也是在儒家士大夫知识阶层，所以"这使得庄子道家的这一套始终只能处在一种补充、从属的地位，只能作为他们的精神安慰，不能成为独立的主体"①。李泽厚始终坚守儒家美学的主导地位，所以强调儒家美学与庄子美学的相似追求，主张以庄子为代表的道家美学实际上已经融化在儒家美学中，以庄子为代表的道家美学只是作为儒家美学的补充者而存在。继而，李泽厚全面论述了庄子美学对儒家美学的多方面补充作用，具体如下：

1. "逍遥游"——审美态度的补充

李泽厚认为无论在现实生活中，还是在思想感情中，儒家始终是中国古代众多知识分子的思想主体。庄子齐物我的"逍遥游"式超脱人生态度在现实生活中难以实行，但在美学和文艺上，却常常有效。所以"总起来看，庄子是被儒家吸收进来用在审美方面了。庄子帮助了儒家美学建立起对人生、自然和艺术的真正的审美态度"②。此处李泽厚认为庄子的"逍遥游"精神对儒家美学的审美态度进行了积极补充。

2. "天地有大美而不言"——理想人格的提升

《庄子》中许多瑰丽奇异的寓言故事和汪洋自恣的文体都表现出对自由人格理想的追求。这种主体人格的绝对自由表现在美学上是庄子提出的"天地有大美而不言"中的"大美"。李泽厚认为庄子的"大美"思想是对儒家《易传》乾卦刚健美的提升和极大补足。庄子的"大美"超出了伦理学的范围而进入纯审美境界。其实质是指向最高的"至人"人格。在李泽厚看来，有了庄子这一补充，儒家的理想人格变得非凡脱俗，特别是"与天地参"的气概变得更为浑厚自如。这样就在追求理想人格方面实现了"儒道互补"。

3. "故德有所长而形有所忘"——审美范围的扩展

《庄子》中有很多无用的大树和外形丑陋而人格美的寓言故事，表现了"故德有所长而形有所忘"（《庄子·德充符》）的思想。这

---

① 李泽厚：《华夏美学》，《美学三书》，天津社会科学院出版社 2003 年版，第271 页。

② 李泽厚：《华夏美学》，《美学三书》，天津社会科学院出版社 2003 年版，第277 页。

表明庄子所主张的是美在于内在的人格、精神,而不在于外在的形体状貌。李泽厚认为庄子把丑、奇引进了审美领域而极大地扩展了审美对象的范围。此后,诗文中的拗体,书画中的拙笔,园林中的怪石,戏剧中的奇构,各种打破中和标准的奇特等都可成为审美对象。中国艺术因而得到巨大解放,艺术中的大巧之拙,成为比工巧更高级的审美标准。

4. "逸品"——审美标准的提升

孟子以"圣""神"为人格极致,很长时期也成为在文艺领域的最高品级。后来道家"逸品"不但被纳入文艺品评系统中,而且超越"神""妙""能"成为最高标准。这种美学批评标准的变化体现了道家对儒家美学原有规范尺度的突破和提高。

5. "天地有大美而不言"——自然审美的丰富

庄子和道家哲学强调"自然"。孔子有"仁者乐山,知者乐水"等对自然的亲切态度,但其最终的落脚处却仍然是人,人始终是自然的主人。而庄子提出"天地有大美而不言",强调自然优于人为。庄子所推崇"真人""至人"和"神人"的理想人格不是儒家"三不朽"所提倡的立德、立功、立言的人,而是与天地同一的自然的人。道家以巨大的自然来超越渺小的人世,极大地影响中国知识分子的心境和他们的文艺和美学。李泽厚强调"庄子以心灵——自然欣赏的哲学,突破了补充了儒家的人际——伦理政教的哲学"①。中国各门艺术在内容和形式上都表现出庄子美学重精神轻物质的特点。为庄子所发现和高扬的自然美补充了儒家充满人间情味的美。中国文艺因此缺少对自然的对抗或征服,而追求与自然的和谐。儒道美学相互渗透的结果,将中国古代审美引向深入,使文艺作品中对自然美的创作和欣赏,蕴含着超越的人生态度,回到自然和真实的感性中。

---

① 李泽厚:《华夏美学》,《美学三书》,天津社会科学院出版社 2003 年版,第282 页。

6. "以神遇而不以目视"——审美境界的提升

李泽厚认为庄子的"道"强调了美在自然整体而不在任何有限现象，反而揭示了文艺创作和欣赏难以言说的审美规律。庄子原意不是讲艺术，但正是庄子把孔子的"游于艺"的自由境界提到宇宙本体和人格本体上加以发展。从庄子"逍遥游""至乐无乐""天地有大美而不言"的言论到"庖丁解牛""梓庆为鐻""解衣般礴""吕梁丈夫蹈水"等故事所贯穿的基本主题都是："由'人的自然化'而达到自由的快乐和最高的人格，亦即'以天合天'，而达到'忘适之适'。"① 庄子所说的"不以目视""不以心稽"等表明了从技能到文艺的创作过程都有无意识的特点，这对华夏美学产生了重要影响。

综上，尽管李泽厚承认庄子哲学是真正的美学，而且相对于儒家美学，庄子美学达到了更高的人生境界和审美境界，庄子美学在审美态度、理想人格审美、审美对象、审美标准、自然审美和审美境界等诸多方面都超越于儒家，但李泽厚始终强调："在'儒道互补'中，是以儒家为基础，道家被落实和同化在儒家体系之中"②，庄子美学只能是作为儒家美学的补充者存在，坚守了儒家美学的主干地位。

三　儒家美学主干思想的全面贯彻

在第三章"儒道互补"充分论述了以道补儒的"儒道互补"美学史观的基本观点后，李泽厚依次展开了第四章"美在深情"、第五章"形上追求"和第六章"走向近代"的论述。论证延续了"儒道互补"中"以道补儒"的模式：首先或者全面肯定其他思想的重要价值如屈骚传统的深情、禅宗美学的形而上的追求，或者部

① 李泽厚：《华夏美学》，《美学三书》，天津社会科学院出版社 2003 年版，第 294—295 页。

② 李泽厚：《华夏美学》，《美学三书》，天津社会科学院出版社 2003 年版，第 286 页。

分肯定如近代美学的个性解放，再强调其对儒家思想主干地位和
"儒道互补"主线地位的补充关系，结论基本是屈骚传统多么深情、
禅宗美学如何具有形而上的追求，近代美学如何走向个性解放，最
终都是儒家思想或"儒道互补"主线论的补充者或者说是儒、道思
想可以吸收的思想来源。李泽厚始终反复强调儒家美学的主干地
位。如谈到魏晋美学时他强调说"所以无论在思辨的智慧中或深情
的抒发中，尽管有屈、庄、儒的交会融入，表面上屈、庄似乎突
出，实际上却仍然是儒家在或明或暗地始终占据了主干或基础地
位"①；在谈到禅宗美学对山水画的影响的"妙用"时也说："这所
谓'妙用'，不又正是儒、道、释（禅）渗透交融而仍以儒为主的
某种方剂配置么？"② 对近代个性解放思想常常"指向"背离儒学
的方向，也强调"它们又只是'指向'而已。本身还并未脱出儒
学樊笼。尽管可能表现出某种'挣脱'的意向或前景。它是既不成
熟又不彻底的，特别是在理论上"，③ 并始终强调"自'礼乐传统'
以来，儒家美学所承继和发展的始终是非酒神型的文化，虽经庄、
屈、禅的渗入始终未越出'极高明而道中庸'的儒学规格"④；即
使在谈到近代受西方文化冲击儒学衰落时也认为蔡元培借鉴康德美
学提出"以美育代宗教"，王国维吸收叔本华的哲学和美学提出的
"境界说"依然是对儒学传统的回归，"这似乎再一次证实着中国
古典传统（主要又仍然是以孔子为代表的儒学传统）的顽强生命，
以及它在近代第一次通过美学领域表现出来的容纳、吸取和同化近

---

① 李泽厚：《华夏美学》，《美学三书》，天津社会科学院出版社 2003 年版，第
320 页。

② 李泽厚：《华夏美学》，《美学三书》，天津社会科学院出版社 2003 年版，第
364 页。

③ 李泽厚：《华夏美学》，《美学三书》，天津社会科学院出版社 2003 年版，第
366 页。

④ 李泽厚：《华夏美学》，《美学三书》，天津社会科学院出版社 2003 年版，第
366 页。

代西学的创造力量"①；并强调在五四运动之后，经世致用、关怀国事民生的儒家传统却仍然是新文艺的基本精神，"儒学正统的'文以载道'似乎以一种新的形式占据了中心成为主流"②。

综上可见，李泽厚在《华夏美学》前言中开宗明义，提出以儒家美学为主干，"儒道互补"为主线的美学史观后在全书中层层深入，步步为营，一以贯之。在前两章分析了儒家美学的优势而确立儒家美学的主干地位后将其作为"儒道互补"美学史观的前提，在第三章"儒道互补"中确立了"儒道互补"美学史观"以道补儒"的基本观点，在以后各章的论述中都在论述其他美学思想的价值后强调对儒家的补充地位。所以李泽厚在《华夏美学》中的"儒道互补"美学史观其实质是儒家为主干的美学史观。李泽厚运用极高超的论辩能力和文献诠释能力全面贯彻了"儒道互补"美学史观。从这个角度上说，《华夏美学》超越了《美的历程》，集中建构了"儒道互补"美学史观，显示出李泽厚在中国美学思想上研究的深入和成熟。

第三节 "儒道互补"动力：兼收并蓄

李泽厚所强调的"儒道互补"不仅是"以道补儒"还扩展为屈骚传统、禅宗、近代思想等其他思想对儒家的补充或者说是儒家对其他思想的兼收并蓄。以下分述之：

一 屈骚传统对儒家美学的补充

一方面，第四章"美在深情"中李泽厚将屈骚传统与儒家思想做比较，对屈骚深情传统进行了深入分析。他认为屈原以《离骚》

---

① 李泽厚：《华夏美学》，《美学三书》，天津社会科学院出版社 2003 年版，第383—384 页。

② 李泽厚：《华夏美学》，《美学三书》，天津社会科学院出版社 2003 年版，第384 页。

为代表的作品是真正的神话和诗歌,是真正的文艺创作。屈原的死把儒家对生死的哲理态度提到了一个空前深刻的情感新高度。此情不同于儒家"礼乐传统"所要求、陶冶的普遍性的群体情感形式,而是异常具体而个性化的感情,这使得情感超越了儒家"乐而不淫,哀而不伤"的框架,而在显露和参与人生深度上,获得了空前的悲剧性意义和冲击力量。魏晋时期屈骚传统与儒家美学、道家美学渗透融合,发展了以"深情"为核心的魏晋文艺和美学的基本精神。李泽厚强调这种深情不是先秦两汉时代那种普遍性的群体情感的框架符号,也不是近代资本主义时期与个体感情欲求紧密联系的个性解放,这种深情具有本体探寻的意义,是一种符合理性却又超越理性的情感态度。儒家对屈骚精神的吸收和继承再一次丰富和发展了儒学,加深了儒家重道德、重情感的仁学传统的深刻意义,并通过一些杰出的士大夫及其作品的精神感染和艺术感染在魏晋被确定下来,成为华夏的人性结构和美学风格中的重要因素。除了深情传统,屈骚传统对后世的文艺影响很大,对此李泽厚从三个方面展开说明:

1. 对儒家比德美学传统的丰富

李泽厚认为屈原赋予了儒家"比德"诗教真正的美学意蕴。屈原通过道德象征的自然景物所要表达的不是抽象的道德观念或理论主张,而是饱含情感与想象,是富有"志洁"个性的情感创作。并强调,"'美是道德的象征'这个康德美学中的重要命题,在中国,是由屈原最先完满体现出来的。"① 魏晋之所以从汉代经师的"比德"解诗传统中解放出来也正由于魏晋"深情兼智慧"的本体探寻。

2. 对中国古代"意境"审美范畴的影响

李泽厚认为屈骚传统的深情在文艺领域落实为想象的真实,使

① 李泽厚:《华夏美学》,《美学三书》,天津社会科学院出版社 2003 年版,第 319 页。

原始儒家的诗学由"赋比兴"发展为意境的创造。以儒家为主体的华夏美学，在吸收了屈骚传统并经由魏晋之后扩展了其人文道路。李泽厚总结指出：中国文艺由巫术到神话到宗教可以说是由集体意识层（"兴"的源起）到个体意识层（"比德"）再到个体无意识层（"意境"）的进展，贯穿其中的是屈骚的"深情"传统。

3. 对"想象的真实"和"风骨"审美特点的影响

李泽厚指出"想象的真实"使中国文艺创作和接受可以自由地超越现象、时空和逻辑，而凸显感性偶然性的方面。所以人们常说中国艺术里的时空是情理化的时空。在这一时空中，"想象的真实"替代了推理和感觉，这即是中国诗和中国画中的"画中有诗""诗中有画""寓情于景"和"情景交融"。李泽厚强调"归根到底，这种'想象的真实'毕竟是情感力量所造成"①。它有赖于"情"的渗入。正是屈骚的深情使"想象的真实"产生了各种"以我观物"的"有我之境"和"以物观物"的"无我之境"，而不再是认识性的描述和概念性的比附，完全突破了儒家"比兴"的旧牢笼而获得了"意境"创造的广大天地。魏晋时期"风骨"成为文艺批评中的重要规范和尺度。李泽厚认为"'风骨'的要点在'风'（情感），'风'实际是儒家的'气'与庄的'道'、屈的'情'相交融会的结果。其中，屈的深情极为重要，正是它构成了'风'的基本特征"②。

另一方面，李泽厚还是强调屈原接受了北方儒学传统，屈原积极入世、救国济民的精神观念、人格追求和社会理想，始终关怀政治的顽强意念和忠诚与真挚的情感都应该与儒家思想有关。他举出嵇康抗命而其子尽忠、陶潜洒脱却训儿谨慎、阮籍放浪形骸却又明哲保身等实例说明儒家在魏晋玄学盛行的时代依然占据主体地位。

---

① 李泽厚：《华夏美学》，《美学三书》，天津社会科学院出版社 2003 年版，第335 页。

② 李泽厚：《华夏美学》，《美学三书》，天津社会科学院出版社 2003 年版，第335 页。

屈骚传统和魏晋玄学以深情兼智慧的本体感受和想象真实，扩展了儒家的伦常情感和"比德"观念。在李泽厚看来，庄子美学更多在感知层、形式层，屈骚传统更多在情感层、内容层补充了儒家美学。华夏美学在以儒为主体而吸收、包容了庄、屈之后，从外、内两个方面极大地丰富了自己，而不再是原来面目，但它又并未失去其原有精神。

综上，李泽厚对屈骚的深情传统的价值进行了充分肯定，并认为屈骚对后世文艺产生了重要影响。如对儒家比德美学传统、对中国古代"意境"审美范畴、对中国文艺"想象的真实"和"风骨"等审美特点都产生了积极影响。而且屈骚传统在李泽厚所列出的四大美学传统中是最有深情的，可以说屈骚传统赋予儒家以深情，补充了儒家情感本体的思想。但李泽厚坚持了儒家美学的主干地位，还是将屈骚传统融合于儒家思想，屈骚传统只是作为儒家美学的补充者而存在。

二　禅宗美学对儒家美学的补充

在《华夏美学》第五章"形上追求"中李泽厚一方面充分肯定了禅宗美学的两点重要价值：

第一，加强了中国文化的形上性格。

禅宗的形上追求对中国传统知识分子的心理结构、文艺创作、审美趣味和人生态度都带来了广泛影响。禅宗思想的出现又一次丰富了中国人的心理结构。李泽厚认为，"这一丰富的特色即在，由于'妙悟'的掺入，使内心的情理结构有了另一次的动荡和增添：非概念的理解——直觉式的智慧因素压倒了想象、感知而与情感、意向紧相融合，构成它们的引导"[1]。在李泽厚看来，禅宗是诗的哲学或哲学的诗，它并不追求树立某种伦理的（儒家）或超越的

---

① 李泽厚：《华夏美学》，《美学三书》，天津社会科学院出版社2003年版，第342页。

（道家）理想人格，而是追求某种永恒的心灵本体或达到某种永恒本体的心灵之路。这即是禅宗美学的意义。

第二，禅宗确立了"韵（味）"和"淡"的审美标准。

李泽厚指出禅宗所追求的既不是儒家的气势磅礴或庄子的逍遥自在的雄伟人格，也不是屈原凄楚执着或怨愤呼号的炽烈情感，而是某种精透灵妙的心境，所以境界、韵味成为中国古代后期美学的重要审美范畴。人生态度经历了禅悟变成了自然景色，自然景色所指向的已不是儒家的人际和谐，不是庄子的人格超妙，不是屈原的深情，而只是淡泊的心灵境界。禅宗的思想典型地体现在严羽的《沧浪诗话》中的"镜花水月"理论中。李泽厚认为这一理论中的禅意诗境，其审美特点即是"淡"。"淡"是后期中国文艺领域所追求的最高艺术境界。"淡"是"无味之味，是为至味"，是"动中静，实中虚，有中无，色中空"，是"无特定情感"的最高体验。另一方面，李泽厚没有停留于对禅宗美学价值的肯定而是又清醒地回到了儒道思想。他认为禅宗空前冲击了传统哲学并加强了中国文化的形上性格，但又只是"冲击"而并没有背弃。归结而言，他从以下几个方面说明：

1. 禅宗美学也有现实关怀

李泽厚认为具有禅意美的中国文艺一方面既借自然景色来展现人生境界的形上超越；另一方面又常常把人引向对现实生活的关怀。儒家有"道在伦常日用之中"，禅宗也讲"担水砍柴，莫非妙道"。佛家理想人格追求与儒学的圣人之道实际接近或相通。禅宗思想主要突出一种直觉智慧，并最终仍然将此智慧融化和回归到肯定现实生命或人生际遇中去。禅宗思想还是与印度原始佛学教义不同。禅宗思想是中国化的佛学，是华夏民族对印度佛学的本土化改造成果。所以儒道两家的重生命、重人际的精神对禅宗有所改造，使得文艺的禅意追求更有现实关怀。

2. 禅宗美学与道家美学相通

禅所追求的最高境界与庄、玄相通，也符合美学和艺术创作的基本规律。佛家在山水中似乎也在求佛理，但实际上正如宗炳《画山水序》所言："余复何为哉，畅神而已。"所谓"畅神"，实质上是一种审美愉快。李泽厚认为，"可见，从一开始，庄子道家甚至孔门儒学在审美领域（玩赏自然风景和山水绘画）早就渗入了禅宗的佛门。"①禅宗美学在对自然山水的欣赏中与庄子美学也有相通性。李泽厚一直主张"庄禅同一"，这样禅宗美学实际上被纳入到庄子美学和道家美学体系中。

3. 宋明理学对禅宗的吸收

宋明理学在吸收了道、禅思想后实现了道德理性与生命感性的"天人合一"，在美学上建构了"属道德又超越道德""准审美又超审美"的本体境界。禅宗本土化的过程，从祖师慧能到民间僧徒开始大都是下层百姓，但经上层士大夫接受后、宗教性的佛事祈求日渐转化为审美性的人生参悟。禅宗也由此实现了由宗教向审美的转换。

4. 禅意终究回到儒道

禅宗所追求的"无味"和"淡"的说法本由儒家"以无味和五味""中和""中庸"演化而来。比如提出"以禅喻诗"的严羽仍以李白、杜甫为正宗，即由禅而返归儒、道，这正是禅宗文艺美学的基本特色所在。李泽厚以苏轼为代表来说明这一思想。苏轼尽管参禅，却仍然像庄子一样豁达自在，不断入仕像儒家一样忧国忧民。他更能从审美上体现出儒家所标榜的"极高明而道中庸"的最高准则。总之，自李泽厚看来，禅意还是回到了儒道人间情味中。

综上，尽管禅宗美学为中国美学提升了形上本体境界，使"淡"和"韵"成为华夏美学后期的重要审美范畴，宋明理学经过禅宗的洗礼也实现了以审美代宗教的本体境界的提升，但禅宗美学由于与庄子美学最高追求的相通性，被纳入道家美学体系，最终还

---

① 李泽厚：《华夏美学》，《美学三书》，天津社会科学院出版社 2003 年版，第355 页。

是回到"儒道互补"的天人合一的和谐境界，回到儒家的人情味中，所以在李泽厚看来，禅宗美学依然是儒家美学的补充者。

三　近代个性解放思想没有背离儒学传统

在《华夏美学》第六章"走向近代"，与前三章充分肯定庄子美学、屈骚传统和禅宗美学的价值再谈其对儒学的补充不同，李泽厚对近代个性解放思想的美学价值有所保留，而且从一开始就强调了其没有背离儒学传统。儒家哲学在宋明经过朱熹、王阳明等顶峰之后，没能再有大的新开拓。虽然李泽厚也认识到一些新思想倾向和艺术创作常常指向与儒学正统相背离甚至相反的方向，但却强调它们本身还并未超脱儒学。而且进一步论证道：儒家美学所承继和发展的始终是非酒神型的文化，虽经庄子美学、屈骚传统和禅宗美学的渗入始终未越出"极高明而道中庸"的儒学规格。它的特点依然是：既不排斥感性欢乐，重视满足合理感性需要，同时又反对放纵人欲。在儒家教义的支配下，"人欲"的表现大都笼罩在"厚人伦，美教化"的社会要求下，并无自身的价值，而近代人性解放突出了人欲。李泽厚从哲学、审美趣味和技巧形式总结了近代文艺思想的三点变化：

第一，哲学上在王阳明心学的解体过程中对感性的肯定和强调走向了近代资产阶级的自然人性论；

第二，与这种哲学思潮基本同时，李贽、徐渭、汤显祖、袁宏道等提出张扬个性自我的创作主张，艳、俗、险、怪的审美趣味开始流行；

第三，当时某些作家艺术家已经非常自觉对形式、技巧进行刻意追求，表现出一种走向职业化、专业化的近代意识。这些都越出了"正心诚意"和"修齐治平"正轨，有害于"圣人之道"，而有悖于儒门正统。但这种新变化没有得到充分发扬，即被假古典主义（从正统诗文到乾嘉考据、程朱理学）所湮没和遏制。所以李泽厚依然强调近代人性解放思潮只是暂时的历史变声并没有脱离儒家美学的轨道。

四　近代西方美学对儒学传统的回归

李泽厚对儒家美学主干地位的认识并没有局限于本土思想，而是继续扩展，将近代西方美学传入也当作是对儒学传统以美育代宗教的回归。李泽厚以王国维、蔡元培的理论和20世纪中期流行的"美是生活"的观念为例探讨了近代西方文化传入后如何与原有传统相碰撞和联结。王国维既是儒家传统士大夫，却又是勇于接受西方美学的思想先驱。他提出"境界说"正是希望在艺术本体中去寻求避开个体感性生存的苦痛。与明清重情纵欲的走向近代的倾向似乎刚好相反，王国维强调的是对个体生存和感性欲望、自然要求的否定。王国维和蔡元培的立场分别是悲观主义和积极方式，但二者都是立足于儒学传统的立场。他们不约合同的结论正是儒学传统遇到西方美学而受到影响的结果。非酒神论的礼乐文化、无神论的儒门哲学又一次地接受和同化了康德、叔本华的哲学和美学而提出了"以美育代宗教"的新命题。"这似乎再一次证实着中国古典传统（主要又仍然是以孔子为代表的儒学传统）的顽强生命，以及它在近代第一次通过美学领域表现出来的容纳、吸取和同化近代西学的创造力量。"① 但20世纪20年代随着救亡呼声盖过一切，这种"以美育代宗教"的观念被搁置了。但在五四运动之后，经世致用、关怀国事民生的儒家传统却仍然符合新文艺的基本精神。如自20世纪20年代"文学研究会"提出"为人生而艺术"，到其后的左翼文艺的"为革命而艺术"和救亡图存的抗战文艺，都体现了正统的儒学"文以载道"思想。周作人、林语堂等提出的"为艺术而艺术"的纯文艺创作思想和实践始终被排斥在主流之外。而且俄国车尔尼雪夫斯基的"美是生活"既与"为人生而艺术"和"为革命而艺术"的文学主张相呼应，又与重生命重人生的华夏美学传统相

---

① 李泽厚：《华夏美学》，《美学三书》，天津社会科学院出版社2003年版，第383—384页。

吻合，所以受到中国文艺界普遍欢迎而构成现代新美学的起点。可见，在李泽厚看来，儒家美学的超强吸收力在近现代社会也没有受到任何影响而继续发挥着重要作用。

"儒道互补"美学史观从古代延续到了近代和现代。在李泽厚看来，即使从西方传入的叔本华美学和康德美学、车尔尼雪夫斯基的美学思想只是凭借王国维、蔡元培等人的介绍与中国传统美学发生了"碰撞"但并没有动摇儒家美学的根基而且甚至是儒家"以审美代宗教"的回归。所以李泽厚说总体上，近代与古代一样，中国文艺依然不断地接受、吸收、改造和同化外来思想，变成自己的血肉，华夏美学仍然保留自己的根本精神。① 这里李泽厚认为外来思想只是被同化后成为自己的血肉。虽然他没有再强调西方思想也是儒家思想的"补充者"，但依然可以看出李泽厚对儒家文化生命力和包容力的高度认可。至此充分表明"儒道互补"美学史观的实质是儒家本位思想，华夏美学精神即儒家美学精神。包括庄子美学、屈骚传统、禅宗美学、近代人性解放和现代西方思想在内的其他思想，无论它们具有怎样丰富的美学内涵，它们最终都不能动摇儒家美学的主导地位和儒家美学"中和之美"以理节情的美学传统，只能是儒家美学的补充者和丰富者。

第四节　"儒道互补"现代转化：
"自然人化"观

"儒道互补"美学史观的思想基础是马克思主义唯物史观。"自然的人化"观是李泽厚实践美学的核心思想。"儒道互补"是其打通中、西、马思想的一次重要努力，也是他所倡导的"西体中用"的理论探索。与大多数专注于研究中国哲学或传统文化的学者

---

① 李泽厚：《华夏美学》，《美学三书》，天津社会科学院出版社2003年版，第384页。

不同，李泽厚对"儒道互补"进行了马克思主义的现代阐释，从"自然的人化"观出发，创造性地赋予了"儒道互补"马克思主义唯物史观的新内涵。

一 儒道互补是"自然的人化"和"人的自然化"的统一

"自然的人化"出自马克思《1844 年经济学哲学手稿》中的一句话："人的感觉、感觉的人性，都是由于它的对象的存在，由于人化的自然界，才产生出来的。"① 李泽厚借鉴了马克思的观点对儒道思想的关系进行了创造性的解读。在《华夏美学》第三章"儒道互补"中李泽厚结合其主体性实践哲学，从人与自然的关系入手，分析儒家美学和庄子美学的特点，指出前者追求经世致用，突出人的社会性，因此可以称为"自然的人化"；后者则追求超越世俗，崇尚自然，注意人的生命与宇宙自然的同构呼应，所以称为"人的自然化"。②李泽厚认为老、庄道家是儒家的对立补充者，并进一步指出："所以，如果说儒家讲的是'自然的人化'，那么庄子讲的便是'人的自然化'：前者讲人的自然性必须符合和渗透社会性才为人；后者讲人必须舍弃其社会性，使其自然性不受污染，并扩而与宇宙同构才能是真正的人"，③ 二者恰好既对立又补充。李泽厚提出的"积淀说"对马克思主义的唯物史观既继承又有所发展，他认为美起源于人类实践活动所积淀而成的特殊文化心理。他把儒家思想归结为"外在自然山水与内在自然情感相互渗透、交融和积淀了社会人际的内容"，是一种非酒神型的特殊文化心理结构。儒家强调人的自然性必须符合社会性才为人。而道家思想被概括为"人的自然化"，强调人为了保持其自然性不受污染，需要舍弃其社会

---

① 马克思：《1844 年经济学哲学手稿》，人民出版社 2018 年版，第 84 页。

② 李泽厚：《华夏美学》，《美学三书》，天津社会科学院出版社 2003 年版，第 266 页。

③ 李泽厚：《华夏美学》，《美学三书》，天津社会科学院出版社 2003 年版，第 266 页。

性，并扩而与天地同构才是真正的人。李泽厚指出孔子提出"尽善""尽美"的理想，强调美与善的高度统一，在此意义上，其美学可以称为"审美的心理学—伦理学，或心理学—伦理学的美学"。并指出与儒家重视"自然的人化"，即强调审美的社会作用、人际和谐，美与善的统一相比，道家重视"人的自然化"，即强调个体的自由，强调"天和""与道冥同"，人与天地万物相和谐、美与真的统一。在这种要求之下，庄子崇尚的美是一种"天然取胜的美"，与此相反，儒家所推崇的美乃是一种"以人工取胜的美"。在李泽厚看来，在"自然的人化"观下，"儒道互补"实现了"美"与"真"善的统一。

二 "人的自然化"是"自然的人化"的充分补足

从"儒家主干""以道补儒"思想出发，李泽厚认为道家的"人的自然化"成了儒家的"自然的人化"的充分补足。他指出"天人同一""天人相通""天人感应"是自《周易》经董仲舒所不断发展的儒家美学的根本原理，而这一原理正是儒家"自然的人化"的思想在中国古代哲学和美学中集中体现。儒家看重人的心理性的情感塑造即"人化内在的自然"，使"人情之所以不免"的自然性生理欲求、感官需要取得社会性的培育和性能，从而实现人际关系和道德领域的悦耳悦目、悦心悦意的审美状态。中国古人喜欢用人的自然生命及其因素来阐释文艺，如讲究"骨法形体""筋血肌肉"等，这些都既与人的生理、生命和先天气质相关，又不局限于有限感性存在，而追求与天地同构合一。而且这些认识清晰地表现了重视中国人感性生命的"儒道互补"："以生命为美，以生命呈现在人体自然的力量、气质、姿容为美。"[①] 这正是儒家的"天行健"和道家的"逍遥游"的互补，是后者对前者的补充和扩展。道

① 李泽厚：《华夏美学》，《美学三书》，天津社会科学院出版社 2003 年版，第299 页。

家的"人的自然化"并不是要人退回到动物性，而是要超出自身生物性的局限，主动地与整个自然相呼应。这样，庄子以"人的自然化"补充和扩大了儒家的"自然的人化"和"天人同构"。而且庄子把"天人同构"扩大和纯粹化了。由于它超越了社会和人事，从而突出了由身心与自然规律长期呼应而积累下来的无意识现象，这对后世中国文艺影响极大。自然对于中国人无论是真实的自然还是诗画中的自然，总是与人的现实生活、情感相关联和相亲近。

此外，李泽厚提出在"自然的人化"观下儒道的交融互补有两条通路。一条是政治的，以郭象等人为代表，以儒注庄，提出名教即自然，消除了庄学中那种反异化的解放精神和人格理想。这是以庄学中的"处于材与不材之间"的混世精神补足和加强儒学中的"安贫乐道""知足常乐"的教义；一条是艺术的，如陶诗和山水花鸟画。庄子的反异化、齐万物，对人世的否定性认识，转化超脱、独立等肯定性的正面价值。这不但是对儒家原有的"危行言逊""其智可及也，其愚不可及也"的极大提升，而且成为"自然的人化"的高级补足：自然在生活、思想情感和人格这三方面构成了人的最高理想。"它们作为'人的自然化'的全面展开（生活上与自然界的亲近往来，思想情感上的与自然界的交流安慰，人格上与自然界相比拟的永恒形象）。正是'儒道互补'的具体实现。"①李泽厚继而对道家人化自然的思想也给予了充分的肯定。如他认为诗（"言志"）文（"载道"）之分途、词曲的涌现，人物画让位于山水画，这是儒家美学本身酝酿的矛盾发展，即人的自然感情与社会理性的矛盾发展，但在庄子哲学的作用下这一矛盾并非不可调和，而采取了走向对外的客观自然的欣赏。

综上，李泽厚把马克思的"自然的人化"观与中国传统文化中的儒家思想有机结合起来，极大地丰富和扩展了"自然的人化"观

---

① 李泽厚：《华夏美学》，《美学三书》，天津社会科学院出版社 2003 年版，第290 页。

的内涵，这具有中西思想结合的典范意义。建基于唯物史观的"自然人化"观是李泽厚思想体系的核心内容，他以此对"儒道互补"的重新解释是极富创见的。儒、道思想在马克思主义"人化自然"观的重新整合下具有了一种新型的互补关系。

综上所述，"儒道互补"美学史观被李泽厚赋予了极其独特的内涵，如"儒道互补"美学史观的前提是儒道思想的同一性："儒道互补"的根源是二者都源于非酒神型的"巫史传统"；"儒道互补"美学史观的实质是儒家主干，以道补儒；"儒道互补"美学史观不仅是儒家美学和道家美学之间，还扩展到屈骚传统、禅宗美学对儒家美学和儒道互补的补充，近代人性解放思潮没有背离儒家美学，现代西方美学也被儒家美学所吸收；李泽厚还将其实践美学的核心观点"自然的人化"观与"儒道互补"相互结合，儒家美学和道家美学分别对应于"自然的人化"和"人的自然化"实现了儒道美学现代意义的新融合。可见"儒道互补"美学史观的这些独特内涵与许多学者所论述的强调儒道之间差异、儒道平等、与屈禅无关，只局限于中国古代文化而与近代人性解放和西方美学几乎无关的"儒道互补"思想根本不同。可以说，李泽厚在所提出的"儒道互补"命题长期被误读，正本清源，深入"儒道互补"美学史观的特殊内涵十分必要。

第 三 章

千举万变其道一
——"儒道互补"思想在李泽厚
思想体系中的地位

第一章笔者分析了"儒道互补"思想的发展历程，可知"儒道互补"命题在李泽厚思想发展的过程中不仅是美学史观，还是美学观、思想史观、文化史观，具有多重含义。所以本章并不局限于"儒道互补"美学史观，而是论述"儒道互补"思想在李泽厚思想体系中的地位。笔者认同钱善刚提出的"李泽厚哲学思想从深层次上体现了'儒道互补'的追求和特征"① 的观点并对此进行论证。笔者认为"儒道互补"不仅是李泽厚所提出的美学史观，而且也是贯穿其思想体系的基本思维特征、独特品格和基本精神。李泽厚思想体系主要由历史本体论、"自然人化"观、"情本体"论和"度本体"论构成，而这些都与"儒道互补"思想密切相关："儒道互补"是"自然的人化"观的扩展，是历史本体论的基本精神，是"情本体"的归宿，是"度本体"的集中体现，可谓千举万变其道一。所以笔者引用了先秦儒学代表思想家荀子《儒效》篇中的一句话"千举万变，其道一也"。意为尽管形式上变化多端，其本质或目的不变。李泽厚推崇先秦原始思想儒家，而且尤为赞赏荀子，

---

① 钱善刚：《本体之思与存在化境——李泽厚哲学思想研究》，博士学位论文，华东师范大学，2005 年。

"儒道互补"也是对荀子会通儒道思想的继承。

李泽厚思想以鲜明的原创性、现实性和前瞻性及对中、西、马不同思想的融通性得到了学界赞誉。对李泽厚思想体系进行整体研究不是本文的任务，笔者无力亦无意再将李泽厚思想体系详细梳理并出新意。这方面的工作已经有比较丰富的研究成果。如钱善刚的博士论文《本体之思与人的存在——李泽厚哲学思想研究》作为第一篇系统研究李泽厚哲学思想的博士论文思维缜密，论证有力。王耕的博士论文《论李泽厚的历史本体论》逻辑清晰，论述深入。二者都可借鉴。钱善刚虽然指出："李泽厚哲学思想从深层次上体现了'儒道互补'的追求和特征。"[①] 但其博士论文主要侧重于对李泽厚历史本体论思想进行全面深入的分析，"儒道互补"思想不是他论述的重点，所以只是提出了上述观点并未展开论述。笔者以下将对此具体深入分析。

如前所述，由于"儒道互补"不仅是美学观和美学史观，还是思想史观和文化史观，具有多重含义。所以本章所论述不局限于李泽厚"儒道互补"美学史观，而是含义更加广泛的"儒道互补"思想。由于研究主题所限和李泽厚思想体系的复杂性，笔者只对学界已经公认的李泽厚思想体系的重要理论："自然人化"观、历史本体论、"情本体"论和"度本体"论等与"儒道互补"思想之间的关系进行分析，以此发现"儒道互补"思想与这些重要思想的关系从而证明"儒道互补"思想融会贯通于李泽厚整个思想体系，是其思想体系的基本精神、思维特征和独特品格。

第一节 "儒道互补"是"自然的人化"观的扩展与升华

李泽厚多次强调"自然的人化"观是其思想体系的主线，学界

---

① 钱善刚：《本体之思与人的存在——李泽厚哲学思想研究》，博士学位论文，华东师范大学，2006 年。

对此也基本认可。笔者认为"儒道互补"思想是这一主线的扩展与升华。具体论述如下：

一　"自然的人化"观的发展过程

"自然的人化"贯穿了李泽厚整个思想体系，是其最为推崇的一个命题，也是其思想体系中极具生命力的一个命题，主要经历了以下五个发展阶段。

第一阶段，李泽厚以"自然的人化"来说明美的来源，并在此基础上建立了影响深远的实践美学观。"自然的人化"命题的提出始于20世纪五六十年代美学大讨论。李泽厚认为朱光潜所提出的"美是主客观的统一"思想其本质是唯心主义，蔡仪的"美是典型"是形而上学唯物主义，两种观点都不能正确解决美的来源问题。李泽厚受到马克思《1844年经济学哲学手稿》"人的本质对象化"命题的启发只有用马克思主义的"自然的人化"和"美存在于人类的客观社会生活"的理论才能对美的根源做出科学解答。他接受了马克思"美的本质离不开人"，"人类的实践是美的根源"的观点，提出"美是客观性与社会性相统一"的著名观点。即"美"是客观存在，但它不是单一的自然属性或自然现象，而是客观存在于人类社会生活之中，是人类社会生活的产物。没有人类社会，就没有美。在"自然的人化"命题的基础上，李泽厚从历史发展的角度来理解"自然的人化"并以此来提出美的根源，而不是单纯从审美对象构成的角度来揭示美的根源显示了深刻的辩证性。此后，李泽厚的"自然的人化"观内涵不断丰富和发展，逐渐形成了复杂的观念体系。[①]

第二阶段，李泽厚在《康德哲学与建立主体性论纲》一文中

---

① 后来，李泽厚有将"自然的人化"命题与"美的客观性与社会性相统一"等同的倾向，如"我当年提出了'美的客观性与社会性相统一'亦即'自然的人化'说"。但实际上笔者认为李泽厚的"自然人化"观的内涵更加丰富。参见李泽厚《美学四讲》，生活·读书·新知三联书店1999年版，第74页。

（1980 年）对"自然的人化"命题进行了发展，提出了"内在自然的人化"和"外在自然的人化"的概念。他说："美作为自由的形式，是合规律和合目的性的统一，是外在的自然的人化或人化的自然。审美作为与这自由形式相对应的心理结构，是感性与理性的交融统一，是人类内在的自然的人化或人化的自然。它是人的主体性的最终成果，是人性最鲜明突出的表现。"①他还进一步指出"外在自然的人化"建立了人类总体的工艺社会结构，使客体世界成为美的现实，因而是美的本质；"内在自然的人化"建设着人类的文化心理结构，使主体心理获得审美情感，构成美感的本质。可见李泽厚认为美的本质来自"外在自然的人化"，它与人的本质（自由）不可分割，在此基础上又提出"美是自由的形式"的著名命题。在《美感的二重性与形象思维》（1981 年）一文中李泽厚再次指出"自然的人化"包括"对象的人化"和"人自身的人化"两方面。"人自身的人化"包括五官感觉的人化和人的性爱问题。在《美学四讲》中，李泽厚将"自然的人化"总结为："感官的人化"和"情欲的人化"。他认为，人的感官是社会实践的产物，它们与动物感官的最大区别在于功利性的消失。人的感官具有了社会性，它不再仅仅囿于简单的生存性的满足，而追求超感性的体验。"内在自然的人化"相对于"外在自然的人化"突出了李泽厚后期所关注的感性和个体性，在其"自然人化"观中占有更加重要地位。在2007 年的美国寓所的一次答问中，李泽厚也仍然强调"我的总观点仍然是'内在自然的人化'"。

第三阶段，为了回答一些学者的质疑：既然自然美根源于"自然的人化"，那么像太阳、月亮等自然事物，没有经过人类的劳动实践改造，为什么是美的呢？李泽厚认为不能把"自然的人化"理解得过于狭隘和表面化。他论述"自然美"时把"自然的人化"

① 李泽厚：《关于主体性的哲学提纲》，《李泽厚哲学文存》（下编），安徽文艺出版社 1999 年版，第 630 页。

进一步分为狭义和广义两种含义：其中直接通过劳动、技术去改造自然事物是狭义的自然人化。而他所说的自然的人化，一般都是广义的含义："指的是人类征服自然的历史尺度。"①即通过人类的实践使整个自然逐渐被人征服，从而与人类社会生活的关系发生了改变，其中既有直接可见的、局部的、外在自然形貌的改变（如开垦荒地），也有看不见的间接的整体的、内在关系的改变（如欣赏花鸟）。"所以，人化的自然，是指人类社会发展的整个成果。"② 也就是没有经人直接改造的天空、大海、沙漠、荒山野林等也是"自然的人化"。他也反对一般把"自然的人化"解释为比拟性的，即将自然对象赋予人的想象与情感，他认为这是康德讲的"美是道德的象征"，不符合马克思的原意。他理解此处马克思的原意是指马克思强调"自然的人化"是符合"美的规律"的。"自然的人化"强调的是人类实践活动与自然的关系。③ 它是自然景物成为人们审美对象的最后根源和前提条件。马克思始终重视人类的物质性的社会实践活动，而不是康德所言的精神性的道德活动。李泽厚用"自然的人化"观探讨的是哲学美学所处理的自然美问题，即只关心美的根源和本质，而并不关心具体的自然景物如何成为审美对象（美学客体）。当时对自然美的认识是被认为是诸多美学家观点的"试金石"，李泽厚对自然美的认识坚守了马克思的实践唯物主义观点，超越了当时多数论者对自然美的认识而脱颖而出。

第四阶段，李泽厚在《略论书法》一文（1986 年）论述了"人的自然化"概念。他解释说"人的自然化"不是要人退回到动物性，去被动地适应环境，而是指是人"超出自身生物族类的局

---

① 李泽厚：《华夏美学》，《美学三书》，天津社会科学院出版社 2003 年版，第448 页。

② 李泽厚：《美学三题议——与朱光潜同志继续论辩》，《美学旧作集》，天津社会科学院出版社 2002 年版，第 107 页。

③ 参见李泽厚《华夏美学》，《美学三书》，天津社会科学院出版社 2003 年版，第 448—452 页。

限，主动地与整个自然的功能、结构、规律相呼应相建构";① "人的自然化"是指本已"人化""社会化"了的人的心理、精神又返回到自然去，以构成人类文化心理结构中的自由享受。"人的自然化"正好是"自然的人化"的对应物，是整个历史过程的两个方面。"人的自然化"包括人与自然环境的亲密相处、人与山水花鸟比拟性的符号或隐喻共存、人与宇宙节律的生理—心理的一致或同构的三个层次。② 此后，李泽厚又在《说"自然人化"》一文中将"人的自然化"做了软件与硬件之分。他巧妙地借助于现代计算机用语指出"外在自然的人化"和"内在自然的人化"都分为"硬件"和"软件"两部分。在"外在自然的人化"中，"硬件"指人类以制造和使用工具为特征的客观物质实践活动对自己的生存环境的自然界的改造，即"狭义的自然人化"，即论"美"中谈到的那三个层次，因为都与外在自然息息相关，所以称"外在自然化"。"软件"指随着"硬件"的发展，人和自然的关系也发生了变化，即"广义的自然的人化"。李泽厚强调自然的形式美、形式感问题，认为形式美、形式感作为人类物质实践活动的结果，正好是"自然的人化"由"硬件"向"软件"过渡的具体例证。这是他关于形式美理论的新发展。对于"内在自然的人化"，李泽厚也将其分为"硬件"和"软件"两部分，"硬件"指对人体器官、遗传基因的改造；"软件"则指人的文化心理结构。李泽厚指出美感只是这个"软件"的最高成果，这个"软件"还包括认识论和伦理学方面的内容。李泽厚强调他的"人的自然化"是以"自然的人化"为历史前提的，与尼采的历史虚无主义的态度有根本区别。"人的自然化"的软件则指已经社会化了的人的心理与自然达成融洽，产生审

① 李泽厚：《略论书法》，《李泽厚十年集第四卷：走我自己的路（1986 年）》，安徽文艺出版社 1994 年版，第 113—114 页。

② 参见李泽厚《华夏美学》，《美学三书》，天津社会科学院出版社 2003 年版，第 454 页。

美享受，因此"人的自然化"的软件是一个美学问题。①

此后，李泽厚多次谈到"自然的人化"与"人的自然化"的联系和区别。他认为两者密切相关，"自然的人化"是"人的自然化"的前提和基础，"人的自然化"是"自然的人化"的对应物和深入发展，理论上它们同属于一个理论体系，都与"自然"密切相关。

李泽厚所认为的"自然的人化"和"人的自然化"两者的区别笔者总结主要有以下五方面：

第一，二者的侧重点不同，"自然的人化"侧重的是人对外在与内在自然的改造和利用，就内在自然说，表现为集体人类，是人性的社会建立。要求人性具有社会普遍性的形式结构。"人的自然化"是人性的宇宙扩展，侧重于人在"自然的人化"发展到一定程度的情况下向人性自然的回归，目的是对"自然的人化"中所表现出来的人类中心主义倾向的批判和改进，要求人性能"上下与天地同流"以真实的个体感性来把握、混同于宇宙的节律，主要表现为个体自身最终达到物我两忘的"天人合一"的境界。前者将无意识上升为意识，后者将意识逐出无意识。二者都超出了生物族类的有限性。②

第二，从人所面对的目的性与规律性的关系说，"自然的人化"强调人对自然的改造和"积淀"，更注重规律性服从目的性，"人的自然化"更突出人在自然面前的主观能动性和突出个体、感性与偶然的主体性功能，③ 更强调目的性从属于规律性，强调人与自然的和睦相处。

---

① 李泽厚：《历史本体论·己卯五说》，生活·读书·新知三联书店 2003 年版，第 263 页。

② 李泽厚：《关于主体性的第三个提纲》，《实用理性与乐感文化》，生活·读书·新知三联书店 2005 年版，第 240 页。

③ 李泽厚：《实用理性与乐感文化》，生活·读书·新知三联书店 2005 年版，第 124 页。

第三，从二者所对应的具体学科来说，"自然的人化"包括"以美启真""以美储善""审美快乐"，但理性的成分较浓，以认识论、伦理学为重心，而"人的自然化"则强调个体、感性，以美学为重心。[①]

第四，从二者所涉及的本体论来说，在《第四提纲》里，李泽厚将他的主体性的两个层面，即工具——社会层面和心理——文化层面明确地与"自然的人化"联系起来。"自然的人化"是工具本体的成果，而"人的自然化"则关系"心理本体"的建构。之前在第三个提纲里，李泽厚已经谈到心理本体的建构、人性的建构即是"内在自然的人化"。在这个意义上，"人的自然化"与"内在自然的人化"实现了统一，这也是李泽厚思想的主线。

第五，从二者与现代性的关系来说，李泽厚认为"自然的人化"具有启蒙现代性的特征，而"人的自然化"则具有审美现代性的倾向，并且强调："中国应该在批判资本主义工业文明的背景下进行工业化和现代化，用反现代性或所谓审美现代性来解毒启蒙现代性或科学现代性，这也正是在自然人化基础上来寻求人自然化。"[②]

综上，李泽厚对"自然的人化"与"人的自然化"的联系和区别有深入的论述。而且从早期提出"自然的人化"命题到后期提出"人的自然化"命题，并更加推崇这一命题表明李泽厚晚期美学思想的重大转向：由早期的"工具本体论"转向了晚期的"心理本体论"，由启蒙现代性转向了审美现代性，并最终提出了其美学思想体系的"情本体"思想。

第五阶段，李泽厚还将"自然的人化"观与儒家思想、道家思想等中国传统文化结合起来。如前已述及李泽厚将儒家美学思想称

---

① 李泽厚：《历史本体论·己卯五说》，生活·读书·新知三联书店 2003 年版，第 260 页。

② 李泽厚：《人类学历史本体论》，天津社会科学院出版社 2008 年版，第 300 页。

为"自然的人化",道家美学称为"人化的自然","儒道互补"美学史观就成为"自然的人化"与"人的自然化"的互相融合。后期出版的哲学纲要(2011年)中收录的第一篇文章就是《"内在自然的人化"说》(1999年)。李泽厚在该文中总结说:人类学本体论与中国传统儒学相融会而成的"自然人化"理论追求"极高明而道中庸"。即第一它将康德的理性绝对主义视作人类本体理论的建造,并具体化为文化心理的塑造。第二,儒家的"实用理性"是将"仁"的情感性注入伦理本体,使得康德的先验理性具有经验性的操作可能。第三,为区分"宗教性道德"和"社会性道德"提供理论基础。这一理论或应命名为"哲学心理学"或"先验心理学"。① 这样李泽厚通过"自然的人化"观实现了将康德哲学、马克思哲学和中国传统文化相结合的本土化改造和理论升华。

综上,李泽厚所提出的"自然的人化"观包含着丰富而复杂的内容,它直指人与自然的关系,而这个关系几乎涵盖了哲学上所有的范畴和命题,精神与物质、主观与客观、感性与理性、天与人等,所以它在李泽厚的思想被广泛应用。"自然的人化"命题高举在"唯物主义"至上的时代中,成为李泽厚学术历程中不断应用和发展的重要命题,奠定了其美学思想的基础,也成为其思想体系和实践美学的主线。"自然的人化"观是李泽厚从哲学角度出发,在最根本、最深刻的层次上探讨了美的来源、美的本质问题的长期探索,也是其美学思想从马克思美学观向中国古代美学转化的桥梁。李泽厚思想体系中各种范畴、命题、理论层出不穷。有些理论曾经风光,但逐渐风光不再,如实践美学,有些理论自从提出就不断被质疑和批判,如"积淀说""西体中用说""情本体论"。李泽厚从20世纪50年代初入学术界到晚年在超过半个世纪的学术历程中被广泛认可的命题不多,"自然的人化"观应当是其中的佼佼者。李泽厚经常说自己的思想发展是在画"同心圆",但他并未说明这个

---

① 李泽厚:《哲学纲要》,北京大学出版社2011年版,第12页。

"同心圆"的具体内涵。在笔者看来，"自然的人化"观一直是李泽厚批判康德先验理性，建构实践美学，打通历史本体论与儒家哲学、中国传统文化的主线，李泽厚以此为据点不断扩大自己的学术版图，从"自然的人化"不断扩大新内涵，并贯穿始终。李泽厚的"自然人化观"称得上是"千磨万击还坚韧，任尔东西南北风"，我们或可认为"自然的人化观"有资格成为李泽厚思想体系"同心圆"之圆心。尽管这个"圆心"从早期的"自然的人化"转向后期的"人的自然化"，但总体上都是"自然人化观"的重要内容。

二　"自然人化观"与"儒道互补"

（一）"儒道互补"是"自然人化观"沟通实践美学与华夏美学的桥梁

在《美的历程》中，李泽厚仅指出"儒道互补"是两千多年来中国思想一条基本线索并未具体说明如何互补。到了《华夏美学》他将"儒道互补"与"自然人化观"相互结合继续拓展了其内涵。他从其主体性实践哲学出发，从人与自然的关系入手，分析儒家美学和庄子美学的特点，指出前者追求经世致用，强调审美的社会作用、人际和谐，美与善的统一，突出人的社会性，推崇的是一种"以人工取胜的美"，可以称为"自然的人化"；后者追求超越世俗，崇尚自然，舍弃了社会和人事，强调个体的自由，强调"天和""与道冥同"，人与天地万物相和谐、美与真的统一，追求一种"天然取胜的美"，即不拘束于严格的规矩、法度而在灵活运用中，自然而然产生的美可以称为"人的自然化"。并强调二者恰好既对立，又补充。围绕"儒道互补"这一基本线索，李泽厚通过分析中国传统美学中的各家思想，将"儒道互补"的具体内容展现出来。李泽厚虽然强调儒家美学为主，庄子美学的"人的自然化"补足儒家美学的"自然的人化"。但在论述中更加偏向于"人的自然化"，即道家美学思想。这在他对道家美学的丰富内涵的分析中可以看出。李泽厚明确指出老子用"道"来论美比孔子用"仁"要高明，"因为它第一次深刻地触及了美之为美的特征问题，不再停留在对美与社会伦理道德的关系的认识上"①。李泽厚一方面强调儒家主干地位；另一方面却更青睐庄子美学的矛盾也许可以从其后期更偏向于"心理本体"的建构强化了"人化的自然"或"内在自然"的思想中得到解释。因为庄子追求超越世俗，崇尚自然，强调人与自然的和睦相处，是"人的自然化"，与儒家注重"积淀"的"自然的人化"比起来，更突出人在自然面前的主观能动性。儒家"自然的人化"是工具本体的成果，理性的成分较浓，是审美伦理学或伦理美学，而庄子"人的自然化"则强调个体、感性，以美学为重心。

（二）"儒道互补"凭借"自然人化观"升华成最高境界：新天人合一

李泽厚在《华夏美学》中并没有对"自然的人化"与儒道的关系有更详细的论述，仅仅提出了庄子美学的"人的自然化"补足儒家美学的"自然的人化"的观点。但在对天人关系的论述中这一观点有了更深入的发展。李泽厚将"自然的人化"和"人的自然化"与"儒学四期"结合起来，对中华文化的核心命题"天人合一"做出新的解释。在《康德哲学与建立主体性论纲》（1980年）一文中，李泽厚认为其主体性实践美学中追求的社会与自然、理性与感性的高度交融统一，其最高体现便是"天人合一"，他称这种统一为"最高的统一"。它表现了人与自然的高度和谐，是一种审美的人生境界。并指出中国古代哲学的"天人合一"的人生境界是能够替代宗教的审美境界，是超道德的本体境界。② 李泽厚还提出这个"天人合一"去掉其农业小生产的被动成分后的一些新特点是

---

① 李泽厚、刘纲纪：《中国美学史（先秦两汉编）》，安徽文艺出版社1999年版，第214页。

② 李泽厚：《关于主体性的哲学提纲》，《李泽厚哲学文存》（下编），安徽文艺出版社1999年版，第531页。

建立在"客观的物质实践基础之上"。①经过"改造"的"天人合一"成了李泽厚美学的归宿。"在主体性系统中,不是伦理,而是审美,成了归宿所在:这便是天(自然)人合一。"②他强调中国人的文化心理中缺少宗教的神秘情理结构传统,也可以落脚在"天人合一"的高级美感领悟之中。③ 在后来的《美学四讲》里继续强调他所讲的"天人合一"不是指使个人的心理而首先是使整个社会、人类社会成员的个体身心与自然发展处在和谐统一的现实状况里。这种"天人合一"不是靠个人的主观意识,而是靠人类的物质实践,靠科技工艺生产力的极大发展进行调节、补救和纠正来达到。"这种'天人合一'论也即是自然人化论(它包括自然的人化与人的自然化两个方面),一个内容两个名词而已。"④ 可见,李泽厚在此指出"天人合一"是中国传统文化的核心命题,而自己的"自然人化"和"人自然化"则是对这个核心命题的新解释。他曾经在《说天人新义》一文中较为详细论述"自然人化"命题的历史来源。他指出这个命题的"精义"可以大略分为古代和现代两个时期。在古代"天人合一"缘起于古人沟通天人的巫术礼仪活动,并奠定以天帝、鬼神、自然与人际交互制约、和睦共处为准则的中国宗教—哲学的基本框架。到汉代建立了以阴阳五行为构架的天人感应的宇宙图式,人的生命、社会活动和"天"息息相关,形成同构关系。至宋明理学大家们将伦理作为本体与宇宙自然相通而合一,将"天"视为"精神""心性",建立起道德形而上学。⑤"天人合一"在现代的发展主要是"现代新儒家"的思想,他们的"天人

① 李泽厚:《关于主体性的哲学提纲》,《李泽厚哲学文存》(下编),安徽文艺出版社 1999 年版,第 531—645 页。

② 李泽厚:《主体性的哲学提纲之二》,《李泽厚哲学文存》(下编),安徽文艺出版社 1999 年版,第 645 页。

③ 李泽厚:《课虚无以责有》,《读书》2003 年第 7 期。

④ 李泽厚:《美学四讲》,生活·读书·新知三联书店 1999 年版,第 68 页。

⑤ 李泽厚:《历史本体论·己卯五说》,生活·读书·新知三联书店 2003 年版,第 238 页。

合一"追求与天地合一的"天地境界"或道德精神，仍然是宋明
理学的"道德秩序即宇宙秩序"的延续。①李泽厚还指出"天人合
一"的观念在中国人的思想中根深蒂固，无论古代还是现代，都对
人们的行为产生了深刻影响。总之，李泽厚讲的"天人合一"已经
不是中国古代意义上的概念，而是经过了马克思主义实践哲学改造
过的"新天人合一"。②在《哲学答问》（1989 年）一文中，李泽厚
谈到"人自然化"，特别指出作为第三层含义的"人作为感性个体
与宇宙诸节律相呼应相同一"对人类未来的生活会有巨大的意义，
"这是未来的课题，它将是理性解构之后的心理重建的重要方面和
动力，也是我的哲学指向"。③由此可以看出李泽厚在中、后期通过
"自然的人化"说对中国传统哲学命题"天人合一"重新阐释，试
图转化和开创出中国传统文化新的生命力。他认为"内在自然的人
化"形成了人性，即心理本体，"人的自然化"是这个本体的一个
重要方面。这种自然化要求人主动去和自然界的结构和规律相呼
应、建构，是"以目的从属于规律"，它是"天人合一"的重要组
成部分，指引人去达到自由的审美境界。学界常常认为李泽厚后期
思想有向"中国智慧回归的倾向"。但"回归"是需要以所回归的
对象为根基，而他实际上已经以马克思唯物主义和实践美学的主线
"自然的人化"观为根基了，而且李泽厚在《中国古代思想史论》
中强调要除去传统"天人合一"中的宿命论思想。"必须彻底去掉
'天'的双重性中的主宰、命定的内容和含义，而应该以马克思讲
的'自然的人化'为根本基础。"④他才会在《审美与形式感》

---

① 李泽厚：《历史本体论·己卯五说》，生活·读书·新知三联书店 2003 年版，
第 239—241 页。

② 李泽厚：《哲学答问》，《李泽厚哲学文存》（下编），安徽文艺出版社 1999 年
版，第 488 页。

③ 李泽厚：《哲学答问》，《李泽厚哲学文存》（下编），安徽文艺出版社 1999 年
版，第 488—489 页。

④ 李泽厚：《中国古代思想史论》，人民出版社 1985 年版，第 320 页。

（1980 年）中展望道："我想，如果中国哲学'天人合一'的古老词汇，经过马克思实践哲学的改造，去掉神秘的、消极被动的方面，应用到这里，应用到美学，那也该是多么美啊。"①所以笔者认为这是李泽厚的一种"转换性创造"，而非对中国传统文化的认祖归宗似的原始回归。而且他所指出的"新天人合一"包含"自然的人化"，也同时包含"人的自然化"，这正好是"儒道互补"的中国传统美学精神。②他将"自然的人化"观分成了"自然的人化"与"人的自然化"两方面，其"新天人合一"实际上是"儒道互补"（即儒家的"自然的人化"与道家的"人的自然化"）美学史观的升华。这样李泽厚借助"自然的人化"观将"天人合一"也即"儒道互补"置于了美学的最高境界，也是其哲学思想的最高境界。

第二节　"儒道互补"是历史本体论的基本精神

笔者认为"儒道互补"是李泽厚哲学思想的核心——历史本体论的基本精神。兹述如下。

李泽厚制造了诸多新的命题和概念，并在此基础上形成了一系列不断发展的思想和理论。他还经常对这些理论进行整合，使得它们之间充满千丝万缕的联系。这些都使其思想体系变得极其庞大和复杂。而且他很少就自己提出的某一代表性观点形成理论专著进行系统的论述，这些理论大都以提纲式的论文呈现。这使我们全面理解其思想体系或深入理解其某一理论困难重重。尤其是被提及和论述频率极高的"历史本体论"，这一概念在不同时期不同语境就有"人类学本体论""主体性实践哲学""人类学历史本体论"和"中

---

① 李泽厚：《审美与形式感》，《李泽厚十年集第四卷：走我自己的路》，安徽文艺出版社 1994 年版，第 97 页。

② 李泽厚：《历史本体论·己卯五说》，生活·读书·新知三联书店 2003 年版，第 261 页。

国传统情本体的人类学历史本体论哲学"等名称。① 即使李泽厚为此出版了《历史本体论》（2001 年完成）的专论，但还是在该书序言中坦言："这本书并非我这个'论'的全部或整体，相反，它实际上只是画个非常简略而片面的大体轮廓，还有好些话没说和没有说完……真是个仓促成书，因陋就简。"② 可见作者本人也认识到他所提出的"历史本体论"的复杂性和不成熟性。但历史本体论是理解其思想难以绕开的重要内容。历史本体论既是李泽厚哲学思想的主体，也是其思想体系的基石，当然也是其美学思想的基础。笔者参考李泽厚的《历史本体论》围绕着三个要点"经验变先验，历史建理性，心理成本体"的提纲挈领的粗线条的方法（这也是大多数研究李泽厚思想的硕博论文的基本写法，比如钱善刚博士的《本体之思与人的存在》从五个方面：主体性、工具本体、心理本体、度本体、自然人化与人化自然论述李泽厚的哲学），先分析历史本体论的主要特点再论述儒道互补与历史本体论的关系，以下详述之。

一　历史本体论的基本要点

（一）人性本体

1. 历史本体论的出发点是"人"，历史本体论的"本体"主要是人性本体

在李泽厚的思想体系中"本体"概念频频出现，本体的含义也

---

① 刘悦笛在一篇文章中提及李泽厚最新提出，把自己的哲学定位为"中国传统情本体的人类学历史本体论哲学"，从而将 20 世纪 90 年代凸显出来的"情本体"与 80 年代成熟表露的"人类学"最终合一。刘悦笛认为这体现出李泽厚将自己思想深植于本土传统新的努力，这也更像是对晚期康德人类学思想与中国古典思想的某种嫁接。（参见刘悦笛《从"人化"启蒙到"情本"立命：如何盘点李泽厚哲学?》，《中华读书报》，2012 - 01 - 11）。这一表述不知能否成为李泽厚哲学思想的最终"定论"。

② 李泽厚：《历史本体论·己卯五说》，生活·读书·新知三联书店 2013 年版，序言。

存在诸多分歧。牟方磊在其博士论文中认为李泽厚主要在以下三种意义上使用"本体"一词：一是西方传统哲学本体论意义上的"本体"，主要指宇宙、自然、世界的根本、本原、最终实在；二是康德意义上的"本体"，是指与可知现象对立的不可知的"物自体"；三是李泽厚自己对"本体"内涵的界定，主要指人性的"本根""根本""最后实在"等意。① 笔者认为牟方磊所说的第二种含义即康德意义上的"本体"或"物自体"在李泽厚哲学中并不普遍，尽管李泽厚深受康德哲学影响但他并没有接受康德的"物自体"观念。如李泽厚在《中国哲学如何登场？——李泽厚 2011 年谈话录》中指出："我讲的'本体'，并不是康德原来的意思，我指的是'最后的实在'，是本原、根源的意思。"② 除以上三种含义外，笔者想补充第四种内涵，即其人类学本体论思想主要是人格本体或人本体思想。这也是李泽厚的历史本体论所反复强调的本体内涵。之所以如此认为，理由有四：

第一，李泽厚一直强调"本体是什么，本体就是最后的实在、依据，人所以为人的那种基础或者依据也可以"，③ 笔者理解"人所以为人的那种基础或者依据"即本体最终是人性的依据。

第二，李泽厚在《庄玄禅宗漫述》（1985 年）一文中认为庄子讲的"道"并不是"自然本体"，玄学的"无"并非指"宇宙的本体"，庄与玄的思想都最终指向"这个独立自足、绝对自在的无限人格本体"可见他认为本体是"人格本体"，是"以人格为本"之意。

第三，李泽厚解释过为何不用"本质"而用"本体"，因为

---

①　牟方磊：《论李泽厚"情本体"思想》，博士学位论文，湖南师范大学，2013年，第 20—22 页。

②　李泽厚、刘绪源：《中国哲学如何登场？——李泽厚 2011 年谈话录》，上海译文出版社 2012 年版。

③　李泽厚、陈明：《浮生论学——李泽厚陈明 2001 年对谈录》，华夏出版社 2002 年版。

"本质"一词内含"先天具有、凝固不变"之意，而在他看来，"人性"并非先验之物，就人类群体言，它是人类历史实践积淀而成的心理感性结构，对个体而言，"人性"虽先于个体诞生而在，但若无个体后天的生活实践，则此"人性潜能"并不能实现为"现实人性"，所以"个体人性"并不是先验的。所以他特别强调了"个体自由地参与心理本体的建设"的重要性。可见李泽厚用"本体"而不用"本质"是为了突出其历史本体论哲学思想，是对人性的后天性的强调。在李泽厚看来，人性本体是后天实践心理本体的外在体现。

第四，李泽厚对"本体"的第四种意义使用更为普遍而且还在此基础上进行了许多新的概念和命题的创造。比如在《华夏美学》①（1988 年）中，李泽厚对这种"本体"的使用相当频繁，几乎是每页皆可见。如"仁"作为人的最后实在和最高本体（256页）、人性本体（258页）、人性自觉和心理情感作为本体（259页）、情感本体（269页、383页）、心理本体（266页、384页）、时间作为内感觉是一种本体性的情感的历史感受（269页）、人类化了具有历史积淀成果的流动着的情感本身成了推动人际生成的本体力量（270页）、建构身心本体（330页）、人格本体（349页）、在艺术中去找安身立命的本体（418页）等。虽然李泽厚对第一种意义上也经常使用。如：永恒的本体就是这个流变着的现象世界本身（267页）、老庄哲学以"无"为寂然本体（347页）、永恒不朽的本体存在（376页）、无目的性的永恒本体（383页）、心性思索所建造的形上本体（396页）等。但只是概念上的使用并未对这一本体意义进行新的阐释。所以归结起来，笔者认为李泽厚所反复强调的本体不是"自然本体"和"宇宙本体"，也不是"先验本体"或"上帝本体"，而主要是"人本体"，他将之命名为"人类学本体"。正如其在《华夏美学》的结语中所强调的"什么是本体？本

---

① 参见李泽厚《华夏美学》，《美学三书》，天津社会科学院出版社 2003 年版。

体是最后的实在、一切的根源。依据以儒学为主的华夏传统，这本体不是自然，没有人的宇宙生成是没有意义的。这本体也不是神，让人匍匐在上帝面前，不符合'赞化育'，'为天地立心'。所以，这本体只能是人"①。所以李泽厚的历史本体论又被其命名为人类学本体论，他说："最后的实在是人类总体的工艺社会结构和文化心理结构，亦即两个'自然的人化'。外在自然成为人类的，内在自然成为人性的。这个人性也就是心理本体，人的自然化是这本体的不可缺少的另一方面。"② 此本体由"工艺社会结构"和"文化心理结构"组成，"文化心理结构"就是"人性"，"人性"也就是"心理本体"，而"心理本体"的重要内涵是"人性情感"。李泽厚认为"人性"是一个"开放性结构"，它在个体生存实践中不断得到建构和积淀、突破和创新。综上可见，笔者认为李泽厚所理解的"本体"主要指"人类学本体"或"人类本体"：哲学不应以客观世界为本，而应以人类为本，即相对于客观世界而言，人类才是最终的本体和目的。

2. 高扬人的主体性即人性

人本体思想后来被李泽厚强调为人的主体性，人类本体即主体性，所以他也将历史本体论思想命名为主体性实践哲学。李泽厚指出："'人是什么'是康德提出的最后一问，康德晚年走向人类学，未及完成的'第四（历史）批判'是康德哲学的终点，却正是其历史本体论的主题。"③ 而李泽厚对主体性思想进行了充分论述。他说"人性不是上天赐予的，不是天生的，而是人类给自己建立起

---

① 李泽厚：《华夏美学》，《美学三书》，天津社会科学院出版社 2003 年版，第391 页。

② 李泽厚：《美学三书之华夏美学》，天津社会科学院出版社 2003 年版，结语第391 页。

③ 李泽厚：《课虚无以责有》，《读书》2003 年第 7 期。

来的一种主体性。"①"他（人类）通过漫长的历史实践终于全面地
建立了一套区别于自然界而又可以作用于它们的超生物族类的主体
性，这才是我所理解的人性。"② 可见李泽厚的主体性思想是围绕人
性展开的，并且其所理解的人性建立在马克思主义唯物史观基础之
上，是主体在以制造、使用工具为标志的客观社会实践活动中逐步
建立起来的。从1980年起他继续发表了主体性第一论纲——《康
德哲学与建立主体性论纲》，强调了主体性的概念，此后又发表了
五个主体性论纲高扬人的主体性。在其主体性实践哲学体系里，美
学因为与人性的密切关系而拥有最高的地位，被称为第一哲学。李
泽厚说："美的本质是人的本质最完满的展现，美的哲学是人的哲
学的最高级的峰巅；从哲学上说，这是主体性的问题，从科学上
说，这是文化心理结构问题。"③李泽厚所说的"主体性"和"人
性"的内涵十分丰富。在《关于主体性的补充说明》（1985年）一
文中，他提出了主体性所包括的双重内容和含义，第一个双重含义
是即它具有外在的即工艺—社会的结构面和内在的即文化—心理的
结构面；第二个双重含义是它具有人类群体的性质和个体身心的性
质。④在这个主体性架构中，外在的工艺—社会的结构面，内在的文
化—心理的结构面，人类群体、个体身心，四者既对立又统一，构
成全面的人性。李泽厚还强调主体性不能单方面存在，它必须和其
他的方面构成一个整体和系统才能存在。即有学者所称的"结构主
体性"。⑤薛富兴对李泽厚"人性"结构的概括比较准确，他指出

---

①　李泽厚：《美感的二重性与形象思维》，《李泽厚哲学美学文选》，湖南人民出
版社1985年版，第359页。

②　李泽厚：《康德哲学与建立主体性论纲》，《李泽厚哲学美学文选》，湖南人民
出版社1985年版。

③　李泽厚：《康德哲学与建立主体性论纲》，《李泽厚哲学美学文选》，湖南人民
出版社1985年版，第162页。

④　李泽厚：《关于主体性的补充说明》，《李泽厚哲学美学文选》，湖南人民出版
社1985年版，第164页。

⑤　中英光：《评李泽厚的主体性论纲》，《学术月刊》1998年第9期。

李泽厚所说的"人性"是"人性的'横三'结构(智力结构、意志结构、审美结构),它与人性的'纵二'结构,即工艺—社会结构与心理—文化结构共同构成李泽厚的结构主义式的人性论"。①"由于历史本体论不以道德—宗教作为归宿点,而强调归宿在人的感性的'自由享受'中,从而便不止步于'理性凝聚'的伦理道德,而认为包容它又超越它的'理性融化'或称'理性积淀'(狭义),才是人的本体所在。即是说人的'本体'不是理性而是情理交融的感性。"李泽厚还强调"历史本体论包含着一种新人性论。它着重的是社会性、理性对自然性、感性的积淀"②。所以主体性的这两个双重内容和含义在李泽厚学术思想中的确起着主要架构作用。理性与感性的和谐统一是李泽厚对主体性或"人性"的追求。而且他还强调只有在审美中,人与自然,理性与感性才会得到高度的统一。美学的第一哲学地位进一步得到了强化。

李泽厚学习借鉴康德哲学的思想高扬了人的主体性,提出了不同历史中积淀而成的文化心理结构对人性形成的深刻影响,并继承和发展了马克思发现"制造工具"的人性的特殊性,这使得其哲学思想具有明显的人学属性。与马克思突出人的物质属性不同,李泽厚突出了人的精神属性,他把马克思的物质实践更大地扩展到精神实践的领域。但与康德相较李泽厚更强调以群体的人为本体协调个体的人。李泽厚的主体性思想超越了教条主义马克思主义者,将康德的主体性思想与马克思主义唯物史观有机结合起来并对二者进行了发展。人性本是中外哲学的永恒命题,李泽厚的历史本体论将中国传统、康德和马克思融合起来对人性进行了新探索。他认识到由现代科技发展带来的各种可怕的异化,人正处在双重异化中,异化的感性使人成为纵欲的动物,异化的理性使人成为机器的奴仆,

---

① 薛富兴:《新康德主义:李泽厚主体性实践哲学要素分析》,《哲学动态》2002 年第 6 期。

② 李泽厚:《哲学纲要》,北京大学出版社 2011 年版,第 83 页。

"人是什么"变得很不清楚。李泽厚认为："人不应只是理性主宰感性，也不只是感性情欲动物，而是理性如何渗入、融解在感性和情欲之中，以实现个体存在的独特性。因此他设想如同第一次文艺复兴使人从神的统治下解放出来，第二次文艺复兴是今日的文艺复兴是人需要从机器（科技机器和社会机器）的统治下解放出来。这解放不是通过社会革命，而是通过寻找人性。"① 正如李泽厚所强调的"这（人性）也是我的哲学核心。"②

3. 以吃饭哲学对抗斗争哲学关注人的生存

李泽厚是问题意识很强的思想者，他的每一个理论都有所针对的现实问题。他把自己的思考融入人生问题和日常生活中。正如钱善刚所指出的："在中国语境中，本体论既是讨论本体的学说也可以包含存在论。由于中国哲学中本体不离现象，故所谓本体之思并不完全走超验或先验的进路，而是在人生的根源处思考或思考人生的根源处，然后却又总是要返回到现实、现象等日用常行之中。李泽厚的哲学思考也体现了这一特点。"③ 李泽厚的学术历程的确表现出极强的现实关切性，尤其是对当下国人生存问题的关注。

李泽厚历史本体论是建立在其唯物史观基础上的。正如他所强调自己是"社会存在决定社会意识的理论的信徒"④。他始终认为自己是一个马克思主义者。通过对马克思著作的研究，他找到了沟通主体和客体的桥梁——人类实践。他在参加美学大讨论的第一篇文章《论美感、美和艺术（研究提纲）》中引述马克思的观点时写道："人类灵敏的五官感觉是在这个社会生活的实践斗争中才不断地发展、精细起来，使它们由一种生理的器官发展而成为一种人类

---

① 李泽厚：《课虚无以责有》，《读书》2003 年第 7 期。
② 李泽厚：《哲学纲要》，北京大学出版社 2011 年版，第 83 页。
③ 钱善刚：《本体之思与存在化境——李泽厚哲学思想研究》，博士学位论文，华东师范大学，2005 年。
④ 李泽厚：《中国古代史论》，台湾风云时代出版公司 1991 年版，第 389 页。

所独有的'文化器官'。"① 并在实践的基础上探讨了美感所具有的社会性。此后，李泽厚对马克思主义实践观的基本内涵进行了长期的探索。他接受了马克思主义哲学所认为的"生活、实践的观点，应该是认识论的首要的和基本的观点"②的历史唯物主义，强调物质生产在实践中的重要意义并将这个最基本的含义作为自己实践论的核心，并在此基础上进行美学研究。"实践"概念也成为他在 20 世纪五六十年代美学大讨论中与对手展开批判的主要话语武器。在《批判哲学的批判——康德述评》（1979 年）一书中李泽厚用实践的观点来研究康德的三大批判。他明确指出社会实践主要是以使用、制造工具为核心的社会生产劳动，其中使用、制造工具作为人类最基础的"实践"，这是他的实践理论的特点。他以此认识"人的本质"："人的本质是历史具体的一定社会实践的产物，它首先是使用工具、制造工具的劳动活动的产物；这是人不同于物（动物自然存在）、人的实践不同于动物的活动的关键。"③ 在此他以实践观将康德与马克思主义结合起来。他批评康德的认识是先验的，是基于唯心主义立场的。而从历史唯物主义的实践观点出发可以做出科学的解释。李泽厚以人类的"客观必然性"来解释康德的"普遍必然性"，认为并没有康德所说的普遍必然性的先验理性，只有属于人类的普遍心理形式即人性能力，它在物质实践生活基础上产生，具有非意识约定的"客观社会性"。他把康德的先验形式逐一解读为经由人类生活实践所形成的文化心理结构，并称之为"积淀"。他又将皮亚杰儿童发展理论嫁接到人类学，认为以使用、制造工具的实践为根本的社会活动与人们"先验"的认识形式有重要关系，是这些普遍形式的物质基础。他还批评西方马克思主义者不顾社会历史发展所具有的客观规律性，所谈论的主体、实践、批

① 李泽厚：《论美感、美和艺术》，《美学问题讨论集》第二集，作家出版社 1957 年版，第 217 页。

② 《列宁选集》（第 2 卷），人民出版社 1972 年版，第 142 页。

③ 李泽厚：《批判哲学的批判——康德述评》，人民出版社 1979 年版，第 73 页。

判，实际上是个人的文化心理——他们"抽象地、主观地去规定和要求人的个体自由和解放，强调进行所谓人的改造，用文化的批判替代物质的实践，用意识形态的所谓'觉悟'替代现实的改造"①。李泽厚反对这种泛化"实践"的做法。他强调马克思主义实践论是历史唯物主义的实践论，是"实践哲学与历史唯物主义的统一"，离开历史唯物主义去谈"实践"只会出现主观意志论而对这种理论的滥用则会给人类带来灾难。他强调指出："不能把实践等同于一般性的五官感知，也不能把实践看作是无规定性的主观活动，应还它以具体的结构规定性，即历史具体的客观社会性，这才是真正的实践观点。"②他多次谈到恩格斯在《马克思墓前的演说》中说：马克思发现了"人首先必须吃、喝、住、穿，然后才能从事政治、科学、艺术、宗教等等"。他认为人的意识根本上是由社会现实所决定，人本身也是物质性的构成。③ 所以人的物质性的存在比对人的存在价值的追问要优先，他戏称此为"吃饭哲学"。李泽厚始终坚持人类的文化、政治活动是建立在基本的物质生活需求的基础之上的，而这种基本的物质生活的满足，则离不开人类制造。所以他强调"马克思主义哲学即实践论，亦即历史唯物主义"④。所以他认为中国思想的发展和形成是受三个因素所决定的：一是社会现实；二是中国文化特质；三是个别知识分子对社会的影响。他所重视的社会现实包括：社会生产力、经济关系、科学技术、政治体系。⑤李泽厚提出"人活着"是最基础的问题，是"第一个事实"，它和"如何活着"比"为什么活着"更根本。他提出" 我把'人活着'

---

① 李泽厚：《批判哲学的批判——康德述评》，人民出版社 1979 年版，第 350 页。

② 李泽厚：《康德哲学与建立主体性论纲》，《李泽厚哲学美学文选》，湖南人民出版社 1985 年版，第 150 页。

③ 李泽厚：《中国古代史论》，台湾风云时代出版公司 1991 年版，第 12 页。

④ 李泽厚：《批判哲学的批判——康德述评》，人民出版社 1979 年版，第 56 页。

⑤ 李泽厚：《中国古代史论》，台湾风云时代出版公司 1991 年版，第 389 页。

摆在'为何活'之前"。从本体说人类,也就是要从历史角度去看。所以,他说:"先有大我后有小我。只有历史发展到一定程度时,小我才能提出个体的问题。我不赞成自由主义、个人主义,正由于它是非历史的。"①他将"人活着"作为其哲学思想的理论基础,并与人"活得怎样"和"如何活"构成本体论或存在论三问题来发展康德的"真理如何可能""认识如何可能"和"如何认识"的认识论三问题。还明确指出他的"历史本体论"就是要以马克思加康德来反对革命的或儒学的道德形而上学和主观唯心论"回到'人活着'的物质基础,回到马克思的唯物史观,以'吃饭哲学'对抗'斗争哲学',反对以各种道德的名义将人的生活和心理贫困化和同质化"②。

随着李泽厚对感性、个体、情感的重视,他对"实践"的解释也有所变化。在《实用理性与乐感文化》(2005年)中,他将"实践"分为广义和狭义两种内涵,他指出狭义的是指以制造、使用工具为标志的社会生产活动,广义的几乎相当于人的全部感性活动和感性人的全部活动。而他强调自己始终坚持实践的"狭义"概念,是为了强调人类主要依靠物质生产活动而维系生存,其他包括语言交流、科学艺术、宗教祈祷等广义的实践活动,都以这个基础为前提。③总之,李泽厚牢牢地抓住以"(使用)制造物质工具"为基础的客观物质实践这个马克思主义历史唯物论的核心范畴,并合理吸收了康德的主体性思想来建构起自己的整个思想体系。这也是李泽厚美学被称为实践美学的原因所在。

---

① 转引自李泽厚、杨国荣《哲学对话:问题与思考》,《学术月刊》2006年第2期。

② 李泽厚:《课虚无以责有》,《读书》2003年第7期。

③ 李泽厚:《实用理性与乐感文化》,生活·读书·新知三联书店2005年版,第4页。

4. 以实践哲学对抗语言哲学、后现代主义和儒家心性论解决人的现实问题

李泽厚的历史本体论是在批判各种流行的对人的现实生存具有负面影响的思想的基础上不断发展的。20 世纪以来语言哲学成为世界主流和本体，人类也走向语言的虚无。但现代人对于个体存在意义充满了困惑，人们面临着生存意义的危机。海德格尔之后的西方世界呈现出后现代的彻底虚无主义，西方各派哲学不同程度地以"反历史、毁人性为特征"。如何活，成了困惑很多人的问题。对此李泽厚始终坚持实践哲学，他认为生活、实践是比语言更根本的东西，语言的性质是公共的，而人却首先是作为感性的个体存在的。他在《哲学答问》（1989 年）中强调："不是语言而是物质工具，不是语言交际而是使用、制造工具的实践活动，产生和维持了人的生存和生活，它先于、高于语言活动。"① 所以人类以制造、使用工具为标志的物质实践活动比语言更为根本，实践才是人的本体存在。他强调人类需要摆脱 20 世纪语言哲学的统治，努力迈向历史形成的心理。此外，李泽厚还对以牟宗三为代表的"现代新儒家"思想进行了批评，认为他们继承宋明理学将人的心性作为本体，还是在设立一个外在的"权力知识结构"压迫人，因而不能为解放人性的现代社会提供正确的理论资源。李泽厚认为儒家思想真正的价值是"实用理性"和"乐感文化"，它以情为本体，重视生命，肯定感性人欲的合理性，希望人在"一个世界"中乐观进取，使审美代替宗教成为可能。

在 20 世纪五六十年代的美学大讨论中，李泽厚将"实践"范畴引入美学研究，对中国现代美学研究产生了深远影响。当时他从马克思主义实践观出发展开了对朱光潜和蔡仪等美学家的批判。在他看来，美产生于人类的客观物质实践活动。对于朱光潜的"美是

---

① 李泽厚：《哲学答问》，《李泽厚哲学文存》（下编），安徽文艺出版社 1999 年版，第 467 页。

主客观的统一"观点，他强调要美和美感不可混淆，美的社会性是一种社会存在，是客观的，而美感的社会性是一种社会意识，是主观的。在他看来，朱光潜的观点恰恰在于混淆了二者，即将美的社会性当成了美感的社会性，是不彻底的唯物主义，常常将"美是主客观的统一"由"美是实践（主）与自然（客）的统一"，"不知不觉中变成了美是意识（主）与自然（客）的统一"。① 针对蔡仪的"美在于客观的现实事物""美是典型""自然美在于自然物本身"等理论，李泽厚指出"实质上他并没有看到：一切的美（包括自然美）都必须依赖于作为实践者的'人'亦即社会生活实践才能存在"② 李泽厚指出它缺乏"真正历史的具体的社会实践的内容，属于机械唯物主义的范畴……"③ 他提出"美是主观性与社会性统一"和"自然的人化"的观点，既体现了"美"的感性特征，又坚持了"美"的客观性，因而在这场论辩中，李泽厚这一美学观点因为其既符合当时中国的时代潮流又具有严密的逻辑论证而受到了广泛认可。此后他提出了一系列美学观点，逐步构建其实践美学体系。他提出美的本质和人的本质不可分。李泽厚始终认为"美的本质标志着人类实践对世界的改造"，美的本质与人的本质紧密联系，人的本质不是自然进化的生物，也不是什么神秘的理性，而是实践的产物。④ 李泽厚认为美的本质等同于美的根源，美的本质完满地体现了人的本质，是人的本质的最高级的表现。而人在漫长的客观物质实践过程中慢慢认识了世界的必然性，从而在实践活动中达到了对于必然的支配，获得了自由，人的目的性与自然界的

---

① 李泽厚：《美学三题议》，《美学论集》，上海文艺出版社 1979 年版，第 153 页。

② 李泽厚：《〈新美学〉的根本问题在哪里?》，《美学论集》，上海文艺出版社 1979 年版，第 122 页。

③ 李泽厚：《〈新美学〉的根本问题在哪里?》，《美学论集》，上海文艺出版社 1979 年版，第 155 页。

④ 李泽厚：《批判哲学的批判——康德述评》，人民出版社 1979 年版，第 105—106 页。

规律性在行动中达到同一，从而产生了美。于是人的本质便和自由与美紧紧联系在一起。李泽厚因此在《美学三议题》（1962 年）中提出了美学上的重要命题"美是自由的形式"①。他认为："'所谓自由的形式'，也首先指的是掌握或符合客观规律的物质现实性的活动过程和活动力量。"② 在对美的本质的认识基础上，李泽厚提出了对于美感的认识，提出了"美感的二重性"的命题。他认为美具有"客观社会性和具体形象性"，它不依存于人的主观意识，属于社会存在范畴；美感则是对于美的反映，必须依赖于美的存在，它属于社会意识范畴。和美的两个基本特性相对应的，是美感所具有的矛盾二重性："即主观直觉性和客观功利性"。③"美感的矛盾二重性"包含着自然性与社会性、感性与理性、自然与人的对立统一关系。李泽厚对美与美感的区别性认识无疑是深刻的，这些观点已经获得了普遍接受。

自 20 世纪 50 年代以来，尽管李泽厚的美学思想争议不断，但不可否认的是其美学一直影响着中国主流美学的发展进程。他将唯物史观的"实践"概念引入美学研究，在实践论的层次上取得主客统一。直到今天，中国美学热点"后实践美学"与"实践美学"的争论焦点依然围绕着李泽厚的美学观点。新崛起的后实践美学的研究搁置了对美本质的探讨，转向了对个体生命体验的关注，并以此来发难实践美学对"实践"这个哲学起点的重视。正如有学者指出"可以说，无论'实践美学'的建构，还是'后实践美学'的'解构'，李泽厚的美学思想都处在核心位置"④。李泽厚的美学研

---

①　李泽厚：《美学三题议》，《美学论集》，上海文艺出版社 1979 年版，第 164 页。

②　李泽厚：《美学四讲》，生活·读书·新知三联书店 1999 年版，第 59 页。

③　李泽厚：《论美感、美和艺术》，《美学旧作集》，天津社会科学院出版社 2002 年版，第 4 页。

④　刘广新：《李泽厚美学思想述评》，博士学位论文，浙江大学，2006 年，摘要。

究在当代中国美学研究中依然是不可忽略的存在。

综上，李泽厚的历史本体论始终关注对人性和人类的现实生存实践。在《第四提纲》（1989 年）第八条中李泽厚指出历史本体论即主体性实践哲学"此处'主体性'即人类本体，因无论从本体到认识，均无与人类无关或完全对峙的客体"①。所以有研究者称实践美学为人学，②笔者认为不只实践美学，李泽厚的历史本体论甚而其整个学术历程都是在探究人学。

（二）实用理性与乐感文化

后期李泽厚的研究中心转入中国传统文化。历史本体论也进入到总结期。在《新一轮儒法互用》（2009 年）的访谈中李泽厚提出"以孔老夫子来消化康德、马克思和海德格尔，奋力走进世界中心，这就是人类学本体论所想探索的"③。他将之前所提出的儒家深层结构"实用理性"和"乐感文化"当作中国文化和哲学的基本精神。他还将这两者与其历史本体论联系起来："'历史本体论'提出了两个本体，前一个本体（工具本体）承续马克思，后一本体（心理本体）承续海德格尔，但都作了修正和'发展'。结合中国传统，前者得出'实用理性'，后者得出'乐感文化'。"④ 这样"实用理性"和"乐感文化"成为历史本体论的基本特征。

李泽厚的历史本体论非常重视理性对于人类历史发展的巨大贡献。在他的思想中，理性一直占据着主导位置。他提出的"积淀说"是以强调理性为旨归的："积淀论试图解决人的理性从何而来的问题，不管认识理论（思辨理性）还是实践理性都有一个为康德

---

① 李泽厚：《实用理性与乐感文化》，生活・读书・新知三联书店 2013 年版，第 244 页。注：《第四提纲》是《实用理性与乐感文化》一书中收录的一篇文章。

② 周玉萍：《"自然人化"与"人的自然化"——兼评实践美学的美的本质说》，《理论月刊》1999 年第 4 期。

③ 李泽厚：《哲学纲要》，北京大学出版社 2011 年版，第 125 页。

④ 李泽厚：《历史本体论・己卯五说》，生活・读书・新知三联书店 2003 年版，第 92 页。

所搁置的来源问题。"① 李泽厚对后现代主义哲学思潮的非理性主义立场持强烈的批判态度。他认为非理性主义可以作为理性主义的解毒剂，但它始终不能和不应成为主流。非理性尽管比理性更根本，更与生命相关，更有生命力，但由此而否弃理性，否弃工具，那人就回归动物去了而不成其为人。② 总体上，正如经常与李泽厚对谈就其美学思想写过专著的刘再复曾指出："李泽厚是绝对的理性主义者。"如李泽厚在《康德哲学与建立主体性论纲》（1981年）中谈到"人类学本体论"与"主体性"两词的比较时说：二者基本通用，"前者更着眼于包括物质实体在内的主体全面力量和结构，后者更侧重于主体的知、情、意的心理结构方面，二者的共同点在于强调人类的超生物种族的存在、力量和结构"③。可见一开始他就强调群体和理性。而且李泽厚强调尽管在主体性的结构中，个体、文化心理与群体、工艺、社会几个层面都被顾及，但是起决定作用的是工艺（社会层面和群体层面），个体心理的意义要在群体、社会的结构中才能得到解释和把握。虽然到了《哲学答问》（1989年），他在重申上述观点的基础上，指出"除此之外，主体性更能突出个体、感性与偶然"④。出现了强调个体和感性的倾向。但李泽厚依然坚持：审美的特点是感性的，但积淀了理性的内容；而智力结构和自由意志则是理性的，虽然它们中也积淀了感性。总体来看，李泽厚强调群体、社会、理性的重要性，强调理性才是主体性的基础，但也不忽视个体、感性的积极作用。而且李泽厚从唯物史观出发，结合对中国具体国情的考察，认为当代中国仍应大力提倡

---

① 李泽厚：《哲学答问》，《李泽厚哲学文存》（下编），安徽文艺出版社1999年版，第476页。

② 李泽厚：《哲学答问》，《李泽厚哲学文存》（下编），安徽文艺出版社1999年版，第478—479页。

③ 李泽厚：《康德哲学与建立主体性论纲》，《李泽厚哲学美学文选》，湖南人民出版社1985年版，第155页。

④ 李泽厚：《哲学答问》，《李泽厚哲学文存》（下编），安徽文艺出版社1999年版，第464页。

理性精神。

　　李泽厚后期论述"实用理性"是中国文化特质表现了对理性的坚持。儒家的"实用理性"精神的内涵是重实用、轻思辨、重人事、轻鬼神、善于协调群体等精神。他界定了"实用理性"的内涵和性质：不是先验的、僵硬不变的绝对的理性，也不是反理性，而是历史建立起来的、与经验相关系的合理性，只是非理性的生活中的实用合理性，是历史所建构的。① 这里李泽厚将中国传统的"实用理性"与"历史理性"进行了等同。② 李泽厚总结说历史本体论的实用理性认为，人的理性是由经验合理性提升而来。它在认知层面，是使用工具以制造工具的劳动操作创造了认知形式；在关系层面，由于这种劳动操作是在群体中进行的，产生了伦理、道德。前者特征是理性内构（理论理性），后者特征是理性凝聚（实践理性），都是不同于动物而专属于人的"人性能力"。人性能力是人类自己经由漫长的历史实践而塑造建立的，它是为人类的生存和延续服务的。"这也就是我所说的'经验变先验，历史建理性，心理成本体'。"③ 李泽厚还将实用理性与杜威的实用主义做比较，在重视和强调实践操作活动作为人类经验和一切理性规则的根基和内涵方面，实用理性和杜威的实用主义基本一致，实用理性之所以不同于杜威实用主义在于它非常重视和强调历史的积累，即历史本体论以"积淀说"重视和强调历史的积累性，特别重视和强调文化积淀为心理，形成了人的各种区别于其他动物族类的智慧和感性。④

　　李泽厚还提出历史本体论也具有乐感文化的特征。"乐感文化"

---

　　① 　李泽厚：《实用理性与乐感文化》，生活·读书·新知三联书店 2013 年版，第43 页。

　　② 　李泽厚：《实用理性与乐感文化》，生活·读书·新知三联书店 2013 年版，第44 页。

　　③ 　李泽厚：《哲学纲要》，北京大学出版社 2011 年版，第 84 页。

　　④ 　李泽厚：《实用理性与乐感文化》，生活·读书·新知三联书店 2005 年版，第19 页。

建立在"实用理性"基础上，与"实用理性"不可分割，相辅相成，协调发展。① "乐感文化"是在中国"一个世界"的文化传统中建构起来的。李泽厚认为与西方的"两个世界"观（世俗—天国）相反，中国肯定、重视、执着于现世，看重人在此生此世的感性生存的"一个世界"观。与"两个世界"观相应，西方文化是一种"罪感文化"，这种文化观鄙夷现世，认为人生在世即是"赎罪"过程，最终获得上帝之宽恕和解救，荣登天国。而与"一个世界"观相应，与西方的"罪感文化"不同的是，中国"乐感文化"并不以另一个超验世界为人的归宿，它肯定人生为本体，以身心幸福地生活在这个世界为理想、为目的。② 李泽厚从中国美学的以"乐"为中心的最基本的美学特征引申出"乐"的哲学内涵："乐"不以另一超验世界为皈依，而以追求现世幸福为目标理想。儒家的礼乐是巫术活动的理性化、规范化。礼是指管理社会、维持社会秩序的规章制度，而乐则帮助人们在情感上和谐起来。③ 他还指出："乐感文化反对'道德秩序即宇宙秩序'，反对以伦常道德作为人的生存的最高境地，反对理性统治一切，主张回到感性存在的真实的人。"人是神（理）与动物（欲）的结合统一，这是结合而不是造成人的身心痛苦的同一或分裂。这就是"以人为本"的乐感文化的根本含义。"它不是自然人性论的欲（动物）本体，也不是道德形而上学的理（神）本体，而是情（人）本体。"④ 所以"情本体是乐感文化的核心"⑤。他还认为"乐感文化"并非提倡盲目乐观，

① 李泽厚：《论实用理性与乐感文化》，《实用理性与乐感文化》，生活·读书·新知三联书店2005年版，第78页。

② 李泽厚：《课虚无以责有》，《读书》2003年第7期。

③ 李泽厚：《实用理性与乐感文化》，生活·读书·新知三联书店2005年版，第53—54页。

④ 李泽厚：《实用理性与乐感文化》，生活·读书·新知三联书店2005年版，第71—72页。

⑤ 李泽厚：《实用理性与乐感文化》，生活·读书·新知三联书店2005年版，第55页。

而是包含有大的忧惧感受和忧患意识。这是中国人在不依靠宗教，而是依靠自身树立起来的积极精神、坚强意志、韧性力量来艰苦奋斗繁衍生息的历史。李泽厚认为当今时代，建构人性关键是"情理结构"的把握问题，"即情（欲）与理是以何种方式、比例、关系、韵律而相关联系、渗透、交叉、重叠着"，以取得"最好的比例形式和结构秩序"，他指出这应是乐感文化注意的焦点：高度重视人的"情本体"建设。①

综上，李泽厚通过"实用理性"和"乐感文化"将历史本体论和儒家思想打通，并使得历史本体论实现了与中国传统文化精神的融合。而且其历史本体论也实现了理性与感性、群体与个体的统一，李泽厚所提倡的人性建设也实现了"情""理"结构的统一。

（三）文化心理结构

李泽厚的历史本体论始终重视文化心理结构。李泽厚在与王德胜访谈强调"积淀"是一种过程，一种文化性的心理过程。他认为自己所讲的"文化心理结构"与西方心理学家所讲的"心理文化结构"不同，后者是心理的文化结构，是外在的东西变成人的心理的某种框架、规范、理性，是外在的东西来控制人的感性。而前者强调心理是个体的，保存了个体性和感性成分，而并非"有一个死的理性框架在里面"。②所以王德胜提出"不能把'积淀'理解为'心理成为文化的'，而应是'文化成为心理的'"③，这一说法得到了李泽厚的认同。总之，李泽厚强调应该是文化通过个体人格和心理来积淀人性。

李泽厚还认为他的历史本体论与马克思、黑格尔等人重视历史

---

① 李泽厚：《实用理性与乐感文化》，生活·读书·新知三联书店 2005 年版，第 71 页。

② 李泽厚、王德胜：《关于哲学、美学和审美文化研究的对话》，《文艺研究》1994 年第 6 期。

③ 李泽厚、王德胜：《关于哲学、美学和审美文化研究的对话》，《文艺研究》1994 年第 6 期。

的相对性不同，他重视历史的绝对性。他所讲的历史性体现为"自然的人化"，包括外在环境和内在心理，强调它们由积累和沉淀的历史成果，"人性能力"看似是空洞的形式，其实却是"人们心理中情理关系的某种具体结构"。它虽然必须由历史上不断演变的伦理制度和规范不断构建，但这"形式"本身却超出这些伦理制度、规范的相对性和历史性，它代表的是人类总体，从而具有神圣性或宗教性、绝对性。① 这就是李泽厚所说的"历史变理性，经验变先验，心理成本体"。

　　李泽厚还把康德的先验形式解读为经由人类生活实践历史所形成的文化心理结构即"积淀"。而且他又认为集体的社会意识的活动形态决定着个体的文化心理，没有前者，后者也就不存在。"积淀说"是历史本体论的核心内容，也是李泽厚近年得到国际认可的原创性美学理论。② 李泽厚说1956年他提出"美感的矛盾二重性"，从那时起，他就一直在思考理性的东西是怎样表现在感性中，社会的东西怎样表现在个体中，历史的东西怎样表现在心理中，"后来我造了'积淀'这个词，就是指社会的、理性的、历史的东西累积沉淀成了一种个体的、感性的、直观的东西，它是通过'自然的人化'的过程来实现的"。③ 这样在李泽厚看来，"积淀"是总体、理性、工具本体达到个体、感性、心理本体的桥梁。1964年，李泽厚

---

　　① 李泽厚：《哲学纲要》，北京大学出版社2011年版，第59页。

　　② 2010年2月，李泽厚《美学四讲》（英文版）"艺术"篇中的第二章"形式层与原始积淀"入选美国《诺顿理论与批评文选》第二版。这本美国最权威的世界性古今文艺理论选集的评选标准是作品必须具有原创性。李泽厚是进入这套文论选的第一位中国学人。他指出所谓"原始积淀"指的是人类在长期的生产活动中，通过对自然不断的探索，掌握了自然的规律，从而人类在社会实践中便能取得这种规律性与自己的主观合目的性相统一，获得了最初的审美感受，人的感官和情感与自然事物产生了同构对应。李泽厚特别指出这种"原始积淀"是人类群体实践的功劳，而非"动物性的个体感知"所能达到。

　　③ 李泽厚：《美学四讲》，生活·读书·新知三联书店1999年版，第104—105页。

完成《积淀论论纲》明确提出了"积淀"说。《批判哲学的批判——康德述评》（1979 年）中对"积淀"也多有论述。如他说："人类五官（感觉器官）都是历史的成果，它们本身都已积淀了社会的性质和功能。"①　"作为历史，总体高于个体，理性优于感性；但作为历史成果，总体、理性却必须积淀、保存在感性个体中。审美现象的深刻意义正在这里。"②　在《美感的二重性与形象思维》（1981 年）一文中，李泽厚指出"积淀"是人类感性的特点，也是他解释美感的基本途径。在《实用理性与乐感文化》一书中，他对"积淀说"进行了总结：历史本体论是由马克思回到康德，即由马克思的人类学实践宏观视角（社会工具本体）回归到康德的普遍必然的文化心理本体，论证由操作实践的人类长期历史活动中建立起专属于人类的文化心理结构的人性能力。③李泽厚后来还进一步明确了"积淀论"与文化心理结构的密切关系：积淀论主要讲了人类学历史本体论的内在方面，即文化心理结构亦即人性问题。它分为"理性内构""理性凝聚""理性融化"，由之而有人的"自由直观""自由意志"和"自由感受"。④这样"内在自然的人化"被其看作"文化心理结构"和"心理本体"的同名词。"积淀"就是"自然的人化"的过程，确切地讲，是"内在自然的人化"的过程。

李泽厚认为美学要解决的恰恰是感性的社会性问题，人的"内在自然"人化了，即人的感性世界中积淀了社会性、理性，从而人的审美能力具有了普遍可传达性。这就是他对美感来源的解释。他

---

① 李泽厚：《批判哲学的批判——康德述评》，人民出版社 1979 年版，第 106 页。

② 李泽厚：《批判哲学的批判——康德述评》，人民出版社 1979 年版，第 397 页。

③ 李泽厚：《实用理性与乐感文化》，生活·读书·新知三联书店 2005 年版，第 36 页。

④ 李泽厚：《哲学纲要》，北京大学出版社 2011 年版，第 101 页。

还根据积淀的不同将艺术品分为了三个层面：形式层、形象层和意味层。其中形式层对应于"内在自然的人化"中的"感官的人化"，这个层面的形成主要得益于"原始积淀"；形象层对应于"自然的人化"中的"情欲的人化"，它们构成所谓再现型艺术作品的题材或内容，其发展过程体现为"艺术积淀"；意味层是形式层和形象层的深化和提高，是"生活积淀"的成果。因为生活是五彩缤纷、千变万化的，所以意味层也最能体现人类的创新和对"积淀"的突破。尽管"积淀说"是李泽厚在美学领域中提出并发展，但"积淀说"不仅仅只适用于美感领域，它同时也适用于认识论和伦理学。① 因此有了积淀的广、狭两种意义：狭义的积淀是指审美的心理情感的构造，广义的积淀是指所有由理性化为感性、由社会化为个体，由历史化为心理的建构过程。它可以包括理性的内化（智力结构）、凝聚（意志结构）等。②

后来李泽厚对"积淀说"重视理性的倾向有所调整，主要表现在针对"积淀"提出了"突破说"。他在《美学四讲》的末尾提出文艺创作和欣赏要打破积淀：不要再受任何形上观念的控制支配，个体先天的潜力、才能、气质将充分实现，主动来迎接、组合和打破这积淀。并深情地呼唤："回到人本身吧，回到人的个体、感性和偶然吧。"③ 在其后期的重要著作《历史本体论》里，李泽厚对积淀问题进行了总结。他说："人总得活着，唯一真实的是积淀下来的你的心理和情感。文化谓'积'，由环境、传统、教育而来，或强迫，或自愿，或自觉，或不自觉，这个文化堆积沉没在各个不同的先天（生理）后天（环境、时空条件）的个体身上，形成各个并不相同甚至迥然有异的'淀'。""积淀"的文化心理结构既是人类的，又是文化的，从根本上说，它更是个体的。"积淀"三层，

① 李泽厚：《美学四讲》，生活·读书·新知三联书店 1999 年版，第 97 页。
② 李泽厚：《美学四讲》，生活·读书·新知三联书店 1999 年版，第 209 页。
③ 李泽厚：《美学四讲》，生活·读书·新知三联书店 1999 年版，第 210—211页。

最终也最重要的仍然是个体性这一层。① 并且写道:"为避免再次被误解,最后需要重复一遍的是,这个积淀论的人类学历史本体论和哲学心理学,既以人类漫长历史的群体实践为根本基础,却恰恰是强调个体存在的哲学。"② 虽然后期李泽厚显示出重视感性,希望突破"积淀"的意识。但总体上说,李泽厚的"积淀"理论重视理性与感性、社会与自然、群体与个体、历史与心理之间的统一。李泽厚的历史本体论想要建构的也正是这样一种文化心理结构。

二　历史本体论与"儒道互补"思想

"儒道互补"思想作为中国传统精神的集中体现和中国美学史的主线也融汇于李泽厚的历史本体论中,成为其基本精神。李泽厚曾经总结其思想大致的发展轨迹是:从西到中,从马克思主义、康德等向中国传统文化倾斜。③他说人类学历史本体论一方面是立足于人类社会的马克思哲学的新解释;另一方面又正好是无人格神背景的中国传统哲学的延伸。④ 他指出这不是用"马克思主义"框架来解释或吞并中国传统,而很可能是包含、融化了马克思主义的中国传统的继续前进,它将成为中国传统某种"转换性创造"。而且由于具有一定的普遍性,它也可能成为世界意义的某种"新马克思主义"。⑤ 李泽厚的思想发展后期显示出对中国传统文化的回归。当然这种回归并不是普遍的泛泛回归而是有着鲜明的价值取向,即有选

---

① 李泽厚:《历史本体论·己卯五说》,生活·读书·新知三联书店 2003 年版,第 124—125 页。

② 李泽厚:《历史本体论·己卯五说》,生活·读书·新知三联书店 2003 年版,第 268 页。

③ 刘广新:《李泽厚美学思想述评》,博士学位论文,浙江大学,2006 年,摘要。

④ 李泽厚:《实用理性与乐感文化》,生活·读书·新知三联书店 2013 年版,第 167 页。

⑤ 李泽厚:《实用理性与乐感文化》,生活·读书·新知三联书店 2013 年版,第 167—168 页。

择性地对中国儒学思想的回归。所以在李泽厚的积极努力下其历史
本体论最终与儒学思想发生了密切联系。历史本体论与儒家思想的
一致性主要体现如下：

1. 高扬人的主体性

李泽厚在写作主体性提纲，丰富历史本体论的同时，也在研究
中国思想史和中国古代美学。他认为与希腊悲剧所展示命运难以逃
脱神意"必然"不同，历史本体论认为，命运仍然是人类自己可以
努力把握的。可见，历史本体论在高扬人的主体性强调伦理价值方
面与儒学思想有共同追求。在《第四提纲》里，他更加强调了中国
智慧的重要性。儒家注重在现实的世界里构建以血缘关系为根本的
人际关系，它没有超验的世界，人们就在这个生生不已的现实世界
里世世代代生存。李泽厚坚持从唯物历史观的角度分析问题，指出
"为什么活"的意义诞生在"如何活"的行程之中。即人存在的意
义是在人类长期的生活实践中建立起来的。这就自然地与儒家的实
用理性和乐感文化联系起来。所以李泽厚说：人生意义不局限束缚
于特定的时空，却仍然从属于人类的总体，这就是"主体性"即历
史积淀而成的人类学历史本体论。[①]

2. 情理统一的共同价值取向

李泽厚曾经谈到，中国之所以很容易接受马克思主义思想，和
儒家文化传统有着密切的关系。他认为儒家文化以"情"为本体。
于是历史本体论的心理本体的建设在儒家传统文化中找到了强大的
支持和呼应。李泽厚认为他所提出的历史本体论的关键是"情理结
构"问题，这与儒学一致。李泽厚《论语今读》的前言提出"情
理结构""两种道德"和"立命"是读《论语》的三重点。如何使
这一"情理结构"取得最好的比例形式和结构秩序成了儒家"乐
感文化"的中心问题。李泽厚认为儒家"乐感文化"主张情与理
的结合统一，而不是分裂和同一。这是"以人为本"的儒家乐感文

---

① 李泽厚：《世纪新梦》，安徽文艺出版社 1998 年版，第 10 页。

化的根本含义。它不是自然人性论的欲（动物）本体，也不是道德形而上学的理（神）本体，而是情（人）本体。他主张以"乐感文化"反对"道德秩序即宇宙秩序"，反对以伦常道德作为人的生存的最高境地，反对理性统治一切，主张回到感性存在的真实的人。① 他明确表示历史本体论从根本上不赞同承续宋明理学的现代新儒家，不赞同以"心性之学"来作为中国文化的"神髓"。历史本体论也反对自然人性论，而主张恢复到"道生于情"的原典儒学传统，重新阐释以情为本体的中国乐感文化。② 虽然李泽厚也指出过："传统哲学经常是从感性到理性，人类学历史本体论则从理性（人类、历史、必然）始，以感性（个体、偶然、心理）终"。③ 但在追求理性与感性的统一方面历史本体论与儒家哲学是一致的。

　　3. 追求"天人合一"的最高美学境界

　　李泽厚高度重视中国传统文化中美学取代宗教对人格的塑造作用。如儒家"礼乐传统"中的"礼"和"乐"，都和美学有关，都是"内在自然的人化"。李泽厚在《关于主体性的补充说明》一文（1985 年）中，集中概括了主体性的结构并指出主体性系统的最终归宿是审美，其最高境界即是"天（自然）人合一"。这体现了李泽厚力图将历史本体论与华夏美学相融合的追求。在《关于主体性的第三个提纲》（1987 年）里，李泽厚明确提出对于人类生存的危机，语言哲学无能为力，使用、制造工具的活动也无法消除它，最终还是要靠心理本体的建设。这个心理本体的建构过程包括"自然的人化"和"人的自然化"两个方面，前者使人性具备了普遍性的形式结构，后者则使人可以与宇宙息息相通，达到"天人合一"的审美境界。李泽厚称这为"伟大的生"，并认为中国关于生命、生活的古典传统与此有着默契。在这个提纲的最后，李泽厚谈到他

---

① 李泽厚：《哲学纲要》，北京大学出版社 2011 年版，第 51 页。

② 李泽厚：《哲学纲要》，北京大学出版社 2011 年版，第 47 页。

③ 李泽厚：《李泽厚哲学文存》（下编），安徽文艺出版社 1999 年版，第 524页。

所构想的心理本体就存在于"当下的心境中、情爱中、生命力中，也即在爱情、故园情、人际温暖、家的追求中"①。这样李泽厚的历史本体论中对心理本体的重视与儒家情本体思想都以"天人合一"为最高的审美境界，再次体现了二者的紧密联系。

4. 历史本体论体现了"儒道互补"的思维方式和基本精神

正如李泽厚所强调的中国传统精神也就是人类学历史本体论所体现的精神，历史本体论体现了"儒道互补"的思维方式和基本精神。具体表现如下：

（1）从历史本体论所重视的文化心理结构出发强调了儒家思想的主干地位。

李泽厚的历史本体论以"积淀说"重视和强调历史的积累性，尤其是文化积淀为心理，形成了人区别于其他动物族类的智慧和感性，这是"人性能力"的形成。② 在《华夏美学》中李泽厚指出："对人际的诚恳关怀，对大众的深厚同情，对苦难的严重感受，构成了中国文艺文史上许多巨匠们的创作特色。……这正是上起建安风骨下至许多优秀诗篇中贯穿着的华夏美学中的人道精神。这精神也是由孔学儒门将远古礼乐传统内在化为人性自觉、变为心理积淀的产物。"③ 这样儒家的主干地位正是由于其体现了中国传统的文化心理积淀而具有了优越地位。李泽厚对"积淀说"感性与理性的统一的分析与儒家美学礼乐传统的特点的分析十分接近。儒家美学的情理统一结构也与"积淀说"的情理统一相似。所以他说：经过"积淀"形成的人性建构，"是内在自然的人化，也是文化心理结

---

① 李泽厚：《主体性的哲学提纲之三》，《李泽厚哲学文存》（下编），安徽文艺出版社 1999 年版，第 565 页。

② 李泽厚：《实用理性与乐感文化》，生活·读书·新知三联书店 2005 年版，第 19 页。

③ 李泽厚：《美学三书之华夏美学》，天津社会科学院出版社 2003 年版，第 235 页。

构，也是心理本体"①。

李泽厚特别强调思想史的研究意义是要探寻中国传统的文化心理结构，以此提高中华民族的自我意识。他指出：一个民族只有真正的自我意识，才能走出自己的路来。"每个时代都不断地写历史，都是根据自己此时此刻的要求来回顾历史，使历史成为推动我们前进的背景和动力。②所以李泽厚的思想史非常重视文化心理结构的研究。他认为文化心理结构可以发展为文学、艺术等民族心理的物态化和结晶体，是一种民族的智慧，也是一个民族得以生存发展所积累下来的内在根源。而且文化—心理结构具有强大的承续力量、持久功能和相对独立性，能够在多方面直接间接地影响、支配，甚至主宰着今天的人们。所以他强调思想史研究应深入探究沉积在人们心理结构中的文化传统。他通过研究中国古代思想认为孔子通过教诲学生、删定'诗书'，通过传播熏陶和教育使儒家思想成为汉民族的一种无意识的集体原型形象，构成了一种民族性的文化——心理结构。"③李泽厚对儒家主干地位的推崇正是基于儒家对中国文化心理结构的建构。

（2）历史本体论和儒家"实用理性"密切相关。

李泽厚曾明确指出：在中国哲学发展的五个阶段中，尽管各有偏重，"内圣外王""儒道互补"的实用理性的基本精神都始终未被舍弃。④"实用理性"也体现了华夏美学的基本精神。在《第四提纲》（1989 年）中李泽厚明确指出"儒学为主，'儒道互补'，以'乐'和'生生不已'为人生意义和宇宙精神，这也就是我的人类学本体论（亦即主体性实践哲学）"⑤。这样"实用理性"由儒

---

① 李泽厚：《美学四讲》，生活·读书·新知三联书店 1999 年版，第 97 页。

② 李泽厚：《李泽厚与中国思想史》，《复旦大学学报》1985 年第 5 期。

③ 李泽厚：《中国古代史论》，台湾风云时代出版公司 1991 年版，第 22 页。

④ 李泽厚：《中国古代史论》，台湾风云时代出版公司 1991 年版，第 373 页。

⑤ 李泽厚：《实用理性与乐感文化》，生活·读书·新知三联书店 2013 年版，第 244 页。

家思想的特质扩大为中国文化的特质，李泽厚的主体性实践哲学与儒家"实用理性"之间具有了密切的联系。而"实用理性"对中国思想文化的渗透主要是通过孔子仁学。他认为孔子仁学由四个因素组成：血缘基础、心理原则、人道主义、个体人格，把它们结合在一起的是实用理性。① 孔子仁学本身既是中国思想文化的一部分，还是中国思想文化的一种特质。李泽厚指出"实用理性"之所以是中国文化的特质主要有两个原因：一是中国各家各派，从古至今的思想都以实用理性为其思考的模式②；二是与西方及印度的抽象形上思想形成的对比显示中国的思想形态是一种实用的形态。③ 李泽厚强调以"实用理性""乐感文化"为特征的中国文化，"没去建立外在超越的人格神来作为皈依归宿的真理符号。它是天与人和光同尘，不离不即。自巫史分家到礼崩乐坏的轴心时代，孔门由'礼'归'仁'，以'仁'为体，这是一条由人而神，由于'人道'见'天道'，从'人心'见'天心'的路"④。这也是一条以"天人合一"为最高目标的路，也是中国哲学"体用一源，显微无间"的本根追求。

（3）以历史本体论为主题开展第四期儒学发展"儒道互补"精神。

李泽厚批评以牟宗三为代表的"现代新儒家"，认为他们将人的心性作为本体无论是在理论上还是在实践上都不能为时代发展提供正确的理论资源。李泽厚指出其历史本体论的目的是想要探索以宗教性道德及儒家学说的"安身立命"和西方说的"终极关怀"来"范导和构建"现代社会性道德。所以对于人类当今及未来的精神建设，他提出自己的设想，即发展"第四期儒学"，并将美学作

---

① 李泽厚：《中国古代史论》，台湾风云时代出版公司1991年版，第19页。

② 李泽厚：《中国古代史论》，台湾风云时代出版公司1991年版，第373页。

③ 李泽厚：《中国古代史论》，台湾风云时代出版公司1991年版，第362页。

④ 李泽厚：《实用理性与乐感文化》，生活·读书·新知三联书店2013年版，第157页。

为历史本体论的第一哲学。他将孔、孟、荀视为第一期,汉儒为第二期,宋明理学为第三期。并将以牟宗三为代表的"现代新儒学"视为宋明理学的"回光返照",归为第三期。而"第四期儒学"其主题即为"人类学历史本体论"。他指出,"儒学四期说"将以工具本体社会发展的"外王"和心理本体(文化心理结构的"内圣")为根本基础,重视个体生存的独特性、阐释自由直观、自由意志和自由享受,重新建构"内圣外王之道",以充满情感的"天地国亲师"的宗教性道德,范导自由主义理性原则的社会性道德,来承续中国"实用理性""乐感文化""一个世界"和"度的艺术"的悠长传统。①

　　综上可见,李泽厚对中国文化研究的出发点仍是历史本体论。他结合实践、"自然的人化""人的自然化"、心理本体等概念和范畴来对中国思想和美学进行了梳理。"儒道互补"美学史观中对儒家为主干的认识似乎是其在《美的历程》和《华夏美学》中对于中国美学史的论述中自然生发出来的,但其实却与李泽厚的思想体系的基石——历史本体论紧密相连,如影随形。在对主体性的高扬,情理统一的重视,"天人合一"的追求方面历史本体论与儒家哲学基本一致,他期待开出儒学新境界的"儒学四期"的建设也是以历史本体论为主题。李泽厚思想体系的系统性和严密性由此可见一斑。所以与其说李泽厚后期回归中国传统文化,不如说回归的是中国儒学思想,而且与其说他后期回归中国传统文化,不如说他从早期开始一直走在中国传统文化的道路上。只是近年来由于国内很多学者开始关注中国传统文化,所以学界重新发现了李泽厚对传统文化的研究价值。面对中国的问题,并非如一些学者所认为的李泽厚去国怀乡之后以中国传统文化的回归作为情感慰藉,他始终是重视本土文化并拥有强烈本土文化自信的先行者。通过对李泽厚思想

---

① 李泽厚:《历史本体论·己卯五说》,生活·读书·新知三联书店 2003 年版,第 155 页。

的梳理和回望，我们可以发现他已经在挖掘中国传统文化价值进行"转化性创造"方面已经独自走了很久也很远。而且与自由派以世界普遍性压倒或漠视中国特殊性不同，与新左派、国粹派以中国文化特殊性对抗或否认人类普遍性不同，李泽厚的历史本体论是以有经验依据的、有可认识性和操作性的特殊，来改变、改进和改善一般，从而成为一般性本身。正如历史本体论是以"'实用理性'来反对后现代，主张重建理性权威，以乐感文化来反对虚无主义，主张重建人生信仰，它们所要展示的，都是中国传统的特殊性经过转换性的创造可以具有普遍性和普世的理想性。"① 所以李泽厚后期才不断呼吁"该中国哲学登场了"。

第三节　"儒道互补"是"情本体"论的归宿

笔者认为"儒道互补"是李泽厚后期"情本体"思想的归宿。一般认为"情本体"思想是李泽厚后期提出的思想，其实正如他所言："历史本体论贯穿着'情本体'这根主线。这主线当然以更为复杂丰富的形态展现在审美和艺术中。"② "情本体"思想一直是李泽厚哲学思想和美学思想的核心内容。

一　"情本体"思想的主要内容

（一）"情本体"思想贯穿始终

虽然李泽厚正式提出"情本体"概念较晚，但对"情感"的重视贯穿其学术历程。20 世纪五六十年代中国学界深受苏联美学思想的影响，倾向于从认识论角度来看美学和艺术问题，李泽厚也提出"艺术作品的力量是它能够最深刻地反映出真实的生活的客

---

① 李泽厚：《哲学纲要》，北京大学出版社 2011 年版，第 99 页。
② 李泽厚：《哲学纲要》，北京大学出版社 2011 年版，第 101 页。

观"的认识论观点。① 但他还是注意到情感在艺术家的创作心理、
形象思维以及美感中的重要作用。在《试论形象思维》（1959 年）
一文中，李泽厚谈到"形象思维"除了具有本质化和个性化的特
征，"还有一个主要特征：这就是它永远伴随着美感感情态度"②。
20 世纪 70 年代末 80 年代初，李泽厚提出"主体性实践哲学"，可
以说"主体性"学说是"情本体论"的哲学基石。"主体性"包括
"工具本体"和"心理本体"人性心理两部分内容。李泽厚继承了
康德，将"心理本体"划分三部分：认识结构、伦理结构和审美结
构，并认为审美结构等同于情感结构，审美情感结构在人性心理中
处于核心地位，也是人性心理的最高确证。而且李泽厚从其主体性
实践哲学出发，吸收了克罗齐的"艺术即直觉"说和苏珊·朗格的
"艺术是人类情感符号的创造"和克莱夫·贝尔"有意味的形式"
等重视艺术中的情感的思想，提出"情感本体或审美心理结构作为
人类的内在自然人化的重要组成，艺术品乃是其物态化的对应
品"③。加深了对艺术情感性的认识。他还创作了一系列关于形象思
维的文章，在这些文章中批判了认识论的艺术观，而将"情感"置
于艺术的主导地位。如在《形象思维再续谈》（1979 年）一文中，
他强调形象思维遵循的是"情感的逻辑"，"艺术如果没有情感，
就不成其为艺术，艺术的情感性常常是艺术生命之所在"④。正如有
学者所指出当时"把情感视为艺术的根本、生命本无新意，但是将
艺术和人类的主体性建构结合起来，却体现了李泽厚卓越的创造

---

① 李泽厚：《"意境"杂谈》，《门外集》，长江文艺出版社 1957 年版，第 145
页。

② 参见李泽厚《美学旧作集》，天津社会科学院出版社 2002 年版，第 148—175
页。

③ 李泽厚：《美学四讲》，生活·读书·新知三联书店 1999 年版，第 150—151
页。

④ 参见李泽厚《美学旧作集》，天津社会科学院出版社 2002 年版，第 196—218
页。

力"①。这样他的艺术论逐渐实现了对认识论的超越。中后期随着他
对中国文化的深入研究和对自己哲学理论的修正，"情感"的本体
地位逐渐彰显出来。这一时期他还在对"新感性"的认识中深化了
对于"情感"的认识。关于"新感性"的内涵，李泽厚说："我所
说的'新感性'就是指的这种由人类自己历史地建构起来的心理本
体。它仍然是动物生理的感性，但已区别于动物心理，它是人类将
自己的血肉自然即生理的感性存在加以'人化'的结果，这也是我
所谓的'内在的自然的人化'。"②在他看来，"新感性"即心理本体
的建立，主要是"情感本体"的建立。李泽厚还将自己的"新感
性"与马尔库塞的进行了对比，认为马尔库塞的"新感性"是一
种纯自然性的东西，缺乏社会性内容，而自己的则体现了社会性与
个体性的交融和统一。③可见，"新感性"是李泽厚从主体性实践哲
学解释美感的基本途径。在《华夏美学》里，他认为中国传统美学
建立在一种心理主义的基础上，而这种心理主义则是以"情感"为
本体的。李泽厚最早在《关于主体性的第三个提纲》（1985 年）中
提出"情感本体"概念。到《美学四讲》他直接使用了"情感本
体"概念。"所谓'建立新感性'也就是建立起人类心理本体，又
特别是其中的情感本体。"④李泽厚常常将心理本体和情感本体并称
为"心理—情感本体"。如在《美学四讲》结尾写道："回到人本
身吧，回到人的个体、感性和偶然吧。从而，也就回到现实的日常
生活中来吧，艺术是你的感性存在的心理对映物，它就存在于你的
日常经验中，这即是心理—情感本体。"⑤可见，李泽厚思考"情
感"问题不仅仅局限于作为"积淀"成果的"情感结构"，他努力

---

① 刘广新：《李泽厚美学思想述评》，博士学位论文，浙江大学，2006 年。

② 李泽厚：《美学四讲》，生活·读书·新知三联书店 1999 年版，第 95—96 页。

③ 李泽厚：《美学四讲》，生活·读书·新知三联书店 1999 年版，第 105—106
页。

④ 李泽厚：《美学四讲》，生活·读书·新知三联书店 1999 年版，后记。

⑤ 李泽厚：《美学四讲》，生活·读书·新知三联书店 1999 年版，后记。

使人性情感形式向现实人生敞开。在《第四提纲》（1989 年）他也曾重点提到"情感本体"问题。李泽厚后期认为中国没有西方意义上的宗教存在，没有"此岸""彼岸"两个截然不同的世界的分别，而是"一个世界"。中国人奉行的是一种现世的"实用理性"，就在今生今世中追求真实的快乐，从而建立起浓浓的人间情感。这种情感是经验的，而非先验或超验存在。这是一种"以情为本"的思想，并将儒家思想与其结合起来，深化了对"情本体"的认识。在《哲学探寻录》（1994 年）中，他首次明确使用"情本体"概念。他说："'情本体'之所以仍名之为'本体'，不过是指它即人生的真谛、存在的真实、最后的意义。"认为"情"能够成为个体的人生归宿与家园。"情本体"之所以提出，与李泽厚美学体系自身逻辑发展有密切关系。"情本体"的提出是"人类学历史本体论"的自然发展结果。提出"情本体"正是为了制约"工具本体"的过度膨胀所引发的人与世界的紧张关系。在《哲学探寻录》中，李泽厚指出"心理本体"将取代"工具本体"成为注意的焦点。①简而言之，李泽厚"情本体论"经历了早期重视感性的"情感论"，到中期"主体性"学说进一步深化为"心理情感形式"问题到"心理本体"，"情感本体"再到后期"情本体"逐步深化的学术历程。

（二）"情本体"是以"情"为人生的最终实在

李泽厚对于"情本体"的内涵有丰富认识，归结起来，主要有以下四个要点：

第一，情本体建立在现世的日常生活之中，而非宗教里的彼岸世界，"'本体'即在真实的情感和情感的真实之中。它以把握、体认、领悟当下的和艺术中的真情和'天人交会'为依归，而完全

---

① 刘再复：《李泽厚美学概论》，生活·读书·新知三联书店 2009 年版，第 11 页。

不再去组建、构造某种'超越'来统治人们"①。

第二，情本体即无本体。李泽厚认识到自从哲学经过解构主义和后现代思潮的洗礼之后再建构"本体"已不可能；而且他通过分析中国儒学，认为从程朱到阳明再到现代新儒家，讲的实际都是"理本体"和"性本体"，这仍然是使人屈从于以权力控制为实质的道德体系或结构。②从而他一再声明"情本体"不再是传统形而上学意义上的"本体"，它恰恰是"无本体"。至于为什么还称之为"本体"，李泽厚解释道："不过是指它即人生的真谛、存在的真实、最后的意义。"③

第三，"本体之情"在性质上既具有"情感结构"的相对稳定特点也具有"经验情感"动态发展的特点，是处于动态平衡状态的"心境体验"。21 世纪以来，李泽厚又提出"时间性珍惜"这种情感类型，认为它是"情本体"的核心范畴，"时间性珍惜"其实是一种"心境体验"，它向内关联"情感结构"，向外关联"经验情感"，是二者的互渗与融合。

第四，后期他继续强调"所谓'情本体'，是以'情'为人生的最终实在、根本"。同时，李泽厚努力拓宽"情本体论"的论域，提出"情本体"包含人性、人格、人情三层面。李泽厚从"情本体论"中引申出"宗教哲学"（即"情本体的内推"）和"政治哲学"（即"情本体的外推"）两种走向。李泽厚说：""情本体'主要与宗教性道德有关，从而也影响到'社会性道德'的规范建立，因为我认为宗教性道德对社会性道德有范导和适当构建的作用。"④ 可见尽管"情本体"是李泽厚在论述美学问题时提出

---

① 李泽厚：《论语今读》，安徽文艺出版社 1999 年版，第 521 页。

② 李泽厚：《李泽厚哲学文存》（下编），安徽文艺出版社 1999 年版，第 521 页。

③ 李泽厚：《李泽厚哲学文存》（下编），安徽文艺出版社 1999 年版，第 521 页。

④ 李泽厚：《哲学纲要》，北京大学出版社 2011 年版，第 64 页。

的，后期却将其扩展到其他思想领域。这或许也可以解释为什么他在《哲学纲要》中把关于"情本体"思想的论述是置于其伦理学体系中而不是美学体系中的。

总之，李泽厚认定的"本体之情"是那种现世的、中正的、欢愉的、动态的，具有形而上品格的主体性的审美经验，正是它们构成了个体的人生归宿与家园。而且李泽厚一贯坚持感性和理性的统一，尽管强调"情本体"，但也始终没有走到单纯强调感性的极端道路上去。

（三）"情本体"是李泽厚后期思想的核心内容

在《美学四讲》的最后，李泽厚喊出"情感本体万岁！"的口号，① 可见一向理性的李泽厚极其重视这一命题。作为乐感文化的核心、人类感性的体现，"情本体"是其后期美学思想中一个非常重要的范畴，是其思想转向的一个标志。李泽厚的"情本体"思想价值得到了许多积极肯定。如最早就李泽厚"情本体"思想写出博士论文的罗绂文认为："情本体"思想是李泽厚"人类学历史本体论"的核心内容。"情本体"面对的核心问题是"人生在世"。李泽厚"情本体"不同于西方"爱智慧"哲学，是从中国传统的儒、道哲学思想视野下对以"情"为本的"人生""在世"之思想的深入思考，是高扬中国智慧应对时代的挑战而进行的理论探索。② 又如对李泽厚"情本体论"思想也做出深入研究的牟方磊所言："情本体论"是李泽厚近20年来思想的重心所在，也是李泽厚近30年思想活动的主线之一：一方面，它是李泽厚"主体性"思想的延续与发展；另一方面，在新的时代和文化语境下，它则开启了新的问

---

① 李泽厚：《美学四讲》，《美学三书》，天津社会科学院出版社2003年版，第548页。

② 罗绂文：《李泽厚情本体思想研究》，博士学位论文，西南大学，2011年，论文摘要。

题域。① "情本体论"的现实意义是能为处于散文生活状态中的现代人标画出一种理想而可行的生存方式。"情本体论"的理论意义体现为"情本体论"为现代中西文化之冲突的解决提供了一种新思路。② 也有学者指出"情本体最终成为李泽厚美学追求的最终目标，成为他学术的尖峰"③。

综上所述，李泽厚美学思想中最大的转变，莫过于从早中期提出的"工具本体"转向了后期的"心理本体"直到"情本体"。李泽厚提出的"情本体"有重要意义。"情本体论"可以看作一种融合中西思想的理论原创，为中西文化的融通会合开辟了一条新思路。李泽厚以"情"即以人的感性为本体是对西方逻各斯中心主义的"求真"的理性主义哲学传统的反叛，同时也是对中国宋明理学以来的"求善"的道德伦理学的理性主义传统的扬弃。这也是他将重视感性和情感的"求美"的美学代替认识论和伦理学作为第一哲学的原因所在。由亚里士多德所开创的"人是理性的动物"的西方理性主义传统影响极其深远。西方哲学也因此形成了两个基本假定：人是理性的动物，世界具有确定性。而现代以来随着海森堡的"测不准原理"的发现和量子力学的产生，世界的确定性受到了很大挑战。而尼采的"上帝死了"和福柯的"人也死了"是对人的理性的极大怀疑。李泽厚从中国原典儒学"道生于情"的重情传统出发，希冀通过对情感本体地位的确立来培育新人性，所以他非常重视教育对人的塑造作用。"情本体论"是李泽厚对中国传统思想的"转化性创造"，它对于如何理解、继承、发展中国传统文化具有启发意义。

---

① 牟方磊：《李泽厚"情本体论"研究》，博士学位论文，湖南师范大学，2013年，摘要。

② 牟方磊：《李泽厚"情本体论"研究》，博士学位论文，湖南师范大学，2013年，摘要。

③ 刘广新：《李泽厚美学思想述评》，博士学位论文，浙江大学，2006年，第60页。

二 "情本体"与"儒道互补"的密切关系

（一）"情本体"是儒家思想的核心

李泽厚"情本体论"的提出虽然有西方现代哲学的影响，但对中国传统美学思想的深入研究和总结是"情本体"思想诞生的直接原因。他很早就关注中国传统文化，最早进行学术研究选择的是谭嗣同、康有为。20世纪80年代初李泽厚开始系统研究中国思想史和中国美学史。"情本体"与儒家思想密切相关，具体表现如下。

1. 儒家以"情本体"思想为核心

不同于主张"心本体"或"性本体"的新儒家，李泽厚提出作为中华文化的主体，儒家自孔子起就开始注重对"情感本体"的塑造。他认为自孔子开始的儒家精神的基本特征便正是以心理的情感原则作为伦理学、世界观、宇宙论的基石。[①] 孔子以"仁"释"礼"，将"礼"和人以血缘关系为基础的情感联系起来，并且将这种情感社会化。"把以亲子之爱为基础的人际情感塑造、扩充为'民吾同胞'的人性本体"[②]，奠定了中华文化重情的基调，也开创了"重视艺术的情感特征"这一重要的中国美学传统。[③] 他进一步强调了"情"在中国哲学中的地位。"由此客观的'情'、'境'而有主观的'情'（生活感情）、'境'（人生境界）。这就是中国哲学的主题脉络……从而，情境便不止于道德，实乃超道德，这才是'天人之际'。"[④] 他认为原典儒学以"父母俱在，兄弟无故"，"仰不愧于天，俯不怍于人"，"得天下英才而育之"为人生最大快乐；后世则有"先天地之忧而忧，后天地之乐而乐"等都是"将最大

---

① 李泽厚：《课虚无以责有》，生活·读书·新知三联书店2013年版，第294页。

② 李泽厚：《华夏美学》，中外文化出版公司1989年版，第47页。

③ 李泽厚、刘纲纪：《中国美学史（先秦两汉编）》，安徽文艺出版社1999年版，第127页。

④ 李泽厚：《哲学纲要》，北京大学出版社2011年版，第62页。

的'乐'的宗教情怀置于这个世界的生存、生活、生命、生意之中，以构建情感本体"。① 中国哲人总强调与自然天地、山水花鸟、故土家园相处在浓厚的人情味中。并在其中追寻道路、生命和真理，"这也即是中国人的'天、地、国、亲、师'的情感信仰"②。他强调这种以亲子为核心扩而充之到"泛爱众"的人性自觉和情感本体，正是自孔子仁学以来儒家留下来的重要美学遗产。③ 他还认为孟子提出著名的"浩然之气"其实是"个体的情感意志同个体所追求的伦理道德目标交融统一所产生出来的一种精神状态"④，即把伦理道德看作人的内在情感的需要，这也是对孔子重情的思想的继承。但是，秦汉之后，儒学变迁，情性分裂，性善情恶成为古代国家统治子民的基本论断。宋明以后"存天理灭人欲"更以道德律令的绝对形态贬斥情欲。直到明中叶以及清末康有为和谭嗣同以及五四运动，情欲才逐渐被正视。但又很快被革命中的修养理论和现代新儒家的道德形而上学再次压倒。20 世纪 50 年代现代新儒家的代表人物张君劢、牟宗三、徐复观、唐君毅四人的文化宣言指出："心性之学乃中国文化的神髓所在。"⑤ 而李泽厚对此并不认同。李泽厚赞同梁漱溟的认识："周孔教化自亦不出于理智，而以情感为其根本"，"孔子学派以敦勉孝悌和一切仁厚肫挚之情为其最大特色"。⑥ 也欣赏钱穆的说法"宋儒说心统性情，毋宁可以说，在全部人生中，中国儒学思想更着重此心之情感部分"，尤胜于着重理智的部分。⑦ 李泽厚认为梁漱溟和钱穆比现代新儒家如熊十力、冯

---

① 李泽厚：《哲学纲要》，北京大学出版社 2011 年版，第 63 页。

② 李泽厚：《哲学纲要》，北京大学出版社 2011 年版，第 63 页。

③ 李泽厚：《华夏美学》，《美学三书》，天津社会科学院出版社 2003 年版，第 236 页。

④ 李泽厚、刘纲纪：《中国美学史（先秦两汉编）》，安徽文艺出版社 1999 年版。

⑤ 牟宗三：《中国哲学的特质》，学生书局 1963 年版，第 87 页。

⑥ 梁漱溟：《中国文化要义》，学林出版社 1987 年版，第 119 页。

⑦ 钱穆：《孔子与论语》，台北联经出版公司 2002 年版，第 32 页。

友兰、牟宗三更准确地把握了中国传统的特质和根本。

李泽厚的"情本体论"融汇了很多儒家思想因子,其中主要有孔子的实用理性观、"仁学"观、"一个世界"思想、"乐感文化"观、《易经》"健动"思想等。而且李泽厚认为孔子"仁学"观认为"外在仪文"("礼")要以"内在心理情感"("仁")为基础,孔子所谓的"内在心理情感"("仁")不仅是指"情感结构"(人性心理),也指"经验情感"。儒家这种"情感结构"与"人性心理"等同,与"经验情感"并重,"情为人生基础、归宿"的思想,也是李泽厚"情本体论"的核心规定。

2. 儒家"情本体"以"孝—仁"亲子情为基础

在《关于"情本体"》一文中李泽厚运用比较方法深入分析了儒家"情本体"中"情"的特殊内涵。他认为原典儒家的"情"是以有生理血缘关系的"孝—仁"为核心的亲子情为基础。[①] 他指出犹太教、基督教以及伊斯兰教在建构人类心理上,都表现出理性绝对主宰的特质,"这种以理性凝聚的意志力来决裂、斩断人世情欲,历经身心的惨重冲突和苦难,却仍然永无休止地对上帝的激越情爱,可以造成心理上最大的动荡感、超越感、净化感和神圣感"[②]。他以基督教中的亚伯拉罕杀子与中国的"孝"与"仁"做比较。他认为与基督教讲"畏"与"爱",以理对情的绝对压倒不同,中国由于宗教、伦理、政治三合一,儒家学说既是理知观念,又是情感信仰功能,儒家讲"道出于情",以情为本。[③] 他所主张的"情本体"中的"情"既不同于西方宗教理性压抑的"情",也不是海德格尔反理性的死亡哲学的"烦""畏"的情感,他认为原典儒家的"情"是以"孝—仁"为核心的亲子情为基础的,是原典儒学强调活在日常生活中的伦常情感。儒家以"亲子"为中心,

① 李泽厚:《哲学纲要》,北京大学出版社 2011 年版,第 53 页。

② 李泽厚:《哲学纲要》,北京大学出版社 2011 年版,第 53—54 页。

③ 李泽厚:《哲学纲要》,北京大学出版社 2011 年版,第 56 页。

由近及远、由亲至疏地辐射开来，一直到"民吾同胞，物吾与焉"的"仁民爱物"，即亲子情可以扩展成为芸芸众生以及宇宙万物的广大博爱。

李泽厚还指出："如张载所说'为天地立心，为生民立命，为往圣继绝学，为万世开太平'。'立心'者，建立心理本体也；'立命'者，关乎人类命运也；'继绝学'，承续中外传统也；'开太平'者，为人性建设，内圣外王，'开万世太平'，而情感之本体必需也。"① 他认为儒家道德伦理虽以理性凝聚的心理形式即以理性认知主宰情欲来决定行为，却仍然需要某种情感需要来支持。"情本体"最终还是回到其历史本体论的出发点"人活着"和"我意识到我活着"。他还表明了以"情本体"来推动儒学发展的目的：历史本体论提出"情本体"，虽并不同于自然人性论，却仍然承续着文化启蒙作用。李泽厚虽然承认并强调"理性凝聚"的道德伦理，但反对以它和它的圣化形态（宗教）来全面压服或取代人的情欲和感性生命。他认为重要的是"应研究'理'与'欲'在不同生活方面所具有或应有的各个不同的比例、关系、节奏和配置，即各种不同形态的人性情理结构，亦即以'儒学四期'的'情欲论'来取代'儒学三期'的'心性论'"②。这表现出李泽厚强调的"情本体"不同于港台地区新儒家的"德性本体"或"心性本体"的文化保守主义思想。

3. "情本体"是儒家乐感文化的核心

李泽厚在《实用理性与乐感文化》中提出"情本体是乐感文化的核心"③。前已述及"实用理性"和"乐感文化"是儒家思想的基本特质。此处李泽厚又进一步强调了作为儒家文化特质的核心是"情本体"。他指出人最终是作为感性的个体存在的："你、我、

---

① 李泽厚：《实用理性与乐感文化》，生活·读书·新知三联书店 2013 年版，第168 页。

② 李泽厚：《哲学纲要》，北京大学出版社 2011 年版，第 56—57 页。

③ 李泽厚：《哲学纲要》，北京大学出版社 2011 年版，第 56—57 页。

他（她）仍然是存在物，所谓'最终目的'仍然要回到这个感性生命中来。"① 他强调："乐感文化反对'道德秩序即宇宙秩序'，反对以伦常道德作为人的生存的最高境地，反对理性统治一切，主张回到感性存在的真实的人。""乐感文化以情为体，是强调人的感性生命、生活、生存，从而人的自然情欲不可毁弃、不应贬低。"② 这是李泽厚所认为的"以人为本"的乐感文化的根本含义。它不是自然人性论的欲本体，也不是道德形而上学的理本体，而是"情本体"。

综上，在李泽厚看来，儒家的"情本体"的内涵包含了亲子情、男女爱、夫妇恩、师生谊、朋友义、故国思、家园恋以及各种愉悦感和神秘经验等，囊括了世俗社会里人的一切关系和存在的情感，体现了中国传统文化不同于西方此岸和彼岸相分离的"两个世界"观而呈现出"体用一源""体用无间"的"一个世界"的理论面貌。"情本体"是李泽厚后期美学思想中最有建树意义的核心范畴。它是中国"乐感文化"的情感真理，并且还为身处各种思潮困扰而找不到情感依托和前进方向的中国人提供了安身立命的心理依据。

（二）"情本体"是中国传统文化和华夏美学的共同特征

李泽厚的"情本体"思想并不局限于儒家美学中，而成为中国传统文化和华夏美学的共同特征。李泽厚在《华夏美学》中将"情本体"思想扩展到庄子美学、屈骚传统和禅宗美学中。他认为庄子尽管避弃现世，却并不否定生命，而对自然生命抱着珍贵爱惜的态度，这根本不同于佛家的涅槃，他的泛神论的哲学思想和对待人生的审美态度充满了感情的光辉，恰恰可以补充、加深儒家而与

---

① 李泽厚：《实用理性与乐感文化》，生活·读书·新知三联书店 2005 年版，第 70 页。

② 李泽厚：《实用理性与乐感文化》，生活·读书·新知三联书店 2005 年版，第 79 页。

儒家一致。① 对于屈骚传统，李泽厚对比儒家要求有"度"、有节制的群体性情感形式，认为屈原的沉江体现着一种非常个性化的情感。他说它"注入'情感的普遍性形式'以鲜红的活的人血，使这种普遍性形式不再限定在'乐而不淫，哀而不伤'的束缚或框架里，而可以是哀伤之至……"②这样，屈原"似乎完全回到了儒家，但把儒家的那种仁义道德，深沉真挚地情感化了"③。在《华夏美学》第三章"儒道互补"中李泽厚指出了由于庄、屈、儒在魏晋的合流，道家的智慧和屈骚的深情对儒家的补充作用树立了"深情兼智慧"的美学风范，李泽厚因此明确提出："深情、执着、温柔含蓄，成了华夏美学的标准尺度。"④ 李泽厚认为魏晋人物品藻虽以庄老为其哲学玄理，但由于屈骚传统的深入交融，"情"成为其真正的核心。⑤ 正是这种"深情兼智慧"的意识特征使魏晋哲学具有美学性质并扩及各个领域的艺术实践和理论中。"这时的美学不再像过去仅仅关心情感是否符合儒家的伦理，而更注意情感自身的意义和价值。情感已和对人格本体的探寻感受结合起来，它的审美意义已超出伦理政教。从而文艺便不再只是宣扬'名教'的工具了。"⑥ 李泽厚强调虽自礼乐传统和儒学美学以来，一直认为艺术和情感不可分开，但在纯粹审美的意义上来看待艺术和情感，应当说是融合了庄子、屈原在内的魏晋美学。⑦ 这样庄、屈、儒在魏晋的

---

① 李泽厚：《华夏美学》，中外文化出版公司1989年版，第54页。

② 李泽厚：《华夏美学》，中外文化出版公司1989年版，第132页。

③ 李泽厚：《华夏美学》，中外文化出版公司1989年版，第126—127页。

④ 李泽厚：《华夏美学》，中外文化出版公司1989年版，第147页。

⑤ 李泽厚：《华夏美学》，《美学三书》，天津社会科学院出版社2003年版，第316页。

⑥ 李泽厚：《华夏美学》，《美学三书》，天津社会科学院出版社2003年版，第317页。

⑦ 李泽厚：《华夏美学》，《美学三书》，天津社会科学院出版社2003年版，第317页。

合流，铸造了华夏文艺与美学的根本心理特征和情理机制。① 而且佛教传入中国，经过漫长时间的发展演变，本土化为禅宗。禅讲究顿悟，又继承了庄子对大自然的热爱和屈原"对生死情操的执着探寻"，三者的融合，使对心理本体的追求与建设成了禅宗的最终目的。② 儒家的"中和""中庸"到了禅宗这里发展为冲淡、淡远，韵味无穷，提升为人生—艺术的最高境界。在《华夏美学》第四章"形上追求"结尾处李泽厚总结指出："中国传统的心理本体随着禅的加入而更深沉了。禅使儒、道、屈的人际—生命—情感更加哲理化了。"③ 到了宋明理学，道德理性与生命感性二者"天人合一"，人生境界"合道德与艺术于一体"，建构了以审美代宗教的形上本体境界。④至近代，个体感性的存在开始越来越受到重视，人的自然情欲的张扬开始突破"发乎情止乎礼义"的儒学要求，身体和心灵都得到空前的解放，审美风尚具有了更多的日常生活的感性快乐。随着西方美学的引进，一些深谙中国传统文化精髓的知识分子如王国维、蔡元培等人结合儒家传统的无神论立场，倡导以审美代宗教，企求在艺术与审美中达到人生的本体真实。李泽厚总结说：西方因基督教的背景文艺指向和归于人格神的上帝，而中国传统文化强调"心理情感本体即是目的。它就是那最后的实在"。李泽厚又指出从礼乐传统和孔门仁学开始，包括道、屈、禅，以儒学为主的华夏哲学、美学和文艺，以及伦理政治等等，都建立在一种心理主义的基础之上，即以所谓"汝安乎？……汝安，则为之"作为政教伦常和意识形态的根本基础。⑤ "这种心理主义不是某种经

---

① 李泽厚：《华夏美学》，《美学三书》，天津社会科学院出版社 2003 年版，第319 页。

② 李泽厚：《华夏美学》，中外文化出版公司 1989 年版，第 178—181 页。

③ 李泽厚：《华夏美学》，《美学三书》，天津社会科学院出版社 2003 年版，第349 页。

④ 李泽厚：《华夏美学》，中外文化出版公司 1989 年版，第 193—195 页。

⑤ 李泽厚：《华夏美学》，《美学三书》，天津社会科学院出版社 2003 年版，第389 页。

验科学的对象而是以情感为本体的哲学命题。……从而，这本体不是神灵，不是上帝，不是道德，不是理智，而是情理相融的人性心理。"① 李泽厚由对儒家"情本体"思想的分析强调中国传统文化都建立在一种现世的情感基础之上，是一种审美型的文化。在他看来中国这种审美型的文化以情感为核心。儒、道、屈、魏晋玄学、禅等，共同建构了中华民族的心理本体，特别是其中的"情感本体"。

综上，李泽厚发现儒、道两者的共同性主要有两方面：一是来源相同，都来源于中华文明古老的巫史传统；二是本体思想相同，都主张情本体思想。而后者更为关键。李泽厚在哲学小传中说"我论证中国'儒道互补'的哲学传统，特别是儒家，孔子强调'一个世界'（这个尘世世界）的真实性和真理性，将这个世界的各种情感……提到哲学高度，确认自己历史性存在的本体性格，倒可能消解那巨大的人生之无"②。可见李泽厚"儒道互补"与"情本体"的内在关联性，他正是将两者结合发展中国的儒学传统并希望以此来消解海德格尔所说的人生虚无性。李泽厚通过确立"情本体"是儒家思想的内在结构后又把"情本体"思想推及包括道、屈、禅的以儒学为主的华夏美学的共同特征。也正是这些传统思想的融合在根本上决定了"情本体"论的内在本质。

第四节　"儒道互补"是"度本体"的集中体现

一　中式辩证——"度本体"的内涵与地位

（一）"度本体"的内涵

历史本体论突出了人的主体性和历史在人性形成中的重要地

---

① 李泽厚：《华夏美学》，《美学三书》，天津社会科学院出版社 2003 年版，第389 页。

② 李泽厚：《课虚无以责有》，《读书》2003 年第 7 期。

位。但人类在实践活动中制造工具，改造社会的物质生产活动和精神生产活动的结果需要一定的衡量标准。"度"因此成为李泽厚后期十分重视的一个范畴。"度"是李泽厚实践观的发展，是他后期思想中的"结晶之作"，也是他尝试解决"积淀说"矛盾的一把钥匙。

李泽厚以"人类如何可能?"来回答康德的"认识如何可能?""人类如何可能?"来自使用制造工具，其关键正在于掌握分寸、恰到好处的"度"。"度"就是技术或艺术，即技近乎道。可见"度"是关乎人类存在的本体性质。① 他在《历史本体论》中论述了"度"的本体性。他说:"'度'就是'掌握分寸，恰到好处'。"②"度"并不存在于任何对象中，也不存在于意识中而首先出现在人类的生产、生活中，即社会实践中。③ 在他看来，不是黑格尔所说的"质"或"量"或"存在（有）"或"无"，而是"度"才是历史本体论的第一范畴。④ 并称"实践"作为人类生存—存在的本体，就落实在"度"上。⑤ 他认为历史本体建立在这个动态的永不停顿地前行着的"度"的实现中，它是"以美启真"的"神秘"的人类学的生命力量，也是"天人合一"新解释的奥秘所在。⑥"度"既是人在物质生产的操作活动中所把握的尺度，是技艺，也是人在社会生活中所把握的尺度。正是"度"才使"人活着"得以实现。它没有先验的配方，而只是"人活着"所不断创造、发现和积累的经验合理性，也即是实用理性。这样李泽厚所说的"度"

① 李泽厚:《哲学纲要》，北京大学出版社 2011 年版，第 129 页。
② 李泽厚:《历史本体论·己卯五说》，生活·读书·新知三联书店 2003 年版，第 8 页。
③ 李泽厚:《历史本体论·己卯五说》，生活·读书·新知三联书店 2003 年版，第 9 页。
④ 李泽厚:《哲学纲要》，北京大学出版社 2011 年版，第 130 页。
⑤ 李泽厚:《历史本体论·己卯五说》，生活·读书·新知三联书店 2003 年版，第 15 页。
⑥ 李泽厚:《哲学纲要》，北京大学出版社 2011 年版，第 133 页。

与"实用理性"几乎等同。他还强调提出"度本体"思想的目标："如果把它（'度'）放在我所主张的马克思主义吃饭哲学和儒学'中庸之道'（'度'的艺术）的基础上，结合世界特别是中国自己的历史经验，加以吸取同化，希冀或可在制度层面上开辟新一轮的'儒法互用'。"①

李泽厚还通过"形式感"的分析把"度本体"与美学思想相连。在《实用理性与乐感文化》一书中，他探讨了"度"与形式感的关系，认为人在以生产劳动为基础的社会实践中，由于掌握了"度"，从而在心理上产生了愉悦感，同时人的肢体也从劳动的节奏感中获得快乐。在这种合"度"的实践中，人开始拥有和享受自己作为主体作用于外界的形式力量的感受。这即是说，节奏等形式规则成了人类主体所掌握、使用的形式力量，这就是"形式感"的真正源起。② 对形式感的掌握，外在方面使工具本体得以发展，内在方面则促进了心理—情感本体的丰富，李泽厚称"这便是人的'自由'的开始"。他又谈到了"自由"与"形式感"的关系，重申"美是自由的形式"的命题。他强调："'度'是本身。美是'度'的自由运用，是人性能力的充分显现。"③ 这样，人类在实践中积累了普遍形式感就是掌握了"度"的结果，对于"度"的自由运用则产生了美。李泽厚将美学看作历史本体论的"第一哲学"，而对于美学的功能，他这样解释道："美学作为'度'的自由运用，又作为情本体的探究，它是起点，也是终点，是开发自己的智慧、能力、认知的起点，也是寄托自己的情感、信仰、心绪的终点。"④

---

① 李泽厚：《历史本体论·己卯五说》，生活·读书·新知三联书店 2003 年版，第 151 页。

② 李泽厚：《历史本体论·己卯五说》，生活·读书·新知三联书店 2003 年版，第 40 页。

③ 李泽厚：《历史本体论·己卯五说》，生活·读书·新知三联书店 2003 年版，第 11 页。

④ 李泽厚：《实用理性与乐感文化》，生活·读书·新知三联书店 2005 年版，第 115 页。

（二）"度本体"的地位

对"度本体"地位的认识是一个复杂而关键的问题。"情本体"是李泽厚后期思想中的核心命题，所以一般认为"情本体"思想是李泽厚思想的归宿。但李泽厚"我注六经"的运思方式和写作方式使其思想体系错综复杂而且经常变化，像是思想的迷宫。考察其思想需要运用历史与逻辑相统一的方法。从时间上来说，"情本体"的提出的确比较晚，是其思想成熟期的重要成果。但如果我们详细考察其思想脉络和深层逻辑会发现在很大程度上"度本体"而不是"情本体"是李泽厚思想的归宿。兹述如下：

前已述及李泽厚思想中"本体"概念含义多重，十分复杂。不仅如此，其历史本体论思想也呈现出"工具本体""心理本体""度本体""情本体"等交织的"多重本体"的复杂样态。李泽厚首先在《美学四讲》（1988 年）中明确将"主体性"的"工艺—社会结构"和"文化—心理结构"两方面简称为"工具本体"和"心理本体"：前者指人类物质实践构成社会存在的本体，是从客观方面和物质方面而言的，是基础和根本，后者是指"理性融在感性中、社会融在个体中、历史融在心理中"的超生物族类的"人性"，是从主观方面和精神方面而言，由前者所派生，具有相对独立的地位。他还强调"工具本体"关涉"怎么活"，主要指社会的经济发展，"心理本体"关涉"活得怎样"，主要指人的生活境界和人生归宿。李泽厚认为当今世界尤其是中国的主要任务仍是发展经济，因为人"如何活"的问题远未完全解决，"活得怎样"只是长远的哲学话题，只有当经济发展到一定水平，人的衣食住行不成为问题的时候，"'心理本体'（'人心''天心'问题）将取代'工具本体'，成为注意的焦点"[①]。这体现了李泽厚对马克思主义唯物史观的坚持。他认为虽然工具本体是人类得以生存延续的基

础，但心理本体是人类历史实践积淀成的感性结构，是人之所以为人的内在依据，这也就是"人性"。他还总结其思想大致的发展轨迹是："……从外向内，从强调实践、工具本体到心理本体、情感本体。"①探寻"如何从工具本体到心理本体"正是李泽厚多年的思考重心。

如何理解"多重本体"？钱善刚博士提出李泽厚本体论的"差序论思想"："即诸多'本体'概念在李泽厚的本体群中，不同的本体既有时间上的先后次序也有空间上的层级差别"②，这的确富有启发性。钱善刚认为，历史本体论作为李泽厚思想的核心派生出工具本体和心理本体两个维度，前者又开出了"度本体"，后者开出了"情本体"。③ 这样李泽厚的本体论有三重维度，如图 3－1 所示。但笔者认为"度本体"和"情本体"是历史本体论的两个同等的维度，钱善刚的认识简化了李泽厚本体论思想体系逻辑层次的丰富性。而且"工具本体"与"情本体"是否能并存学术界一直争议不断。一些学者认为"情本体"难以脱离"工具本体"而成为李泽厚美学思想体系的归宿和最终本体。所以杨春时等学者将李泽厚的"情本体"称为"情感乌托邦"进行批判。在笔者看来，"度本体"正如李泽厚所多次强调的是第一范畴，是其历史本体论所始终坚持的实践本体的集中体现，具有比"情本体"更高的本体地位。而且"度本体"强调主客观融合，不完全属于单纯客观论的工具本体。"度本体"统摄了工具本体和心理本体，后两者处于本体论的第三层次。按照逻辑顺序"心理本体"下的"情本体"应属于第四层次。这样李泽厚的本体论有四重维度，如图 3－2 所示。

① 刘广新：《李泽厚美学思想述评》，博士学位论文，浙江大学，2006 年，摘要。

② 钱善刚：《本体之思与存在化境——李泽厚哲学思想研究》，博士学位论文，华东师范大学，2006 年。

③ 钱善刚：《本体之思与存在化境——李泽厚哲学思想研究》，博士学位论文，华东师范大学，2006 年。

历史本体论 { 工具本体→度本体

心理本体→情本体

图 3 - 1

历史本体论→度本体 { 工具本体

心理本体→情本体

图 3 - 2

　　这样的区分并不只是逻辑层次的争论，而是关系到李泽厚历史本体论的归宿问题。由于李泽厚的思想并非直线发展的，晚年他对"情本体"的地位有所高扬，大有将历史本体论思想落实于"情本体"思想，并将其作为人的归宿与出路的思想倾向。所以学界一般也认为"情本体"思想是李泽厚的思想归宿。笔者曾经也是如此认为。但随着思考的深入，笔者发现虽然李泽厚后期的确强调了"情本体"思想并将其作为是对儒家思想的核心，但由于儒家思想的"情"根本上不是个性的张扬和感性的勃发，实际上依然是"以理节情"，所以尽管李泽厚后期甚至否认"度本体"的说法，① 可是我们依然可以看到儒家的"情本体"是以"度本体"为统摄和依归的。所以尽管早在《关于主体性的补充说明》（1983 年）中，李泽厚明确指出他的主体性论纲的主题是作为主体性的主观方面的文化心理结构，但不能改变其本体论的根本架构。尤其是李泽厚将"儒道互补"作为华夏美学的主线更证明了他对"度本体"的坚持。而且学界一直批评李泽厚的历史本体论从实践的一元本体走向"心理本体"和"工具本体"的双本体是二元论，而李泽厚对"度

---

　　① 刘悦笛：《从"人化"启蒙到"情本"立命：如何盘点李泽厚哲学?》，《中华读书报》2012 年 1 月 11 日。

本体"来源于物质实践的强调实际上是坚持了实践一元论的，"心理本体"和"工具本体"并不是双本体，因为他始终强调工具本体作为基础和前提的根本地位。这种双本体只是作为方法论存在并没有根本改变其历史本体论的唯物主义本质。所以"度本体"终究不能替代李泽厚历史本体论的实践本体，正如刘悦笛所指出的"……'度'更多指向了'本体性'，而且，度似乎并不能作为本体而存在。从实践的一元本体再到'工具—心理'双本体，'度'可以说都是作为它们的广义方法论而存在的"①。李泽厚也说"度"不是死板的硬性标准。"'度的本体'（由人类感性实践活动所产生）之所以大于理性，正在于它有某种不可规定性、不可预见性。"②"度本体"更多的是其历史本体论的基本精神。而李泽厚强调"度"正好是接着后现代讲，因为"度"针对的恰恰是后现代这些特征：不确定性、模糊性、偶然性、相对性，否定了现实的秩序，而"我希望通过'度'重建新的秩序，不仅在工具本体，而且也在心理层面上"③。"度"是对现实困境的一种"艺术的处理"：过犹不及，增一分则太肥，减一分则太瘦。"度"的复杂性和灵活性往往体现在这种时候。这不是抽象的理论争辩，而是具体的行动方略。④ 而且正如杨春时所指出的"'情本体'不能解决现代人的生存困境，也无法抹杀现代人的个体意识，因此也不是人的精神家园"⑤。所以后期李泽厚所强调的包括"度"在内的"巫史传统""儒道互补"等范畴弥补了"情本体"的局限性，也协调了积淀说的矛盾，是对其思想体系的发展和完善。

---

① 刘悦笛：《从"人化"启蒙到"情本"立命：如何盘点李泽厚哲学?》，《中华读书报》2012 年 1 月 11 日。

② 李泽厚：《历史本体论·己卯五说》，生活·读书·新知三联书店 2003 年版，第 14 页。

③ 李泽厚、刘绪源：《"情本体"的外推与内推》，《学术月刊》2012 年第 1 期。

④ 李泽厚、刘绪源：《"情本体"的外推与内推》，《学术月刊》2012 年第 1 期。

⑤ 杨春时：《"情感乌托邦"批判》，《烟台大学学报》（哲学社会科学版）2009 年第 4 期。

二 "儒道互补"与"度本体"

（一）"度"即"中庸"

在李泽厚的各种本体范畴中，"度本体"范畴与中国传统文化关系最为直接和密切。与西方的辩证法不同，"度本体"本就是他通过对中国传统文化中的中庸、"阴阳互补"等思想感悟而来。所以他会说："'度'，这就是我常讲的'中国辩证法'，'中庸'是也。"① 在说《巫史传统》篇里，他把"度"和"阴阳""五行""气"一起列为最为重要的中国文化范畴。在《说历史悲剧》篇中，他讲："什么是我对上述现代化问题的正面回答呢？那就是：中国儒家的'中庸之道'，即'度'的艺术，作为'中庸之道'的'中国的辩证法'的基本特征，如我以前所申说，在于把握'度'（适当的比例、关系和结构）来处理一切问题。""它既不是'一分为二'的斗争哲学，更不是'合二而一'的'全赢全输'（一方吃掉一方）。"② 他认为《周易》阴阳图的中线是曲线，是"度"的图像化。"它不仅表明阴阳未可截然二分，不仅表明二者不仅相互依靠补足，而且表明二者总在变动不居的行程中。这正好是'度'的本体性所做的并扩及整个生活、人生、自然、宇宙的图式化。那曲折的中线也就是度：阴阳在浮沉、变化以至对抗中造成生命的存在和张力。"③ 这也基本符合李泽厚所理解的"儒道互补"的图式。李泽厚在《哲学纲要》的《认识论纲要》（2010 年）序言中指出了其认识论中的一些问题：由于是"生存的智慧"，他一直认为中国实用理性有忽视逻辑和思辨的缺失；"度"作为第一范畴在认识论需要重视"数"的补充，阴阳、中庸和反馈系统的思维方式需强

---

① 李泽厚：《历史本体论·己卯五说》，生活·读书·新知三联书店 2003 年版，第 187 页。

② 李泽厚：《历史本体论·己卯五说》，生活·读书·新知三联书店 2003 年版，第 229—230 页。

③ 李泽厚：《哲学纲要》，北京大学出版社 2011 年版，第 134 页。

调抽象思辨之优长以脱出经验限制，"秩序感"作为"以美启真"和"自由直观"更值得深入研究。[1]

可见，"度本体"思想是李泽厚基于对儒家"中庸"思想的继承和发展。这种"中庸"思想实际上是其主张的"儒道互补"思想的集中体现。这样李泽厚的"度本体"思想与"儒道互补"之间产生了自然而紧密的联系。

（二）"度"是"立美"即"中和之美"

"度"在中国美学中体现最充分。李泽厚指出，"礼乐传统"奠定了中华传统美学的基调，以孔子为宗师的儒家美学则直接承接了这种精神，并对整个中国美学的发展产生深远影响。孔子的美学批评的尺度是"中庸"，它要求在美和艺术中处处都应当把各种对立的因素、成分和谐地统一起来。[2] 这其实就是对"乐从和"的继承。孔子提出的"乐而不淫，哀而不伤""过犹不及"等思想，都是对这一尺度的阐释。李泽厚认为这些思想的影响非常深远。李泽厚批评了宋明理学以"天理""性体"和"心体"等绝对律令来压制人的感性的思想，认为这与"人为物役"一样，也会造成人的异化，从而人性中"情理结构"的比例安排就成了解决问题的关键。而如何取得"最好的比例形式和结构秩序"呢？"度"就是答案。他说："'度'——'和'、'中'、'巧'，都是由人类依据'天时、地气、材美'所主动创造，这就是我曾讲过的'立美'。掌握分寸、恰到好处，出现了'度'，即是'立美'。美立在人的行动中，物质活动、生活行为中，所以这主体性不是主观性。用古典的说法，这种'立美'便是'规律性与目的性在行动中的同一'，产生无往而不适的心理自由感。此自由感即美感的本源。这自由感—美

---

[1]　李泽厚：《哲学纲要》，北京大学出版社 2011 年版，第 128 页。

[2]　李泽厚、刘纲纪：《中国美学史（先秦两汉编）》，安徽文艺出版社 1999 年版，第 141 页。

感又不断在创造中建立新的度、新的美。"①在这里，李泽厚仍然坚持自己的物质实践观，在此基础之上，理性和感性二者处于动态的协调发展之中。"度"不是死板的硬性标准。"'度'的本体（由人类感性实践活动所产生）之所以大于理性，正在于它有某种不可规定性、不可预见性。"②这样，对它的把握就需要人们极大的创造性。可以看出，"度"范畴是李泽厚综合东西方智慧的结果，它既符合西方的辩证法思想，也同时契合中国传统文化中的中庸之道。

"度"作为最高层次的应用则是在美学上：美是真与善，即合规律性与合目的性的统一，产生无往而不适的心理自由感。这种"美"也是中和之美。这是李泽厚对美的基本观点。"度本体"思想和"儒道互补"思想一样都主张"和谐美"为最高美学境界。对于"美在和谐"的命题或作为中国美学范畴的"和"李泽厚多次讨论，可见其非常重视。早在《关于崇高与滑稽》（1959 年）一文中，他就认为："美的本质是真与善、规律性与目的性的统一，是现实对实践的肯定；优美以比较单纯直接的形态表现了这一本质。……崇高、滑稽等作为美学范畴却表现为另一种状态，它们表现为形式上的矛盾、冲突、对抗、斗争。美的本质在这里呈现为统一的过程；表现为实践与现实相斗争的严重痕迹。崇高只是统一的过程，统一的结果最终还应该是优美、和谐美。"③ 又如在《略论艺术种类》（1962 年）一文中他写道："中国美学思想基本和主要的则是古典主义的美学思想。它反对情感的粗糙表露，也反对事实的如实摹写，在再现中提倡表现，在表现中强调再现，以取得情与理的古典式的平衡一致与和谐。不是抽象的思辨，不是狂热的激

---

① 李泽厚：《历史本体论·己卯五说》，生活·读书·新知三联书店 2003 年版，第 10 页。

② 李泽厚：《历史本体论·己卯五说》，生活·读书·新知三联书店 2003 年版，第 14 页。

③ 李泽厚：《关于崇高与滑稽》，《美学论集》，上海文艺出版社 1979 年版，第 199—200 页。

情，而是在理智的控制和渗透下的情感对现实人生的追求和满足。"① 又如在《美学四讲》中对"礼""乐"进行了详细的剖析，并强调了"乐从和"的重要意义。李泽厚认为中国传统美学思想受儒家的影响最大，而儒家思想又根源自古代由巫术礼仪发展而成的"礼乐传统"。他认为二者是远古的图腾歌舞和巫术礼仪分化、发展而来。但"礼"毕竟是外部强加于人，是偏理性的范畴。"乐"，指乐器、音乐，对它的要求是"乐从和"。"乐"比"礼"的优越处在于"乐"作用于人的情感、陶冶人的性情，是自内而外来建构人的社会性。"乐"建立起一套艺术的情感形式，可以和自然界的运动构成同构系统，二者形成呼应。"乐从和"，不但要求人际和谐，而且要求天人和谐。李泽厚从对"礼乐传统"的分析得出了中国文化自开始就追求一种感性与理性的和谐统一的认识。他还进一步指出，"礼乐传统"奠定了中华传统美学的基调，以孔子为宗师的儒家美学则直接承接了这种精神，并对整个中国美学的发展产生深远影响。孔子的美学批评的尺度是"中庸"，它要求在美和艺术中处处都应当把各种对立的因素、成分和谐地统一起来。② 这其实就是对"乐从和"的继承。孔子提出的"乐而不淫，哀而不伤""过犹不及"等思想，都是对这一尺度的阐释。这些思想对中国古代文艺影响非常深远。李泽厚还指出作为中国重要的古籍，《周易》包罗万象，博大精深，它以儒家思想为主，也吸收了道家的宇宙观和朴素的辩证法精神。它里面包含的一个非常重要的思想，即事物中的对立因素达到平衡统一，事物的发展才会顺利，为中国美学所追求的"和"的理想提供了哲学的阐明。③ 儒家的另一经典《乐

① 李泽厚：《略论艺术种类》，《美学论集》，上海文艺出版社 1980 年版，第416—417 页。

② 李泽厚、刘纲纪：《中国美学史（先秦两汉编）》，安徽文艺出版社 1999 年版，第 141 页。

③ 李泽厚、刘纲纪：《中国美学史（先秦两汉编）》，安徽文艺出版社 1999 年版，第 279 页。

记》也包含着"乐从和"的思想，它指出"乐者，天地之和也；礼者，天地之序也。和，故百物皆化；序，故群物皆别"。李泽厚指出这种"和"是个体的感官欲望和情感同社会的伦理道德要求两者达到了统一的结果。只有达到了这种统一，个体才不但与社会、而且与自然达到了和谐统一。而这正是儒家所追求的美的最高境界。① "乐从和"表现在艺术上的标准尺度是"中庸"，即"乐而不淫，哀而不伤，怨而不怒""温柔敦厚"。李泽厚多次提到"美是和谐"的看法，如"凡是美存在的地方，都是自然规律与人的目的达到了和谐统一的地方"。② "所谓'和'就其实质来看，不是别的，就是自然规律与人的目的的和谐统一。"③ "'恰当'为'和'为'美'，这也就是'度'。"④ 在李泽厚的后期著作里，突出天人合一是哲学的最高境界，而"人和宇宙共在"这样的天人合一的审美状态，更是人类追求的理想境界，它同样体现着和谐。

至此李泽厚将中国古代儒家所主张的中和为美，和谐美与"度"本体和天人合一完全统一起来。"度"本体作为李泽厚后期所认为的第一范畴与儒家为主干的"儒道互补"美学史观也实现了有机统一。李泽厚提出的第一范畴的"度本体"中儒家的"中庸思想"和"中和为美"的美学思想与"儒道互补"的价值追求实现了融合。儒家所追求的"情本体"根本上是"情理统一"，最终在"度本体"的追求中得以实现。李泽厚的美学思想与儒家美学追求"情理统一"是一致的。所以，笔者认为"度本体"作为其精神集中体现了"儒道互补"而非"情本体"是李泽厚思想体系的

---

① 李泽厚、刘纲纪：《中国美学史（先秦两汉编）》，安徽文艺出版社 1999 年版，第 339 页。

② 李泽厚、刘纲纪：《中国美学史（先秦两汉编）》，安徽文艺出版社 1999 年版，第 86 页。

③ 李泽厚、刘纲纪：《中国美学史（先秦两汉编）》，安徽文艺出版社 1999 年版，第 90 页。

④ 李泽厚：《论语今读》，安徽文艺出版社 1998 年版，第 42 页。

归宿。

　　综上所述，"儒道互补"是李泽厚思想体系的主线"自然人化"说的理论升华，是沟通马克思主义哲学与中国传统文化的重要理论桥梁，是其哲学思想体系的基石——历史本体论的基本精神；是其后期最重要思想"情本体论"的理论归宿，是其哲学思想中第一本体——"度本体"的集中体现，还是其生命精神的高度概括。所以李泽厚的"儒道互补"不仅是中国古代的美学史观，而且成为中国古代美学中和之美的理想美学追求，中国传统文化的基本精神、中国古代士大夫的理想人格，中西思想融合的重要理论桥梁。这在很大程度上超出了一般把李泽厚仅仅当作"儒道互补"命题的提出者的认识。笔者认为"儒道互补"与李泽厚最有代表性的思想均有密切联系，其整个思想体系都贯穿了"儒道互补"精神，这一精神品格也成为李泽厚思想体系的特色所在。李泽厚提出的所有本体论思想都遭到了严厉的批判，但从其本体论思想体系中生发出来的"儒道互补"观在受到少量批判后受到了极为广泛的认同，甚至被作为中国传统文化和中华美学的基本精神被普遍接受。在某种程度上可以说作为思想者的李泽厚终于因为"儒道互补"美学史观为自己饱受争议的思想征程画上了圆满的句号。

第 四 章

但开风气不为师

——"儒道互补"美学史观的学术史价值

　　本章主要论述"儒道互补"美学史观的学术史价值。笔者认为"儒道互补"美学史观确立了中国美学史思想根基，与中西方有代表性的美学史观比较，创新了美学史书写范式，合理阐释了中国古代美学史的发展规律，提升了中国美学独特价值，努力建构了"儒道互补，会通中西"的理想中西文化交流模式，进行了开创中国美学现代性的积极探索，具有重要的学术史价值。笔者引用了清代诗人龚自珍《己亥杂诗》："河汾房杜有人疑，名位千秋处士卑。一事平生无齮龁，但开风气不为师。"龚自珍是李泽厚喜爱的诗人。"但开风气不为师"意为龚自珍只求能够著书立说来开启一代风气，并不招生聚徒，好为人师。胡适曾经积极推动新文化运动，成为领军人物，但其自谦"但开风气不为师"。这句话也符合李泽厚学术探求新见频出，尤其在中国美学研究方面开启一代新风气，但也质疑声不绝，李泽厚也曾自况"但开风气不为师"，强调绝不自为人师，也无意于开宗立派。正如他所言："不写50年前可写的书，也不写50年后可写的书。我只为我的时代而写。""但开风气不为师"也是李泽厚对龚自珍主张诗文"更法""改图"求新思想的继承。

　　美学作为一个现代学科进入中国，是西学东渐的产物。根据张法的研究,① 西方作为学科形态的美学,在 19 世纪末的西学东渐中,进入中国以及整个汉字文化圈的东亚。张之洞等组织制定的《奏定大学堂章程》(1904 年),规定"美学"为工科"建筑学门"的 24 门主课之一;随后王国维《奏定经学科大学文学科大学章程书后》(1906 年)要求在大学的文科里开设"美学"专门课程。民国初年《教育部公布大学规程》国文学中列入"美学概论"。从萧公弼(1917 年)到吕澂(1923 年)完成美学原理著作,② 现代美学学科的建立在中国步履维艰。而中国美学通史的写作经历了更加艰辛的探索历程。一百多年间,从王国维、蔡元培、刘师培、梁启超到朱光潜、宗白华、方东美、邓以蛰、钱穆、徐复观、唐君毅、刘若愚、叶维廉、高友工等学者对中国美学的独特性都提出了可贵的认识,施昌东的《先秦诸子美学思想述评》(中华书局 1979 年版)出版是进行美学史写作的开风气之作,但也只是断代史研究。20 世纪 80 年代以前可以说除了徐复观的《中国艺术精神》是第一部系统性的中国美学史著作的尝试外(尽管徐复观认为这本书"并没有什么预定的美学系统,但探索下来,自自然然地形成为中国美学的系统"③。这样的"中国美学的系统"还是进行了道家精神为主的中华美学史观建构),几乎没有一部真正意义上的中国美学通史问世。直到 20 世纪 80 年代李泽厚相继推出了三种不同的中国美学史:《美的历程》(1981 年),该书以审美文化为主,用现代理论对古代审美文化进行类型和理论总结。然后是与刘纲纪合著的《中国美学史》(第一卷,1984 年出版,第二卷,1987 年出版),这是美学理论史或概念、命题、思想史。(但正如张法所言:李泽厚、

---

① 张法:《中国美学史研究历程中的三个问题》,《陕西师范大学学报》(哲学社会科学版) 2013 年第 2 期。

② 张法:《中国美学史研究历程中的三个问题》,《陕西师范大学学报》(哲学社会科学版) 2013 年第 2 期。

③ 徐复观:《中国艺术精神》,华东师范大学出版社 2001 年版,第 2 页。

刘纲纪的《中国美学史》没有完成,严格说来不是美学通史。①)最后是独著的《华夏美学》(1989年),是真正建立具有"儒道互补"美学史观的美学史。

本书第一章已经论述了"儒道互补"美学史观是在西学东渐后"儒道会通"成为文化自觉,中国美学本土化要求日益突出的历史背景中提出的。"儒道互补"美学史观是李泽厚在其思想史观的基础上提出的。与中西方有代表性的美学史观比较,笔者认为"儒道互补"美学史观确立了中国美学思想的根基,创新了美学史书写范式,不仅提升了中国美学的独特价值,还发现了中国美学的优越性。建构了"儒道互补,会通中西"的理想的中西文化交流模式,进行了建构中国美学现代性的积极探索。在"儒道互补"美学史观中李泽厚不断强调儒家的主干地位,坚持了一种理性主义美学传统以对抗西方当代盛行的非理性主义思潮的冲击。他怀着一种严肃的文化使命,在西方文化的冲击中寻找中国的深层文化—心理结构,为中国文化和中国美学更好面向未来而进行了艰辛探索。这一美学史观对之后的中国美学通史写作产生了深远影响。本章继续探讨"儒道互补"美学史观的学术史价值。兹述如下。

第一节　确立中国美学思想的根基

前文已经述及李泽厚在《美的历程》中第一次提出了"儒道互补"在中国美学史中的主线地位,并在《华夏美学》中进行了系统论证和深入贯彻。李泽厚明确确立了儒道美学在中国美学史中的根基地位。学界普遍认为,儒家美学和道家美学对中国古代文艺的重要影响基本符合中国美学史发展实际。李泽厚论述时倾向"以论带史",如始终强调儒家思想和儒家美学的主干地位,并认为杜诗、颜字和韩文是儒家文艺的典范,但并未展开具体论述。对各类

---

① 王振复:《中国美学史著写作:评估与讨论》,《学术月刊》2012年第8期。

文艺发展中的儒、道的根基地位论述比较简略。以下笔者通过中国古代文艺中最有代表性的，也是李泽厚经常用来举证的文学来具体论证儒道美学的重要影响。

一　儒家美学对中国古代文学的影响

中国古代文学史内容十分丰富，限于篇幅，笔者难以普遍论及。其中诗是中国最古老、最基本的文学形式，一部中国古代诗歌美学史也是中国人的社会生活史和精致心灵史。[①]而且诗也对其他文学体裁具有很大的涵盖性，基本可以泛指文学。笔者主要以诗论为例来论述儒家美学对中国古代文学的影响。多数学者认为儒家思想长期居于意识形态正统地位，儒家思想影响了文学理论诸多方面。如朱自清说："在诗论上，我们有三个重要的，也可以说是基本的观念：'诗言志'，'比兴'，'温柔敦厚'的'诗教'。后世论诗，都以这三者为金科玉律。"[②]而这三者基本都来源于儒家思想或经典。以下笔者参考王启兴《论儒家诗教及其影响》[③]一文的提纲具体论证儒家美学思想对中国古代文学的重要影响。

（一）文学本体论：诗言志

朱自清曾经在《诗言志辨序》一文中指出："诗言志"是中国古代诗论的"开山的纲领"。而"诗言志"来自儒家思想。在诗歌本体论方面，"诗言志"思想是儒家对诗的本质特征的认识。"诗言志"最早大约出现在《左传·襄公二十七年》记赵文子对叔向所说的"诗以言志"。后来发展为《尚书·尧典》中普遍的"诗言志"说法。"诗言志"中的"志"含义并不固定，而是经历了复杂变化。《尚书·尧典》中言"神人以和"，《诗经》"大雅"和

---

① 参见庄严、章铸《中国诗歌美学史》，吉林大学出版社1994年版。

② 朱自清：《诗言志辨》，《朱自清古典文学论文集》，上海古籍出版社1981年版，第235页。

③ 王启兴：《论儒家诗教及其影响》，《文学遗产》1987年第4期。

"颂"中可见奉神祭祖之"诗",此时诗中之"志",主要是巫祝之官主持祭祀的唱词的宗教性、政治性祈求和愿望。先秦时期官方"采诗观志",主要发挥诗体现民风的认识作用,使之为统治者的政治服务。《论语》中孔子观其弟子之志,"志"主要是指政治抱负。《左传》"诗以言志"意为"赋诗言志",指借用或引申《诗经》中的某些篇章来暗示自己的某种政治主张。孔子时代上层诸侯之间赋诗达意,彰显礼仪,尤其在外交场合摘引《诗经》中的诗句,可以婉转表达国君的态度、要求和愿望等。汉代我国诗歌理论的第一篇专论《毛诗大序》继承了孔子的观点并加以发展,成为儒家诗论的总纲。其中有言"诗者,志之所之也,在心为志,发言为诗,情动于中而形于言"。此处"情动于中而形于言"表明文献之《诗》向文体之"诗"的转变,而且情志并提,强调了文学的独特价值。但"发乎情,止乎礼义"规定了诗歌创作抒发情感需要符合礼乐制度的原则。① 可见《毛诗大序》中的"诗言志"中的"志"不是普通的志向和情感,更不是自由的心灵,而是被社会秩序化的内心。诗文也是表达这样被规范化的情感。这也成为儒家文学本体论的思想核心。至此,"诗言志"中的"志"成为符合儒家伦理道德的情感。受此影响,儒家文论提倡"文如其人"的文德观,人格修养对文学作品接受常常具有决定性影响。孔子以"仁"为思想核心,力求建立合"礼"的人格观。孟子"吾善养浩然之气也"提出了养气知言的作者论思想,其"养气"说是儒家学派"文气论"的奠基之言。儒家思想的要义是伦理中心,仁义、爱国、忠君、民本(《孟子·尽心下》:"民为贵,社稷次之,君为轻。")、孝亲、节义等思想常常是中国古典诗歌的主题思想,这成为文学史中经久不息的"志",表达这些思想的诗句也成为感人至深的千古名句。比如屈原"长太息以掩涕,哀民生之多艰"(《离骚》)的民本思想,杜

---

① 王庆、曹顺庆:《〈毛诗序〉学术话语权的形成及影响》,《四川大学学报》(哲学社会科学版)2007年第4期。

甫"致君尧舜上，再使风俗淳"（《奉赠韦左丞丈二十二韵》）的忠君思想及"三吏三别"的民本仁爱思想；替父从军的木兰"万里赴戎机，关山度若飞"（《木兰辞》）和孟郊"谁言寸草心，报得三春晖"（《游子吟》）的孝亲思想；岳飞"壮志饥餐胡虏肉，笑谈渴饮匈奴血"（《满江红》）和陆游"王师北定中原日，家祭无忘告乃翁"（《示儿》）所表达的忠君爱国思想；文天祥的"人生自古谁无死，留取丹心照汗青"（《过零丁洋》）和于谦的"粉身碎骨浑不怕，要留清白在人间"（《石灰吟》）的节义思想等。在文学接受中，以上忠君爱国诗人陆游、辛弃疾、文天祥的作品被推崇，而卖国或失节文人如王维、赵孟頫等人的作品被贬低。

（二）文学创作论：比兴、温柔敦厚

在儒家看来，文学除了表达情志，还需要独特的创作方法。孔子在论及诗歌的功用时说"诗可以兴"，并提出"兴于诗，立于礼，成于乐。"（《论语·泰伯》），由此开启了文学特征的思考。杨伯峻的《论语译注》认为"兴"是"联想力"，李泽厚《论语今读》认为"兴"是"启发想象"，"艺术的联想感发"。《诗经》和《楚辞》中的"兴"主要以自然物引起。在儒家的诗歌本体论中主要表现为诗歌意象道德化，即"比德"。"比德说的实质是认为自然之美在于它所比附的道德伦理品格，即自然物的美丑及其程度，不是决定于它自身的价值，而是决定于其所比附的道德情操的价值。"[1] 如《诗经·秦风·小戎》："言念君子，温其如玉。"以玉的温润比拟君子品格宽厚。楚辞《离骚》以"香草美人"比拟君子贤臣。如"朝饮木兰之坠露兮，夕餐秋菊之落英"以兰菊比拟作者高洁的品格。《诗经》《楚辞》开创的"比德"传统影响到此后中国古代诗歌意象的类型化，其中典型的有以天地、山水、金玉、松竹梅"岁寒三友"和梅兰竹菊"四君子"等比德意象。

在文学创作态度上儒家要求作者"温柔敦厚"（《礼记·经

---

[1]　张开城：《君子人格与"比德"》，《学术月刊》1995 年第 12 期。

解》:"其为人也,温柔敦厚,《诗》教也。……其为人也,温柔敦厚而不愚,则深于诗者也。")唐代孔颖达《礼记正义》对此解释说:"诗依违讽谏,不指切事情,故云温柔敦厚是诗教也"。"温柔敦厚"诗教论要求诗歌遵从道德伦理规范以施行教化。周王朝采集编纂《诗》的一个重要目的是统治者要用它来教育贵族子弟,使他们具有"温柔敦厚"的人格修养。《诗经》原本是《诗》,到了汉代被奉为经典,才有《诗经》之名。所谓"诗教",即以《诗》为教,以诗教民。"教"的重点不是对诗歌艺术的理解或者审美,而在于以诗为喻引发义理。即"以《诗》辞美刺、讽喻以教人"(孔颖达《礼记正义》)。即使怨刺诗也要"温柔敦厚",强调"止乎礼义"和"主文而谲谏",只允许"怨而不怒"委婉劝说,不允许尖锐揭露批判。这潜移默化影响了中国文学的"温柔敦厚"品格。南宋朱熹对于"思无邪"和"温柔敦厚"的儒家诗教观称颂有加:"孔子之称思无邪也,以为诗三百篇劝善惩恶,虽其要归无不出正,然未有若此言之约而尽耳"(《石卖吕氏诗记桑中字》),还认为"温柔敦厚,诗之教也。使篇篇皆是讥刺人,安得温柔敦厚?"(《朱子语类卷八十》)。金代的元好问认为"诚为诗之本","自诚"之作,"皆可以厚人伦,美风化"(《小亨集序》)。明代著名诗人大都强调作诗要雅正温厚。如李梦阳对"温柔敦厚"的诗教体悟尤深,认为:"夫诗,宣志而道和者也。"(《与徐氏论文书》)同时从各方面阐明"温柔敦厚"在作品中的表现:"柔淡者,思也。含蓄者,意也。典厚者,义也。"(《驳何氏论文书》)。明代诗论家胡应麟也有言:"国风雅颂,温厚和平。……风雅之规,典则居要。"(《诗薮》)。清代何绍基则说:"温柔敦厚诗教也,此语将三百篇根底说明,将千古做诗人用心之法道尽。……诗要有字外味,有声外韵,有题外意,又要扶持纲常,涵抱名理。"(《题冯鲁川小像册论诗》)。可见"温柔敦厚"是广受推崇、经久不绝、影响深远的儒家诗教传统。

（三）文学功能（目的）论：文以载道

礼、乐是周代执政者治国的重要工具。孔子以"仁"的伦理观维护"礼"的社会等级制度，"礼"是"仁"的制度保证。因此孔子以"诗"为教化之用，追求知仁守礼的"君子"人格。孔子对诗歌功用有充分的认识：如"诵诗三百，授之以政，不达；使于四方，不能专对，虽多，亦奚以为？"（《论语·子路》）；"不学诗，无以言"（《论语·季氏》）；"小子！何莫学夫诗？诗可以兴，可以观，可以群，可以怨。迩之事父，远之事君；多识于鸟兽草木之名"（《论语·阳货》）。这些都体现了儒家诗学重视文学功用论的基本认识。《毛诗序》确立了解读《诗经》的基本规范，其解经传统也成为后世难以绕过的圭臬。它所确立的儒家诗教观的"政教工具论"，在漫长的封建社会中具有权威性。理学家程颐有言"学《诗》而不求《序》（《毛诗序》），犹欲入室而不由户也"（程颐《程氏经说》）[1]。《毛诗大序》提出"《关雎》，后妃之德也，风之始也，所以风天下而正夫妇也。故用之乡人焉，用之邦国焉。风，风也，教也；风以动之，教以化之。"而且释"风"为"上以风化下，下以风刺上，主文而谲谏，言之者无罪，闻之者足戒"，特别强调诗歌的政治教化作用。《毛诗大序》还提出美刺说（讽谏说）的诗歌功用思想。"忠臣孝子之篇，未尝不为王反复诵之也"为"美"；"危亡失道之君，未尝不流涕为王深陈之也"为"刺"。"美"与"刺"即以伦理道德规范为衡量准则，或歌颂赞美统治者的威德或讥讽批评时政的不合理性及不良社会现象。《毛诗序》把文学的功用无限拔高，以至于"正得失，动天地，感鬼神，莫近于诗"，"先王以是经夫妇，成孝敬，厚人伦，美教化，移风俗"。汉代经学大师郑玄更加推崇诗的美刺功用，其《诗谱序》作为首篇诗史文提出："论功颂德，所以将顺其美；刺过讥失，所以匡救其恶。"《毛诗序》还通过对《诗经》的阐释建立起自己的话语权采

---

① 转引自冯浩菲《历代诗经论说评述》，中华书局 2003 年版，第 169 页。

用"依经立义"的方式。① 孔子的这种解读模式被汉儒继承发扬。这个模式曹顺庆做了具体的归纳并认为：这种"读""解""述"，构成了孔子的解读模式，这个模式以尊奉经典、效法古人为圭臬，以对古代典籍的整理解释为意义产生的基点，以确立社会秩序和社会规范为目的，形成了以训诂解读、文献整理解释为基础，以"微言大义"为意义生长点，以伦理教化为指归的"尊经"文化范式与学术话语模式。② 《毛诗序》的经典垂范使"依经立义"更具有可操作性，从而获得统治者的青睐和庇护。正如罗根泽所指出：两汉文学推崇封建功用主义，纯文学书难以逃出被淘汰的厄运，"然而《诗经》却很荣耀地享受那时朝野上下的供奉，这不能不归于儒家给了它一件功用主义的外套，做了它的护身符"③。

儒家学者一直关注"文"与"道"的关系，"道"始终是儒家文学观的核心。"文以明道"的思想萌芽于先秦时期的荀子。南朝刘勰的《文心雕龙》作为中国第一部有严密体系的、"体大而虑周"（章学诚《文史通义·诗话篇》）的文学理论专著无论创作动机、写作内容以及论文依据都受到儒家思想影响。《序志》篇提出"盖《文心》之作也，本乎道，师乎圣，体乎经，酌乎纬，变乎骚，文之枢纽，亦云极矣"。刘勰论文的依据乃至篇章结构的设计，均以儒家思想理念为标准。其中《原道》篇强调了"文原于道"，"文以明道"的基本文论思想。《原道》篇中尽管也承认自然之道，但始终坚持"爰自风姓，暨于孔氏，玄圣创典，素王述训"，"故知道沿圣以垂文，圣因文而明道"，"辞之所以能鼓天下者，乃道之文也"的儒家之道。此外，《明诗》《乐府》《杂文》《史传》《论说》和《诏策》等多篇或以儒家思想作为评价文章的标准或引儒

① 王庆、曹顺庆：《〈毛诗序〉学术话语权的形成及影响》，《四川大学学报》（哲学社会科学版）2007 年第 4 期。

② 曹顺庆：《中外比较文论史（上古时期）》，山东教育出版社 1998 年版，第420 页。

③ 罗根泽：《中国文学批评史》，上海书店出版社 2003 年版，第 68 页。

家经典语句强化思想表达。刘勰特别强调集中体现儒家审美理想的阳刚之美的"风骨"说，表现出力主矫正齐、梁柔靡文风的倾向。唐太宗为防止国家败亡，反对齐梁"穷侈极丽"的文风，认为"释实求华，以人从欲，乱于大道，君子耻之"，强调要"观文教于六经"（唐太宗《帝京篇·序》）。并下诏命硕学大儒孔颖达奉命编撰《五经正义》。《五经正义》完成了儒家"五经"内容上的统一，成为科举考试的标准教科书。《五经正义》中的《毛诗正义》成为《诗经》的官方定本。唐太宗的儒家实用功利诗风影响了唐代的文学思想。如诗人陈子昂批评"彩丽竞繁"的南朝文学"兴寄都绝"，希望回归汉儒"风雅""正始之音"（《修竹篇序》）。白居易是文学"政教工具论"的自觉维护者和实践者。他明确宣布诗歌的重大社会政治作用在"补察时政"，即"稽政"，进而要求诗人作诗要"为君、为臣、为民、为物、为事而作"（《新乐府序》），主张"文章合为时而著，歌诗合为事而作"。韩愈确定了"文以载道"承续"道统"的儒学文论核心思想，强调文学的社会作用，也成为儒家文学目的论的集中体现。为了弘道，文学家要"修辞立其诚"，加强主体道德修养，文学作品要"载道以设教"发挥社会政治作用。"文以载道"也成为"为人生而艺术"的中国传统文学精神。北宋范仲淹既坚信文学与政教相通的传统观念，更谨守诗歌教化万民之说，认为诗歌"其体甚大"，"羽翰乎教化之声，献酬乎仁义之醇；上以德于君，下以风于民，不然何以动天地而感鬼神哉！"（《帐唐异诗序》）可见儒家"文以载道"的文学教化思想对中国古代文论的深刻影响也是经久不息，绵绵不绝。

（四）文学审美标准：中和　雅正之美　杜诗

在文学审美标准上，孔子认为："过犹不及"（《论语·先进》），崇尚"尽善尽美""乐而不淫，哀而不伤"（《论语·八佾》），"文质彬彬"，"中庸之为德也，甚至矣乎！"（《论语·雍也》）的中庸之道，推崇"礼之用，和为贵"（《论语·学而》）的道德标准。孔子《论语·为政》子曰："《诗》三百，一言以蔽之，曰'思无邪'。""思无邪"即纯正，不偏斜，合度，这是一种以"礼"为约束的"中和"之美。孔子所编撰的《左传》中对中庸合度之美有明确而充分的描述："至矣哉！直而不倨，曲而不屈，迩而不偪，远而不携，迁而不淫，复而不厌，哀而不愁，乐而不荒，用而不匮，广而不宣，施而不费，取而不贪，处而不底，行而不流。五声和，八风平，节有度，守有序，盛德之所同也。"（《左传·襄公二十九年》）"中和"一词最早见于《中庸》"喜怒哀乐之未发，谓之中；发而皆中节，谓之和"。朱子释曰："喜、怒、哀、乐，情也。其未发，则性也，无所偏倚，故谓之中。发皆中节，情之正也，无所乖戾，故谓之和。"以性情言之，则曰"中和"，而以德性言之，则曰"中庸"。"中庸"乃伦理根本原则，"中和"为儒家美学最高标准。中和、中庸，均以无过、无不及为标准，秉执厥中、和谐统一。《序志》篇提出"擘肌分理，唯务折衷"，在对道与文、情与采、真与奇、华与实、情与志、风与骨、隐与秀的论述中，无不遵守这一准则，体现了把各种艺术因素和谐统一起来的古典美学理想。受儒家"中庸"审美思想影响很多文学作品呈现含蓄、内敛的倾向。在文章形式与内容的关系上强调文质彬彬，即形式与内容的统一，反对重形式的浮夸文风。这种和谐、含蓄的中和之美也是一种典范的雅正之美。《论语·述而》道："子所雅言，《诗》，《书》，执礼，皆雅言也。"《毛诗大序》："雅者，正也，言王政之所由废兴也。政有大小，故有小雅焉，有大雅焉。"中和、雅正之美是中国传统审美观和文学创作、批评标准的重要特征。

在诗歌典范标准上，杜甫的地位在文学史上逐渐受到推崇，"杜诗"成为文学典范。韩愈认为"李杜文章在，光焰万丈长"，对李杜文章都推崇，并不分轩轾。但元稹认为："李白壮浪纵恣，摆去拘束，诚亦差肩子美矣。至若铺陈终始，排比声韵，大或千言，次犹数百，词气豪迈，而风调清深，属对律切，而脱弃凡近，则李尚不能历其藩翰，况堂奥乎。"此论充分肯定了杜诗合格律，风格豪迈超过了李诗。白居易亦云："杜诗贯穿古今，尽工尽善，殆过于李。"杜甫在文学史上的崇高地位至宋逐渐增强。王安石崇敬杜甫，在一首题杜甫画像的诗写道："惟公之心古亦少，愿起公死从之游"，表现出对杜甫伟大人格的强烈认同。理学家朱熹最推崇"五君子"：诸葛亮、杜甫、颜真卿、韩愈和范仲淹，认为他们"皆所谓光明正大，疏畅洞达，磊磊落落而不可掩者也"，这是儒家推崇的人格标准。（这可能也影响到李泽厚在《美的历程》《华夏美学》中对唐代美学的书写中最推崇杜诗、颜字、韩文。）鲁迅也认为中古之陶潜、李白、杜甫皆第一流诗人，继而说"我总觉得陶潜站得稍稍远一点，李白站的稍稍高一点，这也是时代使然。杜甫似乎不是古人，就好像今天还活在我们堆里似的"，并提出"杜甫是中华民族的脊梁！"闻一多认为杜甫是"我们四千年文化中最庄严、最瑰丽、最永久的一道光彩"。郭沫若评价杜甫"世上疮痍，诗中圣哲；民间疾苦，笔底波澜"。莫砺锋在《杜甫的文化意义》一文中继承了钱穆的认识"唐代有两个最主要的儒学代表人物，一个是杜甫，另一个是韩愈"。认为"杜甫是用他的整个生命，用他一生的实践行为，丰富、充实了儒家的内涵"，提出"杜甫是儒家仁爱精神的杰出阐释者。[①] 李泽厚认为杜诗是儒家思想的典范作品，但并未详细展开论述。如上所述，杜甫因其关心社稷苍生具有伟大的人格，当之无愧地成为儒家美学的代言人——诗圣。杜甫在中国古代诗歌史中的地位的确难以被替代。

学界也普遍认为儒家诗论在封建社会中曾引导诗人对现实政治的得失进行美刺褒贬，特别是抨击时弊，揭露黑暗，使得中国文学始终关心时政，反映民间疾苦，为政教服务，这可以纠正文学过分趋向游戏和唯美倾向，发扬文学的社会功能，加强了文人的社会责任感，激荡着一股浩然之气。

---

① 莫砺锋：《论杜甫的文化意义》，《杜甫研究月刊》2000 年第 4 期。

二 道家美学对中国古代文学的重要影响

李泽厚在《华夏美学》中高度肯定庄子美学的价值。并全面论述了庄子美学的特征与价值：一是"逍遥游"的审美态度；二是"天地有大美而不言"提升了理想人格；三是"故德有所长而形有所忘"扩展了审美范围；四是"逸品"提升了审美标准；五是"天地有大美而不言"丰富了自然审美；六是"以神遇而不以目视"提升了审美境界。这些论述是对庄子美学的全面概括，比较系统也富有启发性。其中不乏很有价值的新见。如李泽厚认为庄子的"道"强调了美在自然整体而不在任何有限现象，发现了艺术创造和艺术欣赏难以言说和规范的审美规律。庄子把孔子的"游于艺"的自由境界提到宇宙本体和人格本体上加以发展。庄子美学所贯穿的基本主题都是："由'人的自然化'而达到自由的快乐和最高的人格，亦即'以天合天'，而达到'忘适之适'"等。李泽厚对庄子美学的概括是包含所有文艺门类，比较宏观抽象，以下笔者主要以庄子美学对中国古代文学的具体影响来从以下三方面进一步证明李泽厚"儒道互补"美学史观中道家美学的重要影响。

（一）文学本体论：文原于道

老子认为道是宇宙的本体和生命，道是先于天地万物的超物质、超功利、超知识的最高境界。庄子继承了这一思想，并进一步指出"夫道，有情有信，无为无形；可传而不可受，可得而不可见；自本自根，未有天地，自古以固存；神鬼神帝，生天生地；在太极之先而不为高，在六极之下而不为深，先天地生而不为久，长于上古而不为老"（《庄子·大宗师》）。庄子认为"天道自然无为"，应该顺应天地万物发展的规律，而不应用人为的力量去改变它："无以人灭天，无以故灭命。"庄子提出："天地有大美而不言，四时有明法而不议，万物有成理而不说。圣人者，原天地之美，而达万物之理。是故至人无为，大圣不作，观于天地之谓也。"（《庄子·知北游》）"大美"即是最高境界的美。《庄子·齐物论》

"与人和者，谓之人乐；与天和者，谓之天乐"。庄子把自然界的声音进行了划分，而"天籁"超越"人籁"和"地籁"因其"咸其自取"，为本然之声，即"与天和者"之"天乐"，可谓为"大美"（《庄子·天道》）。庄子认为艺术应具有"先应之以人事，顺之以天理四时，太和万物""听之不闻其声，视之不见其形"（《庄子·天运》）的特征。庄子《大宗师》中有南伯子葵问女偊何以"闻道"的故事。女偊回答说"闻诸副墨之子，副墨之子闻诸洛诵之孙，洛诵之孙闻之瞻明，瞻明闻之聂许，聂许闻之需役，需役闻之於讴，於讴闻之玄冥，玄冥闻之参寥，参寥闻之疑始"①。这个闻道故事可以看作文学创作的过程，超越具体的文字、机械地背诵记忆、所见、所听、所行等一切有形的认识直到高远的思想。文学创作过程也从认识论、目的论上升到归于天道的本体论。正如有学者提出：在文学本质上，"文原于道"是庄子哲学思想的必然推论。②"庄子非但不是一个反文艺者，而且以其诗创作和洋洋庄子之言理论性和实践性地表达着他文原于道是文学本质论思想。"③庄子的"道"不是儒家伦理道德的"人道"，而是天道自然。庄子"文原于道"是从老子的"大音希声、大象无形"发展而来，但做了积极发挥，并成为道家文论的核心思想。"文原于道"最终实现"大美"反对人工雕琢和刻意人为，区别于儒家的功利的"文以载道"，对后世文学创作的超越性追求产生了深远影响。

---

① "副墨""洛诵""瞻明""聂许""需役""於（wū）讴（ōu）""玄冥""参寥""疑始"等，均为假托的寓言人物之名。曾有人就这些人名的用字作过推敲，揣度其间还含有某些特殊的寓意，但均不能确考。大体是，"副墨"指文字，"洛诵"指背诵，"瞻明"指目视明晰，"聂许"指附耳私语，"需役"指勤行不息，"於讴"指吟咏领会，"玄冥"指深远虚寂，"参寥"指高旷寥远，"疑始"指迷茫而无所本。

② 刘宣如、刘飞：《庄子文原于道析——庄子文学思想新论之一》，《江西社会科学》2002 年第 6 期。

③ 刘宣如、刘飞：《庄子文原于道析——庄子文学思想新论之一》，《江西社会科学》2002 年第 6 期。

　　（二）文学创作论：虚静、物化、庄文如海

　　在文学创作论方面，道家的虚静、玄想说对文学的影响很大。《老子》提出"致虚极，守静笃。万物并作，吾以观复"（《老子·十六章》）的"虚静"说，庄子继续发展了老子的这一观点，认为"虚静"是进入"道"的境界时所必须具备的一种精神状态："堕肢体，黜聪明，离形去知，同于大通，此谓坐忘"（《庄子·大宗师》）。庄子的"坐忘"是对老子"虚静"思想的继承。庄子在《大宗师》中以"南伯子葵问女偊"的故事来说明女偊长生不老得道的原因在于经历了一系列过程：参日—外天下—外物—外生—朝彻—见独—无古今—不死不生—撄宁。"撄宁"意思是不受外界事物的纷扰，保持虚静的心理状态。如庄子在《人世间》中说："内视心室空处，纯白独生。"庄子又用"梓庆削木为鐻"（《庄子·达生》）、"解衣般礴"（《庄子·田子方》）等故事来说明了"虚静"的重要性。"虚静"揭示了文艺创作和审美领域创作主体和审美主体心灵的超功利性。这种审美心理活动是一种神遇、神会，具有直觉性、主观性和真实性的特点。庄子的"虚静观"影响到刘勰的"陶钧文思，贵在虚静，疏瀹五藏，澡雪精神"（《文心雕龙·神思》）。这种审美超功利思想对中国古代文艺创作影响很大，建立了中国人的审美心胸，也使得近代以来对康德美学的"审美四契机"理论的接受主要是对审美超功利性的接受。

　　在文艺创作方面，庄子比"虚静"说更进一步，提出了"物化"说。《庄子·齐物论》还记载了庄周梦蝶的故事"周与蝴蝶，则必有分矣，此之谓物化"，并在《大宗师》篇中继续说明"不知所以生，不知所以死，不知就先，不知就后，若化为物"。在心灵"虚静"的状态下，最后能达到物我同构、与道合一的最高境界即"物化"境界。庄子讲述了"吕梁大夫蹈水"（《庄子·达生》）达到"物化"的故事。吕梁大夫之所以能蹈水自如，是因为"吾生于陵而安于陵，故也；长于水而安于水，性也；不知吾所以然而然，命也"。而且其"从水之道而不为私"，这样便达到了"与齐俱

入，与汩偕出"的"物化"境界。《庄子》一书中还讲了其他卓越
技艺达到"物化"境界的故事，如"梓庆为鐻""解衣盘礴""庖
丁解牛""佝偻者承蜩""津人操舟"等。这些故事对审美和创作
过程中主、客体之间消除界限，"与物同化"达到审美和创作的最
高境界进行了精彩的描述。"与物同化""物我合一"也是后世许
多文论家常说的神与物游、情景交融等。"虚静"说与"物化"说
紧密相连。二者都是对创作主体的要求，"虚静"是否创作出合乎
天然的艺术之基础，"物化"是进一步的创作理想状态。

　　李泽厚在论述庄子美学时更多强调了其理论价值，但庄子散文
的文学价值很高。庄子散文是庄子文论思想的极佳实践。诸多论者
认为庄子散文超越其他先秦诸子散文，代表了先秦散文的最高成
就，如鲁迅认为庄子散文"其文汪洋辟阖，仪态万方，晚周诸子之
作，莫先也"（《汉文学史纲要》）道出了"庄文如海"的特色。庄
子自谓"寓言十九"，虽是"谬悠之说，荒唐之言，无端崖之辞"
（《庄子·天下篇》），但充满奇思妙想。庄子善于把各种事物人格
化，极富表现力和感染力。如鲲鹏逍遥、列子御风而行、庄周梦
蝶、蜗角之战、髑髅入梦和神人吸风饮露等。庄子还创作了中国最
早的山林文学与田园文学，如"山林与？皋壤与？使我欣欣然而乐
与？"（《庄子·知北游》）"旧国旧都，望之畅然；虽使丘陵草木之
缗入之者十九，犹之畅然。"（《庄子·则阳》）诚如有学者指出庄
子文学"走上了一条原天地之美以达万物之理，从人文以返归天文
的路。这里的美，不再是感性之美、知性之美，而是心的自由本质
与天的自然法则契合的本真之美、原始之美，是开显道体、顺乎本
性与达至精诚的大美"①。"一部《庄子》就是真人自由本质的书
写。在庄子看来，文学书写的就是生存之源、生存之在、生存之

---

　　①　何光顺：《〈庄子〉文学观探源》，《西安文理学院学报》（社会科学版）2005
年第2期。

终，是缘道而生的自由自觉的文学。"① 可见，庄子文学是"独与天地精神往来，而不敖倪于万物"(《庄子·天下篇》)具有大美精神的文学的本真文学，其美学价值不亚于屈原，所以自古就有"庄骚并称"之说。

（三）文学审美境界论：无言之美、妙、神、自然

道家美学反对功利主义思想，因而缺乏文学功能论思想。但有丰富的审美境界论思想。如庄子对中国文学理论批评中的重要话题的"言""意"关系的认识很有价值。庄子对言意关系的认识也首先是对老子"古之善为道者，微妙玄通，深不可识"的继承。此后，老子的"无言"说被庄子深化。庄子多次强调言意关系。如《庄子·天道》轮扁斫轮故事有言："世之所贵道者，书也，书不过语，语有贵也。语之所贵者，意也，意有所随。意之所随者，不可以言传也。""筌者所以在鱼，得鱼而忘筌；蹄者所以在兔，得兔而忘蹄；言者所以在意，得意而忘言。吾安得夫忘言之人而与之言哉！"(《庄子·外物》)《庄子·秋水》有言："可以言论者，物之粗也；可以意致者，物之精也；言之所不能论，意之所不能察致者，不期精粗也。"庄子不仅认为"意不可以言传"即"言不尽意"而且强调了"得意而忘言"，进一步揭示了文学创作追求言不尽意的无言之美的基本规律。正如有学者指出："以'得意忘言'为途径，庄子首创了超越式言意观，这是其言意观中最具独创性的理论。"② 庄子言意观经过王弼的进一步阐述③魏晋以后被引入文学理论。刘勰在其《文心雕龙》中亦阐述了与庄子言意论相似的文

---

① 何光顺：《〈庄子〉文学观探源》，《西安文理学院学报》（社会科学版）2005年第2期。

② 孟庆丽：《庄子的言意观辨析》，《社会科学辑刊》2002年第5期。

③ 王弼的《周易略例·明象》中言道："意以象尽，象以言著。故言者所以明象，得象而忘言；象者，所以存意，得意而忘象。……然则，忘象者，乃得意者也；忘言者，乃得象者也。得意在忘象，得象在忘言，故立象以尽意，而象可忘也；重画以尽情，而画可忘也。"

论。如《文心雕龙·隐秀》篇中"隐也者，文外之重旨也"，"一夫隐之为体，义生文外"。《文心雕龙·神思》篇中也有"至于思表纤旨，文外曲致，言所不追，笔固知止"，这些论述都强调了"文外之旨"，也就是"言外之意"。如陶渊明饮酒诗中有："此中有真意，欲辨已忘言。"指明了心中之"意"的难言说特点，亦成千古名句。庄子的言意观影响到司空图《二十四诗品》中"不着一字，尽得风流"。还有明代王士禛提倡神韵说，要求诗歌"天然澄淡""风神韵致"，强调"兴会神到""得意忘言"。可见，庄子追求的"无言之美"在文人的诗文创作中形成了一种崇尚玄远、高古、空灵风格的审美追求。道家追求无言之美的诗论启迪了后世文学作品创作要求含蓄蕴藉，为中国古典文学追求"意在言外"的"意境"美学价值传统奠定了坚实基础。

在庄子言意论的基础上，道家文艺美学形成了"妙""传神"和"自然"等审美标准和境界论。老子的"妙"重在对客观世界的描述。"妙"的概念，最早出现在《老子》一书中，老子用"妙"来描绘道的神奇，后成为对审美对象的高阶评价。中国古代也有"美"这一概念，然品位却低于"妙"。"美"较重于外在形式，可以用感官去感受，"妙"不是视听的对象，更重内在精神，只能用心去细细地品味，它是更高的美。作为"道"的存在方式，道之妙，需要一种特殊的心理感觉，这种感觉中国哲学称之为"味"。"味"不是指生理性的味觉，而是指一种精细的心理性体悟。中国美学建构起自己的以"妙"为最高范畴的审美品评论系统，还相应建构起以"味"为核心范畴的审美体验论系统。[①] 道家美学影响到魏晋以后"妙"成为诗歌常用的审美评语。妙不可言、妙笔生花成为文人追求的审美境界。司空图《诗品》："素处以默，妙机其微。"苏轼有"欲令诗语妙，无厌空且静，静故了群动，空故纳万境"。陆游也有"文章本天成，妙手偶得之"。南宋严羽则

---

　　①　陈望衡：《论中国美学史的核心与边界问题》，《河北学刊》2015 年第 3 期。

提出诗道唯在"妙悟"。总之,"妙"与"道"相通。妙不在奇特、好看,而在于妙通向宇宙的本体和生命"道"。

此外,庄子提出了"神"的美学概念。"神"强调人与物、人与环境的关系中所达到的一种理想境界,"传神"也成为道家文艺美学的一个重要审美标准。庄子在《大宗师》中谈道:"以生为附赘悬疣,以死为决疣溃痈",认为人应当"外其形骸",不拘泥于物。庄子以哀骀它、支离无唇等身体有残疾但行为却很贤能的"怪人"故事,来说明"德有所长,而形有所忘",形残而神全并不影响其真美。庄子的"形神"观不同于孔子的"文质彬彬"的形神并重思想,而体现出重神轻形的特点。影响到汉代《淮南子》提出"神为形之君"。此后顾恺之、陶渊明、苏轼等又进一步对形、神关系进行了完善,发展出了"传神"思想。庄子提出的"神"的美学概念影响了陆机的文学创作论和刘勰的"神思"说。陆机《文赋》:"其始也,皆收视反听,耽思傍讯,精骛八极,心游万仞。其致也,情瞳昽而弥鲜,物昭晰而互进。"刘勰的《文心雕龙·神思》:"文之思也,其神远矣。故寂然凝虑,思接千载,悄焉动容,视通万里,吟咏之间,吐纳珠玉之声,眉睫之前,卷舒风云之色,其思理之致乎?故思理为妙,神与物游。"曾巩的《清心亭记》也有:"极物精微,所以人神也。"唐宋以后,传神思想已发展成为各种文艺作品的共同审美理想。

受到老子"道法自然"观的影响,庄子也多次强调自然,自然不是指自然界或天地万物,而是万物的本然与本性,自然之美是顺乎本性的朴素之美。庄子说"……顺物自然而无容私焉,而天下治矣";"夫至乐者,先应之以人事,顺之以天理,行之以五德,应之以自然"(《庄子·天运》)。庄子推崇"法天贵真"的自然之美:淡然无极而众美从之(《庄子·骈拇》);"静而圣,动而王,无为也而尊,素朴而天下莫能与之争美"(《庄子·天道》)。"自然"成为道家文艺学的重要审美标准。晋人王戎称"圣人贵名教,老庄明自然"。嵇康提出了"越名教而任自然"的思想;西晋郭象则认为名教即自然。道家对"自然"的追求影响了诗论中的平淡追求。尽管刘勰的《文心雕龙》中整体上以儒家文论为主，但在《原道》篇中依然认为："云霞雕色，有逾画工之妙；草木贲华，无待锦匠之奇；夫岂外饰，盖自然耳"，表现出对道家自然审美追求的认同。李白提出"清水出芙蓉，天然去雕饰"（《经乱离后天恩流夜郎忆旧游书怀赠江夏韦太守良宰》）。北宋诗人梅尧臣提出"作诗无古今，唯造平淡难"（《读邵不疑诗卷》）。苏轼也用"发纤秾于简古，寄至味于淡泊"（《书〈黄子思诗集〉后》）称赞陶（渊明）、谢（灵运）、韦（应物）和柳（宗元）的诗文。道家的"自然"观并非真正的平淡，而是一种韵味的追求。如梁实秋也称赞陶渊明的诗作是"绚烂之极归于平淡，但是那平不是平庸的平，那淡不是淡而无味的淡，那平淡乃是不露斧凿之痕的一种艺术韵味"。庄子对自然平淡艺术境界的追求还影响了"滋味"说。钟嵘最早以"滋味"论诗："五言居文词之要，是众作之有滋味者也"，"理过其辞，淡乎寡味"。钟嵘《诗品》有言："谢诗如芙蓉出水，颜如错彩镂金，颜终身病之。"钟嵘论诗讲求"滋味"，反对刻意追求雕琢词彩。所以认为谢灵运的诗如"芙蓉出水"，高于颜延之的"错彩镂金"。晚唐诗人司空图也好以"味"论诗。他说："愚以为辨于味而后可以言诗也。"（《与李生论诗》）他要求诗应有"味在咸酸之外"的"味外之味"，即具体的艺术形象所引发出的难以言说的无限美感。道家诗论在司空图的《二十四诗品》中有集中体现。其总体风格是以道家的自然淡远为审美追求。如自然、飘逸、旷达、流动、冲淡、豪放、疏野、洗练、清奇等意境直接体现了道家审美追求，雄浑、悲慨、沉着、高古、典雅、劲健、绮丽、纤秾、含蓄等似乎体现儒家审美追求的意境中也充满了"虚""妙""无"等道家美学的意象。"自然"逐渐成为中国古代文学创作中最高的理想审美境界，它的哲学和美学基础是在道家美学所提倡的任乎自然，反对人为。可见，中国文学史上的道家美学传承不绝如缕。道家美学主张文艺应该"师心"而不师道，应该师从生命本体而不是外在的道德客体。表现出对个体生命的关注，这使道家美学屡次成为文学思想解放、文学革新的精神支柱。

综上所述，仅以文学为例，已经可以看出儒家美学和道家美学对文学的丰富而深厚的影响。在文学本体论上儒家强调"诗言志"，主张文学应该表达合乎礼仪的情感，道家强调文原于道，反对人为刻意干预。在文学创作论上儒家美学主张比兴的创作手法，推崇"思无邪"和"温柔敦厚"的创作心理，道家主张保持创作主体的虚静忘我的"物化"状态，超越物我的区隔，达到自由无碍的创作心胸。在文学功能论上，儒家主张文以载道，文学需要为政治教化服务。而道家反对功利主义思想，在文学审美标准上，儒家美学推崇中和、雅正之美，将主张忠君爱国具有民本思想的杜甫推为典范，称为"诗圣"。而道家美学则推崇无言之美，以妙、神、自然为高级审美境界。以上儒道美学对文学各个方面的影响几乎构成相互对立的思想。李泽厚在"儒道互补"美学史观中已经论述了儒道美学思想的差异及儒、道美学在中国美学中的根基地位。在笔者以文学为例的举证中可以更充分地证明这种差异和根基地位。可见，"儒道互补"美学史观对儒道美学的重要影响的充分认识具有很大的合理性，在改变用西方美学理论解读中国美学实践的时代潮流中独树一帜，扭转了长期用西方美学理论和范畴来演绎中国美学问题的思维方式。"儒道互补"美学史观确立了儒家美学和道家美学作为中国美学史思想根基，中国美学不再是20世纪50年代以来的主客观美学的争论，不是唯心主义和唯物主义的纠结，而是真正回归中国美学本土的思想传统，从此中国美学不再是西方美学的注解，而具有了民族文化的深厚土壤。而且"儒道互补"美学史观确立了中国传统文化的母体结构，并可以不断吸收外来文化进行整合强大其生命力，西方文化也成为可以吸收的资源，这一将西方文化、西方美学反主为客的思维方式显示出中国美学被打压已久的文化自信，所以"儒道互补"美学史观的开创性贡献功不可没。

第二节　创新美学史书写范式

正如张法所指出的"从世界美学的整体演进而言，西方是区分—划界原则的美学，非西方是交汇—关联原则的美学，两种美学都有丰厚而深刻的哲学和文化基础"①。两种美学本不应有优劣对比。但近代中国积贫积弱，备受西方列强欺凌，影响到中国美学研究长期亦步亦趋，紧紧跟随西方美学研究。美学界一直认为美学概念、美学体系和思想皆属于舶来品，我们始终是学习者，甚至常常以彼之长比己之短，以彼之有比己之无，在这样的文化自卑心理下，中国美学要建构自己的书写范式和体系十分艰难。而如果完全以西方美学为参照，中国美学只能成为一些学者所认为的"无美学""潜美学"或"隐美学"。如果我们认识到西方美学史上也缺乏对"美"的多样性自觉认识，承认西方美学史也是学者建构的结果，就不会过多怀疑中国有无美学史，或有无显性美学史，而是需要对浩如烟海的中国典籍和现存的琳琅满目的文艺精品和层出不穷的新考古发现有更多了解，不漠视种类繁多的音乐、诗歌、绘画、书法、戏曲、园林建筑等文艺门类的丰富实践。中国美学史研究需要重新自信地建构自己"毫无愧色"的中华美学史。而"儒道互补"美学史观创新了美学史观，可以说在提升中国美学自信心方面进行了卓有成效的努力。

"儒道互补"美学史观是美学史书写范式和美学史观的创新，主要是与西方和中国有代表性的美学史观的比较而言的。兹述如下。

一　与西方主要美学史观比较

中国美学在学科体系的建构中从一开始就是通过借鉴和学习西

① 张法：《美与万象——我的美学求索》，《美与时代（下）》2014 年第 5 期。

方美学来逐渐确立中华民族美学特色的。西方美学经历了从"诗学"—"感性学"—"艺术哲学"的发展过程。从鲍姆嘉通经过康德到黑格尔，西方美学史形成了一些基本认识：如美学是哲学的分支学科，审美为美学研究的主题，审美与感性情感密切相关，艺术审美是美学研究的主要对象等。西方美学史是以对这些认识的系统的理论著作为资料而写出的，而中国美学史的理论资料是以分散的诗话、词话、书论、话论、小说评点、戏曲评点等为主体的。中国美学的资源可能存在于哲学、文学、艺术、生活、自然、政治、日常生活等各个方面。这决定了中国美学史的写作范式与西方美学史有根本的不同。王国维、刘师培、梁启超直到宗白华等中国美学史研究的先行者都受到了西方美学理论的影响，也对中国美学史的重要问题进行了积极探索，但由于各种原因而遗憾地未能完成中国美学通史的写作。而且正如刘成纪所指出的长期以来中国美学史研究的困境：中国传统的知识分类没有一个独立的美学，"这意味着谈中国美学或中国美学史，首先必须接受西方给予的知识框架。以此为背景形成的中国美学史叙述，极易成为西方出理论、中国出材料的混合形式。而所谓的中国美学当然也就成为西方美学的外延形态，甚至成为对西方美学具有普遍价值的中国印证"①。为了摆脱这种困境，李泽厚吸收和继承了前辈的研究成果，加上他是具有体系构建的强烈自觉性的学者，他不仅完成了第一部美学通史的写作，而且他所建构的"儒道互补"美学史观与西方有代表性的美学史观如黑格尔、克罗齐和鲍桑葵的美学史观比较具有明显的独特性和创新性。兹述如下：

（一）与黑格尔美学史观比较

中国美学界普遍认为"有什么样的美学理论，就有什么样的美学史"。黑格尔的《美学》具有典范性。黑格尔作为近代西方美学

---

① 刘成纪：《中国美学史研究：限界、可能与目标》，《南京大学学报》（哲学·人文科学·社会科学）2022年第4期。

的集大成者，从其对美的本质的认识"美是理念的感性显现"出发提出了美学史观。黑格尔也是辩证法的大师，他全面概括了美的辩证性：美是主体与客体、理性与感性、自由与必然、一般与个别、内容与形式、认识与实践的高度统一。这一对美的辩证认识受到了中国美学研究者的广泛接受。李泽厚是其中的代表。"儒道互补"美学史观所强调的美也是感性与理性、主体与客体、自然与社会的诸多统一。李泽厚提出"美是自由的形式"，实际上也体现了必然与自由的统一。在美是感性与理性统一和"美"与"自由"的密切关系上他显然受到了黑格尔的影响。但"儒道互补"美学史观与黑格尔的美学史观存在根本差异：

1. 哲学基础不同

黑格尔美学的哲学基础是唯心主义，所以黑格尔的美的定义"美是理念的感性显现"是对柏拉图的"美是理念"的唯心主义美学传统的继承和发展。黑格尔从"美的理念"出发揭示了美是人类心灵实践的产物。而"儒道互补"美学史观的哲学基础是马克思唯物主义实践哲学，与黑格尔强调的心灵实践即精神实践根本不同，李泽厚认为美是社会物质实践的产物，强调社会物质实践对不同历史时期审美风尚所产生的重要影响。这点在李泽厚、刘纲纪合著的《中国美学史》第一卷的"绪论"中就明确提出了："美的本质与人的本质不可分割，美是通过人类社会实践而达到的真与善、合规律性与合目的性的统一，是作为人类实践历史成果的自由的形式。人类改造世界的实践活动从根本上决定着人的本质及其对象化的发展，从而决定着客观世界的美和人对客观世界的审美意识的发展。因之，要研究某一历史时代的美学理论，不能不注意这一历史时代的审美意识，而要了解某一历史时代的审美意识，又必须看到它归根结底是受着这一历史时代的社会实践所制约的。"[①] 所以他提出美

---

① 李泽厚、刘纲纪主编：《中国美学史》（第 1 卷），中国社会科学出版社 1984年版，第 10—11 页。

是客观性与社会性的统一的实践美学观，并自觉地将人本主义的实践论美学观念贯穿于中国美学史。

2. 研究对象不同

西方哲学中真、善、美价值的相互独立性比较强，认识论谈真，伦理学谈善，艺术集中谈美。在这方面，黑格尔哲学比较典型。黑格尔哲学论述的是精神发展的历程，精神发展分为三段：出发点是逻辑学，继之到自然哲学，最后到精神哲学；精神哲学也分三段，由主观精神到客观精神再到绝对精神；绝对精神的发展仍然是三段：艺术、宗教、哲学。① 黑格尔将美学视为艺术哲学，他把艺术美作为理想美来看待，并把艺术由一般经过特殊再到个别的发展过程作为其美学体系建构的线索。在中国哲学中，真、善、美的价值并不具有独立性，而是互相融合。而且中国哲学尤其是儒家哲学更强调善的价值。"儒道互补"美学史观将儒家美学置于主干地位，其他美学思想只是儒家美学的补充，突出了受儒家美学影响较大的文学的地位，而且强调美的道德教化功能，突出了善的价值，弱化了艺术美的独立价值，还强调儒家美学作为中国深层文化心理结构的奠基作用。李泽厚受到马克思《1844 年经济学哲学手稿》的影响，对美的认识不同于黑格尔将美学局限于艺术哲学，而是拓展到社会生活领域。所以李泽厚提出的华夏美学是文化美学，是政治教化美学，而非黑格尔的艺术哲学。而且李泽厚在 20 世纪 50 年代的"美学热"中以对自然美的认识而独树一帜。他将长期被黑格尔排斥的自然美纳入了其美学研究的范围。中国美学史上的艺术、社会、自然均进入李泽厚的论域，可以说，相对黑格尔，李泽厚极大拓展了美学研究的论域，呈现出现代美学的丰富性。

3. 美学史观念不同

黑格尔按照理念的感性显现的不同程度和表现方式把艺术分为

---

① 参见陈望衡《论中国美学史的核心与边界问题》，《河北学刊》2015 年第 3 期。

象征型、古典型、浪漫型三个类型。黑格尔把象征型艺术对应的
"崇高"作为真正神圣艺术的标志。在象征型艺术中，理念越出它
的外在形象，其代表是东方各民族如埃及、印度、波斯的艺术。黑
格尔认为古典型艺术的特征是"美"，即理念的感性显现的完满实
现与和谐，古希腊艺术是其典范。浪漫型艺术感性超出理性，艺术
内容集中到情感和想象上，浪漫型艺术不再以形式美为其主要表
征，精神美成为它的主要方面，所以对应的是"丑"。浪漫型艺术
也使艺术走到了终点从而转向绝对精神——宗教。黑格尔把不同的
美学范畴与艺术发展历史的具体类型对应起来无疑十分深刻。但黑
格尔的美学史观实际上是一个美的递降序列，否认了艺术的进步
性，也脱离了艺术史可以不断创新，代代有经典的发展实际，因此
也受到了诸多批判。"儒道互补"美学史观中儒家美学逐步吸收了
道家美学、屈骚传统和禅宗美学而变得更加智慧、深情和形而上，
华夏美学不断丰富，而且不同时期随着时代的发展有不同的艺术高
峰，这样一种美学史观是一种"进化论"的美学史观，也符合中国
美学发展史的实际。

（二）与克罗齐美学史观比较

贝奈戴托·克罗齐（Benedetto Croce，1866—1952 年）是20世
纪意大利著名史学家和美学家。他认为历史现象纷繁复杂，包含着
众多偶然性和不确定性。"历史的个别性"在于历史是个别史家根
据现实生活兴趣，对历史现象加以解释的哲学。克罗齐提出了"一
切真的历史都是当代史"的著名史学观点，强调历史的现实作用，
是主观论的历史观。克罗齐认为艺术表现作为一种认识活动，是先
于理性知识，先于实践活动且不依赖它们而存在的。克罗齐在《美
学原理》中尤其注重艺术的个体特殊性，他认为艺术是直觉，而直
觉是个别性相，个别性相向来不复演。虽然克罗齐在西方思想界影
响很大，但克罗齐的思想与崇尚理性主义的中国思想界格格不入。
所以"儒道互补"美学史观与克罗齐的美学史观的差别比较大，具
体如下：

1. 哲学基础不同

克罗齐美学虽然继承康德、黑格尔一派，但走的是更加极端唯心主义的道路。他忽视自然万物的客观存在，把精神作为世界的本原，继承黑格尔"世界是绝对精神的产物"的思想，将人的主体性推向了万能。克罗齐美学观在哲学基础上完全走向了主观唯心主义。克罗齐由此出发把艺术和美完全看成是主观心灵的产物，并提出"美即表现，表现即直觉""艺术即表现""表现即艺术"的"表现说"，开创了西方现代派美学的先河。克罗齐认为客观审美对象是心灵的产物，主体依靠感官从外界获得的感觉不可认识，只有人的心灵才是最真实的。直觉认识在审美活动和艺术构思中是一种单向的心灵赋形过程。由于克罗齐夸大心灵的绝对性，使其理论充满了诸多矛盾。克罗齐把美学史上的美学归结为五种：经验论美学、实践论美学、理智论美学、不可知论美学、神秘论美学，认为它们都不令人满意，因而提出纯粹直觉的美学。至于这种纯粹直觉为何同时又具有抒情本质，克罗齐诉诸直觉即表现、直觉即语言、情感是内容、直觉是形式，以及内容形式一元论等观点。正如朱光潜所评论克罗齐的历史或哲学思想是一个圆圈，其心灵活动的解释、生展和前进都在这个圆圈之中循环，他的哲学是彻底的一元主义。克罗齐作为一个西方表现主义美学的创始人，尤其注重心灵、情感的表现，这与李泽厚所强调的中国美学主干的儒家"情本体"思想很相似。中国古代文艺创作也追求"由情生景""借景抒情"，侧重情感心灵，但基本上不会否认万物的客观存在，只是比较注重主体的能动性。比如《周易》从人们日常生活中抽取了一些基本事物来探究万物的本源和关系，开创了"观物取象"的唯物主义传统，后来儒家本身也注重"致知在格物"，认为人的认识来源于客观存在的对象。① 这与克罗齐认为客观对象是由于主体的关照才存

---

① 黄应全：《克罗齐后期美学的若干变化》，《首都师范大学学报》（社会科学版）2016年第4期。

在的主观唯心主义根本不同。"儒道互补"美学史观始终坚持一元论的马克思唯物主义立场，强调社会物质实践对美的产生的重要作用。这与克罗齐的主观唯心主义美学观完全不同。

2. 研究对象不同

克罗齐的美学研究的中心是艺术，主张"纯美说"，他强调艺术与概念、经济、道德的区分，否认了艺术的社会功用而强调艺术的独立自主性，指出艺术是不以实践价值，不以道德判断和利益得失为衡量标准。克罗齐十分重视艺术史研究，他认为艺术史是人类独有的心灵活动，是人类文明史的重要组成部分。"儒道互补"美学史观所强调的儒家美学为主干主要关注的是文学和艺术的社会功能而非艺术的独立价值。而且"儒道互补"美学史观强调儒家美学的主干地位，也重视文艺的道德教化作用，中国美学并不是纯粹艺术研究。这与克罗齐强调艺术无关道德的"纯美"观根本不同。

3. 思维特点不同

克罗齐的表现主义美学是 20 世纪最早形成、影响最大的一个非理性主义美学派别。克罗齐从直觉出发，反对艺术分类，否认美丑之别等，这种忽视客观现实的真实性、社会性的非理性主义思想引起了中国学者的批评。比如朱光潜较早介绍了克罗齐的美学思想，也最早对克罗齐的非理性主义进行了批判。他发表了《克罗齐美学的批评》①（1936 年），明确指出克罗齐美学存在的三大弊病。首先，他认为克罗齐与其他形式派美学一样都犯了"机械观"的错误。其次，克罗齐强调直觉，否认传达是创造、是艺术活动的一部分。朱光潜认为这不符合文艺创作实际。最后，朱光潜并不同意克罗齐"凡是艺术都是成功的表现"，对艺术抱着一种绝对价值的观念。这些批评基本代表了中国学者对克罗齐非理性主义美学思想的

---

① 朱光潜：《克罗齐美学的批评》，《哲学评论》1936 年第 7 卷第 2 期。转引自黄应全《克罗齐后期美学的若干变化》，《首都师范大学学报》（社会科学版）2016 年第 4 期。

主要态度。而且虽然克罗齐重视艺术史，但他否认"普遍史"或"通史"写作的可能。在他看来，所谓"普遍史"，其实只是东拼西凑。他认为"事实的真理"不独立存在。这是一种自相矛盾的非理性主义的历史观。"儒道互补"美学史观立意寻找中华文化的内在文化心理结构，认为中华美学史有主干和主线，是理性主义的历史观。

4. 美学史观念不同

克罗齐反对把人类艺术的历史看成沿一条前进或后退的单线发展观念。他突破了黑格尔美学史观中艺术史的退步论而认为艺术史的发展规律是一个波浪形状前进的周期，有无数的高潮与低谷。但克罗齐强调历史不以进步律为前进准则，反对用简单的"进步"来概括历史的进程。克罗齐认为艺术的整体性与历史的统一性密切联系、艺术的个别性与历史的当下性密切联系、艺术的独立性与历史的本体性密切联系。[①] 克罗齐的美学史观相对黑格尔的美学史观更加合理。"儒道互补"美学史观中儒家美学逐步吸收了道家美学、屈骚传统和禅宗美学而不断丰富构成华夏美学的整体，总趋势是不断向前发展。这是两种美学史观的相似性。但"儒道互补"美学史观强调儒家美学的主干地位，而克罗齐美学史观中无意将某一思想列为主干，也不强调美学史的进步性或"进化论"，表现出比较松散的历史发展状态。综上可见，"儒道互补"美学史观与克罗齐美学史观相比是一种新型美学史观。

（三）与鲍桑葵美学史观比较

伯纳德·鲍桑葵（Bernard Bosanquet，1848—1923 年），是 19 世纪末 20 世纪初期英国哲学家、美学家，新黑格尔主义和表现主义美学主要代表之一，也是最早写作西方美学史的学者。鲍桑葵关于美学的专著有《美学史》和《美学三讲》。20 世纪 80 年代中国

---

① 李鑫：《"永恒的圆"：克罗齐美学观与历史观的统一》，《文学研究》2020 年第 29 期。

随着思想解放的潮流出现了"美学热"，在这一背景下，对西方美学思想的翻译和介绍需求增强。1985 年我国引进出版了鲍桑葵的《美学史》（初版于 1892 年）。这是第一部汉译西方美学史名著。一方面，鲍桑葵认为，"美学理论是哲学一个分支"[①]，"如果'美学'指美的哲学的话，美学史自然就是指美的哲学的历史，它的内容也就不能不是历代哲学家为了解释或有条理地说明同美有关的事物的事实而提出的一系列有系统的学说"[②]；表现出美学史是美学理论史的思想。另一方面，他又指出："在这方面，任何东西都不能和伟大的美的艺术作品（包括杰出的文学在内）相比。""当我们试着探讨各个发展阶段的审美意识的时候，我们面前的具体材料就不仅具有考古学的意义，而且还构成我们今天的生活环境里本身就具有价值的事物的一个重要部分。美的艺术史是作为具体现象的实际的审美意识的历史。美学理论是对这一意识的哲学分析。"[③] 这表现出鲍桑葵认为美学史是从具体文艺作品出发分析产生的审美意识史，把艺术看成是审美意识的集中体现，这是对黑格尔把美学看作美的艺术的哲学观点的继承。鲍桑葵把艺术看成是美的世界的主要代表，所以他与黑格尔一样联系艺术史来研究美学史。其《美学史》也基本接受了黑格尔的美学框架。鲍桑葵《美学史》是西方美学史研究中最重要的著作之一，也受到我国学者的肯定。如刘彦顺说："在现有的较为纯粹的此类美学史著作中，英国美学家与美学史家鲍桑葵的《美学史》无疑是学术价值最高的一部，究其原因，他所使用的'逻辑与历史相统一'的研究方法应该是这部美学史久盛不衰的最重要的因素。"并且较为详细地阐释了鲍桑葵在《美学史》书写中"历史与逻辑"的研究线索。还与吉尔博特与库恩合著的《美学史》"偏于史料"书写方式比较，并肯定了鲍桑葵

---

① 鲍桑葵：《美学史》，商务印书馆 1985 年版，第 1 页。
② 鲍桑葵：《美学史》，商务印书馆 1985 年版，第 5 页。
③ 鲍桑葵：《美学史》，商务印书馆 1985 年版，第 6 页。

的"偏于叙述"的书写更加合理。① "儒道互补"美学史观与鲍桑葵的美学史观相比较，两者都注重对审美意识氛围和文化特征的研究，都是哲学美学的研究方法。但两者还是有明显差异：

1. 哲学基础不同

鲍桑葵总体上是黑格尔派美学史家，他从客观唯心主义的立场出发，强调美和艺术是绝对的象征和体现，声称艺术哲学是对源自"绝对"的艺术作本质的探讨，认为在艺术哲学划定的哲学的特殊领域里，我们可以看到永恒的美和一切美的原型。"儒道互补"美学史观是建立在马克思主义唯物史观基础上的，认为并不存在绝对的艺术美，每一历史时期的审美文化都有变化，强调了社会实践对审美文化的影响和作用。

2. 研究对象不同

鲍桑葵以艺术美作为美学史的研究中心，并把美学史看作历史与逻辑相统一的连续不断的审美意识发展史。尽管鲍桑葵对文艺复兴时期美学只有一篇专论——《但丁和莎士比亚在某些形式特点方面的异同》，存在对文艺复兴美学认识不足的弊端。但鲍桑葵从古希腊罗马时代，经过中世纪，一直到19世纪后半叶德国古典美学的终结，对西方美学的发展的连续性进行了论述。而且他对一些美学史家所忽视的"衰颓时期"和中世纪的审美意识进行了充分探索并给予积极肯定。他对美的历史即艺术史的描绘反映了其出众的直觉力，他从建筑、绘画、装饰、歌曲等基督教艺术的描述出发，结合哲学思考，展示了中世纪美学及艺术对后世美学可能具有的价值与意义。李泽厚突出了儒家美学的主干地位，其美学研究建立在实践美学基础上，关注不同历史时期的社会实践及其审美文化，尤其是真善美的融合，而非单纯的艺术美。

---

① 刘彦顺：《鲍桑葵〈美学史〉"逻辑与历史"的研究方法及其当代意义》，《淮北煤炭师院学报》（哲学社会科学版）2002年第6期。

3. 研究方法不同

鲍桑葵主张超越纯粹哲学和美学的理论范围，从美学与现实世界的广泛联系中去探究人类审美意识的演变。并试图使美的定义与美学史的关系能够有效地相互补充，即调和形而上学和心理学的方法。鲍桑葵先将美区分为"广义的"和"狭义的"。所谓狭义的美，就是一般人在通常情况下所说的美，它不包括崇高、严厉、可怕、怪诞之类，而广义的美却包括了这些。他认为广义的美，才是美的较正确的意义。由此鲍桑葵又引出了"浅易的美"和"艰奥的美"这对概念。① 鲍桑葵提出的具有浓厚表现主义色彩的"使情成体"说法十分独到。从"使情成体"的表现主义美论出发，他既批评了自然主义移情说、模仿说和为艺术而艺术等派的美学理论，也对克罗齐的表现无须媒介的美学理论提出了不同看法。李泽厚主要采用哲学美学的研究方法，尽管多次提及心理学对美学研究的重要性，但并未在中国美学史写作中充分运用心理学方法。

4. 研究目的不同

鲍桑葵尽管也关注不同时期形成审美意识的文化特征，但进行的是比较纯粹的美学研究。而且同许多西方资产阶级学者如黑格尔一样，鲍桑葵《美学史》不可避免地存在西方中心主义的错误与偏颇。这部著作没有将中国和日本艺术包括在内。鲍桑葵认为以中国和日本为代表的东方艺术是落后的。在其《美学史》的前言中他曾说："中国和日本的艺术之所以同进步种族的生活相隔绝，之所以没有关于美的思辨理论，肯定同莫里斯先生所指出的这种艺术的非结构性有必然的基本联系。"东方审美意识"还没有达到上升为思辨理论的高度"。② "儒道互补"美学史观是以美学为媒介探究中国文化的深层文化心理结构，并不是纯美学研究。所以说"儒道互

---

① 孙洁：《鲍桑葵的"丑"学初探》，硕士学位论文，浙江大学，2009 年。该文详细地论述了鲍桑葵"艰奥美"与"审丑"的关系，可以参考。

② 鲍桑葵：《美学史》，张今译，广西师范大学出版社 2001 年版。转引自卢美丹《鲍桑葵美学研究述评》，《周口师范学院学报》2013 年第 1 期。

补"也是一种文化史观，更加突出历史中的理性和群体价值的文化史观。而且李泽厚对西方学者批评中国哲学和美学缺乏思辨性并不认同，而从中国本土丰富的文艺实践和理论出发建构独具特色又不乏文化自信的美学史观。

提出西方美学史观的学者还有美国学者凯·埃·吉尔伯特（K. Gilbert）和德国学者赫·库恩（H. Kuhn）。在他们合著的《美学史》（1936 年出版）中也是以美与艺术作为对象的，库恩在该书"序言"中指出："人们对艺术和美之本质的认识积累了几千年之后，现代探索者的心理，尽管是热切的，但不可能是空无所有了……艺术的意蕴和美的意蕴，则隐匿在所有形形色色的哲学体系和流派的辩证发展的过程中。"①"美学与其说产生于任何纯粹的悟性活动中，不如说产生于争辩的过程中"，这是将美学史看作史作者与史料之间的"对话"美学史观。这种美学史观与克罗齐的主观唯心主义的美学史观比较接近。此外，当代著名的波兰美学史家塔塔凯维奇（W. Tatarkiewicz）在研究对象上分析了关于美学研究中的十二种二元性，提出了一种多元视角的美学史观。这实际上是一种二元论的美学史观，但李泽厚的美学史观始终强调人类社会实践的物质基础，是一种一元论的美学史观。

虽然李泽厚在《华夏美学》中运用了康德对美的规定如"合目的与合规律性"的统一，美的超功利的特点的认识来分析道家美学、屈骚传统与禅宗美学，运用了黑格尔的辩证法分析儒家美学与道家美学的关系，也运用了马克思主义"自然的人化"观分析了儒家美学的独特的文化心理积淀等，还借鉴了苏珊·朗格的情感理论、荣格的集体无意识等西方学者的理论和观点。但这些只是方法论上的借鉴，并不是"儒道互补"美学史观的主体内容。而且李泽厚不是用西方理论解剖中国美学资料，而是运用这些方法去解释和

---

① 凯·埃·吉尔伯特、赫·库恩：《美学史》，夏乾丰译，上海译文出版社 1989年版，第4—5 页。

证明中国美学思想的独特价值。

总体上说,"儒道互补"美学史观与以上几位西方美学史学家的美学史观的根本不同是建立在唯物史观基础上。而西方美学史观基本是建立在唯心主义哲学基础上的。而且与上述西方美学家强调真善美的独立性的"纯美学"的区分—划界型美学不同,"儒道互补"美学史观是典型的重视真善美统一的交汇—关联原则的美学。[1]"儒道互补"美学史观提出以儒家美学为主体,"儒道互补"为主线重视的是中华民族文化心理积淀所产生的独特审美传统。这也与上述西方代表性的美学史观并不把文学、艺术的道德教化功能作为研究中心和主体,也不强调某些美学思想的融合为主线完全不同。可以说,"儒道互补"美学史观超出了西方唯心主义的窠臼,超出了套用、模仿西方美学史的研究和写作模式,超越了"西方美学史观的中国化"的研究范式进行了华夏美学民族特色的自觉建构,这是对与西方美学不同的中国美学史的丰富性和独特价值的真正发现。"儒道互补"美学史观建立在实践美学基础上,并把真、善、美关联起来讲美学,这超越了西方美学将真、善、美割裂开来,使得美学成为所谓的"纯美学"的思维定式。所以"儒道互补"美学史观与世界代表性的美学史观相比较具有独特性,对丰富世界美学史研究亦具有创新意义。

二 中国美学研究先行者的影响及与中国主要美学史观比较

除了吸收一部分西方美学史研究经验,李泽厚的中国美学史写作在本土研究方面并非无中生有,朱光潜、宗白华两位中国美学研究先行者的探索为李泽厚的中国美学研究提供了丰富的启示和可借鉴资源。

(一)朱光潜、宗白华的中国美学研究的探索

朱光潜和宗白华两位美学先行者有丰富的美学理论成果。朱光

---

① 张法:《美与万象——我的美学求索》,《美与时代(下)》2014年第5期。

潜对儒家美学和道家美学的关系认识比较复杂。一方面，朱光潜在文艺思想中表现出对道家庄子美学的青睐。如他把文学美视为一种自在之美而不是自为之美，这与儒家实用主义划清了界限，他认为美感经验即审美直觉，是心灵脱离了功利的羁绊而心无旁骛地凝视观照——孤立绝缘的意象。作家在面对浑然自足的美的客体时，要从意志和欲念的层层壁垒中突围出来，而只凝神驻足于文学的这一超现实的意象世界本体，沉醉于一种鱼跃莺飞的境界而忘却功利尘俗。他对比中西诗歌情趣，崇尚自然主义；扬弃"文以载道"传统，将意象、情趣、形象直觉、移情、审美距离、形式美感、印象批评、纯正品位作为论述的关键词。他崇尚"无言之美"。这些都体现出朱光潜的文学观有着道家庄子的美学精神。所以学者指出："儒、道、释三种文化精神在朱光潜身上都依稀可见，但唯有具有纯粹审美经验的庄子美学才真正构成了朱光潜学说的基质，朱光潜的文艺观基本上都是对庄子美学精神的阐释和张扬。"①庄子美学重视事物内在的生命意志，而不是外在的道德客体，并重视审美直觉。朱光潜的文学观与庄子美学的这些思想更契合。

　　另一方面，朱光潜对儒家美学也表现出了明显认同。如朱光潜按照"情趣"与"意象"相结合的诗境论标准，非常推崇陶渊明并认定陶渊明是儒家。其理由有三：一是陶渊明爱读书，且所读之书多半是儒家典籍。二是陶渊明情感生活忧愤苦闷，常常借酒消愁，却没有走向放诞，正是依赖儒家精神的调和。②三是陶渊明虽为隐逸之士却非不食人间烟火，虽有侠情却又无法付之行动，他的隐与侠都没有走极端而是近人情③，所以朱光潜认为："因为渊明近于人情，而且富于热情，我相信他的得力所在，儒多于道。"④朱光潜反对陈寅恪把陶渊明判为"舍释迦而宗天师（道）"的道家信

---

① 程勇真：《朱光潜文艺观的庄子美学精神》，《中州大学学报》2000 年第 2 期。
② 朱光潜：《朱光潜全集》第 3 卷，安徽教育出版社 1987 年版，第 258 页。
③ 朱光潜：《朱光潜全集》第 3 卷，安徽教育出版社 1987 年版，第 261 页。
④ 朱光潜：《朱光潜全集》第 3 卷，安徽教育出版社 1987 年版，第 264 页。

徒，而力证陶渊明虽然博采众家但其根底乃儒家。而且在抗战时期浓厚的复兴传统文化的氛围中，朱光潜也转向了儒家思想，但与大部分新儒家所立足的道德重建立场不同，他的美学家身份和美学上的训练却促成了其独特的"以情释儒"思路。① 朱光潜在抗战时期的《乐的精神与礼的精神》等文章中，不仅大量引述《礼记·乐记》中的内容，而且还在20世纪80年代初所作的《中国古代美学简介》中把《礼记·乐记》推崇为中国美学的根基："《乐记》和《诗大序》的作者都是儒家，他们的话大半可以和《论语》、《孟子》这些儒家经典著作中所表现的美学思想相印证，不过比《论语》、《孟子》中有关美学的零星语录较有系统。他们对于过去诗、乐、舞实况的总结，成了此后二千年的美学思想发展的基础。"② 朱光潜在接受访谈时总强调自己"是儒非道"③："像我们这种人，受思想影响最深的还是孔夫子"④，"我的美学观点，是在中国儒家传统思想的基础上，再吸收西方美学的观点而形成的"⑤。这些可以看作朱光潜对儒家思想的认同与坚守。朱光潜注意到儒道思想在陶渊明思想中的融合，但并未提出明确的"儒道互补"思想，也没有明确提出儒家美学或道家美学何者为主干的思想。但是朱光潜对陶渊明的认识中的"以情释儒"思想可以看作对梁启超的《情圣杜甫》"以情释儒"思想的继承与发展，对李泽厚在《华夏美学》中提出"情本体"思想应该产生了一定影响。李泽厚认为建立在"情本体"思想基础上的儒家美学思想是中国美学的主干，这也成为"儒道互补"美学史观的核心思想。1963年朱光潜出版了国内第一部

①　参见金浪《"以情释儒"——从〈陶渊明〉看朱光潜抗战时期情感论美学的构建》，《中国现代文学研究丛刊》2013年第4期。

②　朱光潜：《朱光潜全集》第10卷，安徽教育出版社1993年版，第560页。

③　朱光潜：《朱光潜全集》第10卷，安徽教育出版社1993年版，第653页。

④　朱光潜：《朱光潜全集》第10卷，安徽教育出版社1993年版，第533页。

⑤　参见金浪《"以情释儒"——从〈陶渊明〉看朱光潜抗战时期情感论美学的构建》，《中国现代文学研究丛刊》2013年第4期。

《西方美学史》，他主要仿效了鲍桑葵、吉尔伯特和库恩等人的经典美学史著述，基本是以不同国别和流派的美学家为讲述对象，并将他们的思想按大致的时间顺序排列。由此奠定了国内西方美学史写作的基本范式。此后，杨恩寰、李醒尘、凌继尧等学者陆续撰写的西方美学思想史，以及蒋孔阳、朱立元组织编写的七卷本的《西方美学通史》等著作，都是按照这种方式来展开。① 朱光潜《西方美学史》是"西方美学在中国"的写作范式，正如张法所言："朱光潜在整体运用西方美学的时候，也尽量使用中国的例子，只是这种努力成了用以中证西（用中国的例子来证明西方的理论）的方式让中国化入世界。"② 但李泽厚的《美的历程》和《华夏美学》却尽力突破这种写作范式，反客为主，希望用西方理论证明中国美学的价值。

　　宗白华对中国美学的研究具有诸多开创性的贡献。如《中国艺术意境之诞生》（1943 年）开始了超越西方美学理论而从中国丰富审美实践出发研究中国美学独特价值。他提出了很多揭示中华美学特征令人耳目一新的新观点。正如李泽厚对宗白华的评价："（宗白华）相当准确地把握住了那属于艺术本质的东西，特别是有关中国艺术的特征"；"或详或略，或短或长，都总是那种富有哲理情思的直观式的把握，并不做严格的逻辑分析或详尽地系统论证，而是单刀直入，扼要点出，诉诸人们的领悟，从而叫人去思考、去体会比如关于充满人情味的中国艺术中的空间意识，关于音乐、书法是中国艺术的灵魂，关于中西艺术的多次对比等"。宗白华 20 世纪 60 年代开始在北京大学开设《中国美学史》课程，并提出了宝贵的研究思路，但当时由于各种原因没有完成美学通史的写作。③ 后期宗

---

① 方明：《论中国美学史的"网状结构"——从杨恩寰先生的"潜美学"观念谈起》，《美与时代》2021 年第 12 期。

② 张法：《略论新时期以来中国美学原理著作的演进》，《中州学刊》2007 年第 1 期。

③ 张泽鸿：《宗白华为何没有写成〈中国美学史〉》，《寻根》2011 年第 2 期。

白华发表了《中国美学史重要问题的初步探索》（1963 年）一文，他提出了五题共十九点，这几乎是第一篇进行中国美学史通史写作的提纲。不仅论述了虚实相生、气韵生动、迁想妙得、骨力、风骨、线条美等中国美学命题及其特色，而且涵盖了诗歌、戏剧、绘画、雕塑、园林、建筑等几乎全文艺门类，还有对中国美学史观方法论的认识。比如结合现代考古发现研究中国美学思想，理论与实践相结合的研究方法等。笔者认为其中最宝贵的是他对中国古代美学史观的开创性认识。首先他提出"学习中国美学史，在方法上要掌握魏晋六朝这一中国美学思想大转折的关键"。其次他指出中国美学史上一直贯穿着两种基本的美感或美的理想："错彩镂金"和"出水芙蓉"。[①] 但从魏晋六朝起，中国人的美感表现出一种新的美的理想，即认为"出水芙蓉"比"错彩镂金"是一种更高的美的境界，而且强调这条线索一直延续至今。最后提出《易经》贲卦中的"白贲"包含了一个重要的美学思想。"贲"本来是绚烂的美，"白贲"要质地本身放光，才是真正的美。这一思想影响到中国美学不喜欢过度雕饰，而认为自然、朴素的美才是最高的境界。综上可见，宗白华在这篇文章中显示出以道家美学为主线的倾向。但宗白华对道家也有批判性认识，比如他认为老庄与墨家一样否定艺术。而孔孟一派对艺术持肯定的态度，如孔孟尊重礼乐。而且认为《易经》是儒家经典，其中的"刚健、笃实、辉光"代表了中华民族一种很健全的美学思想。孔子批判过分装饰，而要求教育的价值；老庄讲自然，根本否定艺术，要求放弃一切的美，返璞归真。这里宗白华对孔子和老庄美学思想都有肯定也有批评，显示出比较平等的态度。这与李泽厚"儒道互补"美学史观以儒家为主干的思想有明显不同。尽管宗白华没有完成中国美学通史，但从学术史的角度看，正如有学者所言：宗先生是"撰史未遂成遗恨，但留学统

---

① 宗白华：《美学散步》，上海人民出版社 1981 年版，第 29 页。

在人间！"① 宗白华的中国美学史写作思路在很大程度上被李泽厚所继承。所以张法有言"《华夏美学》是对从 20 世纪初到宗白华的中国美学史写作传统的正宗性继承（既把理论性资料与审美文化紧密结合，而又形成理论性的体系）"，② "在中国美学史的写作上，对宗白华的成就，具有接力关节点的人物是李泽厚"③。宗白华对中国美学研究的一些基本认识被李泽厚继承和发展融入《美的历程》和《华夏美学》的写作中。比如对庄子美学重要性的认识，对魏晋时期美学高峰和"魏晋风度"的认识，对"出水芙蓉"超过"错彩镂金"的美等认识。还有李泽厚对经典文艺作品的举证大部分都来自宗白华。诗人如屈原、谢灵运、陶潜，画家如顾恺之，绘画如楚国的图案、青铜器、宋代的白瓷，等等。文艺理论如陆机的《文赋》、刘勰的《文心雕龙》、钟嵘的《诗品》、谢赫《古画品录》里的《绘画六法》等。④ 当然在"儒道互补"美学史观方面，李泽厚是首创者和贯彻者。

　　综上所述，朱光潜、宗白华两位美学家对儒、道美学都有所认识，朱光潜的文艺思想整体上偏向道家庄子，但对儒家美学也多有肯定。宗白华的中国美学思想更追求道家的超越性和平淡自然的美，但也重视儒家礼乐思想和《易经》刚健雄浑的美学精神。在对待儒道美学思想上都显示出道家美学精神和儒家美学立场的一些矛盾性。但他们都没有明确突出儒家美学的主干地位。这与李泽厚的"儒道互补"美学史观明确突出儒家主干地位的认识不同。李泽厚并没有完全继承朱光潜和宗白华似乎对道家美学更加青睐的美学史观，而是另辟蹊径，举起了独尊儒家美学为主干的大旗。当然李泽

---

①　张泽鸿：《宗白华为何没有写成〈中国美学史〉》，《寻根》2011 年第 2 期。

②　张法：《中国美学史应当怎样写：历程、类型、争论》，《文艺争鸣》2013 年第 1 期。

③　张法：《中国美学史应当怎样写：历程、类型、争论》，《文艺争鸣》2013 年第 1 期。

④　宗白华：《美学散步》，上海人民出版社 1981 年版，第 29 页。

厚的中国美学史写作对宗白华在美学思想和写作方法上的借鉴更多些。这也许是 1980 年 82 岁高龄的宗白华老先生请比自己年轻 32 岁的李泽厚为自己的《美学散步》作序的原因所在。而且李泽厚在"序言"中说"我终于领悟到宗先生谈话和他写文章的特色之一，是某种带着情感感受的直观把握"；"这样一种对生命活力的倾慕赞美，对宇宙人生的哲理情思，从早年到暮岁，宗先生独特地一直保持了下来，并构成了宗先生这些美学篇章中的鲜明特色"。并认为"宗先生不断讲的'中国人不是像浮士德"追求"着"无限"，乃是在一丘一壑、一花一鸟中发现了无限，所以他的态度是悠然意远而又怡然自足的。他是超脱的，但又不是出世的'等等，不正是这本《美学散步》的一贯主题吗？不也正是宗先生作为诗人的人生态度吗？"[①]"'天行健，君子以自强不息'的儒家精神、以对待人生的审美态度为特色的庄子哲学，以及并不否弃生命的中国佛学——禅宗，加上屈骚传统，我以为，这就是中国美学的精英和灵魂。宗先生以诗人的锐敏，以近代人的感受，直观式地牢牢把握和强调了这个灵魂（特别是其中的前三者），我以为，这就是本书价值所在。"[②] 李泽厚这些认识既有出于自己提出的"情本体"论的主张，也是对终身热爱艺术的宗白华作为鉴赏家的精当评价，可谓学术知音。还有将宗白华《美学散步》的主题确立为中国人"既超脱又不出世"人格理想的认识，显示出以"儒道互补"美学史观整合宗白华思想和人格的倾向。而且李泽厚在将朱光潜和宗白华两位先生进行比较时认为，"朱先生的文章和思维方式是推理的，宗先生却是抒情的；朱先生偏于文学，宗先生偏于艺术；朱先生更是近代的，西方的，科学的；宗先生更是古典的，中国的，艺术的；朱先生是学者，宗先生是诗人……"两位美学前辈的美学研究的确高山仰止，泽被后世。但他们并没有像李泽厚那样表现出将"儒道互

---

① 宗白华：《美学散步》，上海人民出版社 1981 年版，序言，第 1—2 页。

② 宗白华：《美学散步》，上海人民出版社 1981 年版，序言，第 1—2 页。

补"作为美学史观的明显自觉意识。而在笔者看来,李泽厚实际上继承了两位美学前辈的思想和研究方式,实现了两者的融合,也通过对"儒道互补"的美学史观自觉建构将中国美学研究推向了一个新境界。

(二) 与其他中国美学通史著作的比较

尽管对《美的历程》是否是中国第一部美学通史学界存在争议,但多数学者还是对李泽厚在中国美学通史写作中的重要贡献给予了高度评价。如王振复对《美的历程》的评价很有代表性:"该著将自觉的修史意识,化为别具一格之思性、诗性之趋于双兼的'宏观'性书写,摄取历史的一个个节点与转折,做轻灵的'美的巡礼'。写法往往不按一般史著既定的模式与规矩,在流畅的文笔叙述中,可见诗人洋溢的才气与学者迸发的新见,亦因一些篇章书写匆匆而过、稍欠严谨而让人有些不够满足。但首先应予肯定的,是作者可贵的求异性学术思维与治美学史首先立于哲学的大局观。"①"该著的大为成功之处,是宏观的大致从哲学高度俯瞰自远古至明清的'美的历程',其间,诸多独立的学术见解及其关于中国美学史的'大局'观,曾经积极地影响了许多关于中国美学史的研究。"②继《美的历程》之后,叶朗的《中国美学史大纲》、敏泽的《中国美学思想史》、李泽厚的《华夏美学》等著作开启和形成了中国美学通史写作的新潮。之所以说李泽厚在《华夏美学》中确立的"儒道互补"美学史观创新了美学史书写范式,还可以通过与以下在《华夏美学》之前或同时期出版的中国美学史著作的比较进一步证明。

1. 与徐复观《中国艺术精神》比较

目前,在中国古代美学研究中,李泽厚的"儒为主干"的"儒道互补"美学史观和现代新儒家代表人物徐复观在《中国艺术

---

① 王振复:《中国美学史著写作:评估与讨论》,《学术月刊》2012 年第 8 期。

② 王振复:《中国美学史著写作:评估与讨论》,《学术月刊》2012 年第 8 期。

精神》（1966 年）中确立的"道家主导的中国艺术精神论"是分歧明显而且影响力最大的两种观点。笔者目前所见文献未看到李泽厚谈及徐复观对其美学史写作的影响。①

一方面，李泽厚和徐复观的思想有诸多相同或相通之处，主要表现如下：

（1）二者都认识到了儒道美学既对立又统一的关系。虽然李泽厚强调的"儒道互补"是"以道补儒"，但也弱化了儒道之间的矛盾而强调了二者的融合性。徐复观没有明确提出"儒道互补"的概念，他总是用"会通"来论述二者的关系，这也表明他所认识的儒道关系也是相互融合而并行不悖的。

（2）二者都在感性与理性统一的前提下重视情感。李泽厚在《华夏美学》中坚持理性与感性的统一立场，并以此充分论述了儒家美学的礼乐传统和美善合一的基本特征，还以此作为"儒道互补"的前提。徐复观针对当时现代艺术空洞贫乏的精神指向和求新求变的搞怪形式，也认为感情与理性并非冰火难容。② 李泽厚后期将"情本体"作为"儒道互补"的重要基础并扩展为深层的中国文化—心理结构。徐复观也肯定了情欲的合理性，强调道德之心需由情欲的支持始能在现实中生根立足。

（3）二者都强调为人生而艺术。李泽厚强调"儒道互补"的

---

① 目前仅在《华夏美学》中有李泽厚对徐复观境界问题的反驳。在《华夏美学》中李泽厚以王国维、蔡元培的理论和 20 世纪中期流行的"美是生活"的观念为例探讨了近代西方文化传入后如何与原有传统相碰撞和联结。王国维是典型的儒家传统的知识分子，却又同时是勇于接受西方哲学美学的近代先驱。他提出了有名的"境界"说。李泽厚不同意徐复观所认为的"《人间词话》受到今人过分地重视，境界实即情景问题"，他认为"境界"说的焦点不是情景问题而在于它通过情景问题，强调了对象化、客观化的艺术本体世界中所透露出来的人生境界，即"'境界'本来自对人生的情感感受，而后才化为艺术的本体。这本体正是人生境界和心理情感的对应物"。

② 徐复观：《〈文心雕龙〉的文体论》，《中国文学精神》，上海书店出版社 2006年版，第 203—204 页。

同一性时认为二者都是"为人生而艺术"。徐复观虽然强调庄子所创造的艺术化的生活态度以及生存方式是中国艺术主流的内在精神，但认为儒、道的出发点和归宿点都是现实人生，因而也认为"为人生而艺术"是中国艺术精神的正流，并没有走向"为艺术而艺术"的纯艺术研究道路。

（4）二者都忽视佛家美学对中国美学的影响。在李泽厚看来尽管禅宗美学具有深刻的内涵，而且赋予儒家形上追求与智慧，但只能是儒家或"儒道互补"的补充者，而不具有独立的价值和意义。李泽厚还主张"庄禅合一"，禅宗美学被纳入道家美学体系中。他始终坚持理性主义的宗旨，对禅宗的非理性的宗教性保持了清醒而冷静的隔离。而徐复观也认为中国文化中的艺术精神只有孔子和庄子代表的儒家和道家两个典型，而禅宗对山水画的影响，主要是通过老庄在起作用，因而本质上是老庄哲学对艺术的影响，他说："禅在文化中、在文学艺术中的巨大影响，实质是庄子思想借尸还魂的影响。"[1] 显示出"庄禅合一"的认识。而且从人性论的视角来看，徐复观认为作为中国文化三大主流之一的佛学、禅宗对中国文化的影响，只局限于思想层次，而与人格修养无关，因此不能作为人生价值的根源和艺术精神的根源。[2]

此外，他们都认识到了儒家美学的负面价值。如徐复观认为儒家美学并不是纯粹的艺术精神。因为儒家在历代专制政治压迫下的扭曲使得"这种礼法已经丧失了它的真精神，变成了阻碍生机的桎梏"[3]。李泽厚也说："（儒家）由于其狭隘的功利框架，经常造成

---

[1] 徐复观：《儒道两家思想在文学中的人格修养问题》，《中国文学精神》，上海书店出版社 2006 年版，第 9 页。

[2] 参见徐复观《儒道两家思想在文学中的人格修养问题》，《中国文学精神》，上海书店出版社 2006 年版，第 8 页。

[3] 徐复观：《中国艺术精神》，春风文艺出版社 1987 年版，第 31 页。

对审美和艺术的束缚、损害和破坏……"① 可见，李泽厚和徐复观在儒道美学的关系、功能等方面的认识上是有相通性的，二者并非截然对立。

另一方面，李泽厚和徐复观的美学思想有明显差异，主要表现如下：

（1）儒道会通的前提区别：儒道同一与儒道差异。

在儒、道美学的关系上，李泽厚主张"儒道互补"的前提是二者的同一性，儒道思想并非对立而是相互补充与协调，并认为庄子反对束缚的超功利的审美人生态度，早就潜藏在儒家之中。而徐复观则强调儒、道之间存在明显的重视道德与重视艺术精神的差异性，这是儒道会通的前提。

（2）儒道关系区别：儒家主干与道家主体。

在儒家美学与道家美学何者为主导的问题上，李泽厚主张的"儒道互补"强调儒家美学为主体及对包括道家美学思想的其他美学思想的兼收并蓄。虽然他对庄子美学的价值高度肯定，但根本上坚持以儒家为主，其"儒道互补"美学史观实际上是"以道补儒"而否认了道家美学的独立价值。而徐复观则强调庄子所代表的道家艺术精神，具有追求个性、情感解放的倾向从而对中国艺术的发展影响甚大，所以是中国艺术精神的主体，这样道家思想成为中国艺术精神的主体而且具有独立价值。这也是李泽厚和徐复观关于中国美学史主干思想认识的最大分歧。

（3）研究方法区别："西体中用"与"中体中用"。

在研究方法上，李泽厚从马克思主义实践美学"自然的人化"观出发对儒道思想的差异性进行了调和。儒家是"自然的人化"，即人的自然性必须符合和渗透社会性才成为人，庄子思想体现了"人的自然化"，即人必须舍弃社会性，并与天地同构才能是真正的

①　李泽厚：《华夏美学》，《美学三书》，天津社会科学院出版社2003年版，第219页。

人；而徐复观对于形而上的哲学体系建构并没有兴趣，他受到黄侃的治学方法和熊十力的"救国先救中国的学术"学术精神的影响，治学侧重考据的整理和理论的推演，虽然认同康德对审美价值的推崇，但对西方现代艺术采取激烈批判的态度，基本从中国本土文化出发对中国艺术精神进行论述而不直接引入西方学术思想来解读本土的儒道思想。

（4）文艺实证不同：重视诗文与重视绘画。

李泽厚主要通过音乐、诗文等文艺来论述"儒道互补"主线论，突出了儒家功利美、人工美、美善统一的功利主义美学与道家自然美、天然美、美真统一的超功利主义美学的互补与融合。而徐复观主要从道家精神在绘画艺术，尤其是山水画中的重要影响来论述，强调中国画是庄子艺术精神的"独生子"，并最终催生作为中国画主流的山水画走向繁荣。晚期徐复观也强调了儒家对文学的主体性影响。①

（5）目的差异。

李泽厚论述"儒道互补"美学史观主要目的是确立中国传统文化中独特的文化—心理结构，借"儒道互补"开出会通中西的文化交流之路和中国美学的现代性未来。徐复观一方面是为被儒家所遮蔽的庄子申冤，对庄子进行"现代疏释"以发掘这一对中国艺术产生长期影响而又被忽视的艺术精神的根源；另一方面，徐复观在20世纪西方文明危机和中西文化冲突的困境中强调庄子"虚""静""明"的艺术精神对中国文化不可替代的独立价值和重要影响，突出道家艺术精神对西方现代艺术的解蔽作用和对人类健康发展清凉剂的重要价值。

综上，经过多维度的比较，"儒道互补"美学史观与徐复观中国艺术精神论极具原创性，内涵丰富，有相通性又各具特色。而分歧和差异显然是主要的。相较于较早的徐复观的道家主体的中国艺

---

① 徐复观：《中国艺术精神》，春风文艺出版社1987年版，第180页。

术精神论的美学史观，"儒道互补"美学史观是一种创新性的美学史观。虽然徐复观的道家艺术精神论曾经得到学界的广泛支持。而李泽厚和徐复观的观点具有惊人的互补性，共同完成了中国美学精神的现代建构。他们对 20 世纪下半叶以来的中国美学界起着重要的启蒙和引导作用。

2. 与叶朗《中国美学史大纲》比较

稍晚于《美的历程》（1981 年），叶朗的《中国美学史大纲》（1985 年）出版，又早于《华夏美学》（1989 年）的出版。如果说李泽厚的《美的历程》主要是从考古发现和中国博物馆的艺术品进行研究，所以可称为中国古代艺术简史或审美文化史，《华夏美学》是以"儒道互补"美学史观而建立的中国古代美学思想史，而叶朗的《中国美学史大纲》（1985 年）第一次确立了审美范畴史的美学史研究对象，提升了中国美学史研究的理论深度，所以经常被认为是一部真正意义上的中国美学通史。叶朗认为"美学范畴和美学命题是一个时代的审美意识的理论结晶"，所以"一部美学史，主要就是美学范畴、美学命题的产生、发展、转化的历史"。① 这种对美学范畴的体系性研究增加了中国美学的历史感。此后王振复主编的《中国美学范畴史》（2006 年）、王文生的《中国美学史：情味论的历史发展》（2008 年）等也是以审美范畴为主体的美学史。叶朗的《中国美学史大纲》与李泽厚的《华夏美学》在中国美学史研究方面相比较都注重理论思维，都是中国美学理论史，具有鲜明的哲学美学特色，都显示出扎实的理论功底的厚重学养。但也有诸多不同：

（1）在研究范式上，《中国美学史大纲》的研究是单纯的美学范畴、命题的历史，具有更加抽象的理论形态。该著中中国美学主要由九十多个范畴和命题组成。《中国美学史大纲》在魏晋南北朝之前的美学史叙述中沿用了以美学家或美学论著为纲的西方美学史

---

① 叶朗：《中国美学史大纲》，上海人民出版社 1985 年版，第 3 页。

惯例；但由于唐代之后各种门类艺术著作和代表性美学家的总量剧增，著者转而以唐宋明清各时代的不同艺术门类为划分标准进行理论梳理，具体人物及其思想则被纳入门类艺术美学史中去研讨。而具体的人物美学思想的诠解也是以范畴为主。从这个意义上讲，《中国美学史大纲》已经开始突破西方美学史式的叙事逻辑，用人物和艺术门类两者为综合依据建构其基本框架，也比较符合中国美学史以各类部门美学史的"经线"参与交织"网状结构"的特点。①此后，敏泽的三卷本《中国美学思想史》、陈望衡的两卷本《中国古典美学史》，到叶朗和朱良志主编的八卷本《中国美学通史》巨著，基本都采用了这种美学家、美学流派和门类艺术美学思想交替为纲领的结构框架，代表了当前中国美学史叙事的主流方法。②叶朗吸收了黑格尔美学的核心观点。多次征引黑格尔的观点，强调"美是无限的，自由的"③ 和美是"灌注生气于客观存在"④ 等观点。与《中国美学史大纲》以单一的美学范畴为主线不同，《华夏美学》是中国古代美学思想史，更侧重审美思潮与时代背景的关系，以中国艺术中体现出来的审美精神探讨为主线，重视从经济、政治等社会实践分析审美文化，呈现出更为复杂的结构。

（2）在研究内容上，《中国美学史大纲》侧重对不同时期文学家、艺术家和文艺理论家的美学思想以它们当时所发生影响的重要性来论述，更注重美学史自身的发展线索，并不刻意以儒、道、释的学派分立来进行论述。叶朗曾经做过宗白华的学术助手，在叶朗的指导下，参与国内最早出版《中国美学史资料汇编》（1962 年）的工作，其美学思想应该受到了宗白华的影响。他认为中国美学的

---

① 方明：《论中国美学史的"网状结构"——从杨恩寰先生的"潜美学"观念谈起》，《美与时代》2021 年第 12 期。

② 方明：《论中国美学史的"网状结构"——从杨恩寰先生的"潜美学"观念谈起》，《美与时代》2021 年第 12 期。

③ 叶朗：《现代美学体系》，北京大学出版社 1998 年版，第 143 页。

④ 叶朗：《现代美学体系》，北京大学出版社 1998 年版，第 143 页。

核心问题不是"美"而是审美意象。在中国哲学和艺术理论中："气"是万事万物的本体，是艺术的本源，气对艺术的规定就是意象，而"意象"是标示艺术本体的美学范畴。① "意象，就是形象和情趣的契合。"② 所以叶朗梳理了"意象"审美范畴在文学艺术发展的历史：从刘勰对"隐秀"和"风骨"开始，经过王昌龄、刘禹锡、皎然、司空图、王夫之、王国维等人。意象理论也是一种审美境界理论。③ 与李泽厚从孔子美学开始论述先秦美学不同，叶朗提出中国美学史应该从老子开始。因为老子要早于孔子。中国古典美学的一系列独特的理论，都发源于老子哲学和老子美学，老子美学思想的主要范畴并非"美"，而是"道""气""象"三者互联的一个范畴。④ 他认为中国美学在思维方式上不是西方形而上学的思维方式，它是以"道"为中心，是"道"的开显，运动，并强调道家思想是古代美学的"哲学根源"。⑤ 叶朗认为"气"作为美学范畴使中国美学和西方美学产生了深刻的区别，"西方的模仿说着眼于真实地再现具体的物象，而中国的元气论着眼于整个宇宙、历史、人生，着眼于整个造化自然"⑥。因此，"气韵生动"是中国美学最根本问题。中国美学不同于西方艺术，不是简单地再现或者表现某种物象，而是"要求艺术是一全幅的天地，要表现全宇宙的气韵、生命、生机，要蕴含深沉的宇宙感、历史感、人生感"⑦。叶朗还认为"'美'和'丑'并不是最高范畴，而是较低层次的范畴。一个自然物，一个艺术作品只要有生意，只要它充分表

① 叶朗：《现代美学体系》，北京大学出版社 1998 年版，第 265 页。

② 叶朗：《现代美学体系》，北京大学出版社 1998 年版，第 265 页。

③ 温玉林：《叶朗〈中国美学史大纲〉的美学史观研究》，《西部学刊》2016 年第 3 期。

④ 叶朗：《中国美学史大纲》，上海人民出版社 1985 年版，第 20—23 页。

⑤ 叶朗：《中国美学史大纲》，上海人民出版社 1985 年版，第 28 页。

⑥ 叶朗：《中国美学史大纲》，上海人民出版社 1985 年版，第 224 页。

⑦ 叶朗：《中国美学史大纲》，上海人民出版社 1985 年版，第 224 页。

现了宇宙一气运化的生命力……丑也可以成为美的"①。综上可见，叶朗明确将道家美学作为中国美学的哲学基础，并以老子"道—气—象"为核心，突出了道家美学的地位。这与李泽厚在《华夏美学》中以儒、道、屈骚传统、禅宗美学的学派分立来进行论述，并坚持儒家美学的主导地位和"儒道互补"的主线论存在明显差异。

（3）在美学史的历史分期上，《中国美学史大纲》根据中国美学本身的逻辑发展，将中国美学史分为四期：先秦两汉、魏晋南北朝至明代、清代前期分别为古典美学的发端期、展开期和总结期，加上近代共四期。《中国美学史大纲》主要以道家美学为主，兼论法家、墨家等其他各家美学思想。对佛家美学因为其起源不属于中国本土思想，而没有论述。而《华夏美学》美学史发展基本按儒家思想的传承人物来分，如孔子、孟子、荀子、董仲舒、陶渊明、韩愈、杜甫、苏轼、朱熹、王阳明等，具体为先秦的儒家美学、两汉的儒家美学、魏晋的玄学美学、唐代的禅宗美学、宋明的理学美学、明代以后的人性解放等，并未延续到现代美学思想。同时兼论屈骚传统、庄子美学和禅宗美学，总体上始终以儒家美学为主干。

（4）在研究目的上，《中国美学史大纲》力图还原中国美学史的理论成就，是纯美学的微观研究。叶朗的中国美学史以"道—气—象"为核心，以意象为审美本体，因此他并不重视美学流派的划分，也并不重视社会历史的变化。如他认为"中国封建社会在进入近代前的整个发展过程中，社会经济形态没有发生根本的变化，因此，中国美学的历史，除了近代美学可以划一个阶段外，不可能像西方美学史那样明显地区分成几个性质不同的阶段"②。而《华夏美学》是从历史本体论的哲学体系出发来说明中国文化的独特文化—心理结构，是一种文化美学的宏观研究。所以作者对不同时期的文化背景都有充分的介绍。如先秦时期的礼乐文化，魏晋时期的

---

① 叶朗：《中国美学史大纲》，上海人民出版社 1985 年版，第 127 页。

② 叶朗：《中国美学史大纲》，上海人民出版社 1985 年版，第 7 页。

混乱社会，唐代的盛世繁荣，宋代的理学思潮，明代的市民社会，清代的封建末世等。并运用唯物史观和实践美学强调了不同时期的审美风尚受到社会经济基础和意识形态的重要影响。

综上所述，尽管《华夏美学》晚于《中国美学史大纲》出版，但与叶朗的《中国美学史大纲》中更突出道家美学地位的纯美学史观相较，李泽厚更突出儒家美学主干地位和文化美学研究目的，突破了从徐复观到宗白华对道家美学主干论或基础论的影响，开启了中国美学研究的新思路，所以与叶朗的《中国美学史大纲》比较，"儒道互补"美学史观也是一种创新性的美学史观。

3. 与同时期其他美学通史著作比较

几乎与《华夏美学》（1989 年）同时，更为全面系统的中国美学通史著作——敏泽的《中国美学思想史》由齐鲁书社于 1987 年出版，1989 年出齐，全书共三卷，体大虑周，约 150 万字。全书分为七编多达 52 章，七编按时间划分，分为史前与战国时期，两汉时期，魏晋南北朝、隋、唐、五代时期，宋金元时期，明清时期（上）和（下）及近代，终结于蔡元培和鲁迅的美学，也是一部中国美学通史的奠基之作。敏泽在《中国美学思想史》中首次提出审美意识史的定义，但其美学史主要是美学理论研究。该著对人物以思想的现代语汇概括为主，以古代概念、命题为辅。敏泽把研究中国美学特点与中国文化特点融合起来，在文化史的大背景下阐述美学思想的生成和演变，涉及素材广泛，美学人物众多。敏泽用三句话概括了中国美学特征及其体系的形成："以法自然的人与天调和为基础，以中和之美为核心，以宗法制的伦理道德为特色"，并对儒道释各家各派的美学观点做了深入的分析。这其实体现了儒道美学融合的思想，而且在讲先秦美学思想时也是从孔子美学讲起。还认为先秦产生了中国美学的第一个共时结构——"儒道互补"，到魏晋南北朝，形成了第二个"共时"结构——儒、释、道的多元互补。此外，这部著作对中国原始审美意识的分析更加深入，对中国美学思想分化、流变及传承之内在脉络的梳理更加清晰。敏泽提出中国美学的第一个共时结构——"儒道互补"应该是受到了李泽厚在《美的历程》（1981年）中提出的"儒道互补是中国美学基本线索"的影响，他进行了进一步发展，提出了魏晋南北朝形成了第二个"共时"结构——儒、释、道的多元互补。敏泽和李泽厚都注重把中国美学特点与中国文化特点结合起来。所以也许与其说李泽厚《华夏美学》"儒道互补"美学史观可能受到敏泽《中国美学思想史》的影响，不如说敏泽的上述两个"共时"结构受到李泽厚《美的历程》的影响。与"儒道互补"美学史观相较，两个共识结构的认识更全面丰富，但并没有明确提出儒家美学的主干地位，也没有真正将"儒道互补"作为中国美学史的主线贯穿全书。

与敏泽的《中国美学思想史》同年出版的由郑钦镛、李翔德合写的《中国美学史话》标题富有新意诸如"女阴崇拜""以粪为美""美从礼出""儒道参禅"等，而且标题数量多达六七十个。该著从中国古代纷繁复杂的美的现象入手，进行了"蜻蜓点水""浮光掠影"（作者自语）的分析，语言比较通俗，观点比较分散，并不对儒道美学思想进行严格区分，也缺乏明确的美学史观，这可以视为从审美文化的角度撰写古代美学史较早的尝试。

综上，经过比较，笔者认为"儒道互补"美学史观与早期颇具代表性的中国美学史著作中的美学史观相较是一种具有创新性价值的美学史观。主要体现在以下五个方面：

（1）从研究理念上看，"儒道互补"美学史观真正开启了主线论式的美学书写范式；李泽厚在《华夏美学》中自觉分析了"儒道互补"的礼乐传统、巫史文化根源，确立了儒家美学的主体地位，先秦两汉时期道家美学、屈骚传统，魏晋时期玄学思想、唐宋时期禅宗美学思想都成为不同历史时期对儒家美学的补充者，甚至到近代人性解放也有对"儒道互补"的反叛与回归。这样李泽厚真正以儒家美学为主体，"儒道互补"的主线论将中国美学史做了"我注六经"的全面整合和梳理。这是一种建立在以儒家为主体、"儒道互补"为主线的思想史基础上的美学史观建构。

（2）从研究内容看，"儒道互补"美学史观是一种基于其历史本体论哲学思想基础上的对华夏美学深层的文化—心理结构积淀的文化研究范式。论者运用了马克思主义"自然的人化"观分析了儒家美学的独特的文化心理积淀。所以"儒道互补"美学史观是一种历史本体论的文化史观，是一种对马克思主义唯物史观进行改造，更加突出历史中的理性和群体价值的文化史观。看上去"儒道互补"主线论似乎更加微观，但它的哲学背景和民族文化心理结构的背景却更加宏观。

（3）从研究宗旨看，李泽厚是从美学上努力探索中国文化的深层文化—心理结构以应对西方文化的冲击开创出中国美学的现代性。

（4）从研究方法上看，李泽厚的研究受到近代以来中国美学学者运用西方美学理论来分析和解读中国美学思想的方法论影响，与之前学者主要从康德、叔本华、尼采等西方美学学者不同，论者第一次自觉将马克思唯物史观渗入中国美学通史的研究，并且将马克思主义与中国传统文化相结合，在《美的历程》中分析先秦美学时第一次提出了"儒道互补"美学思想，为在《华夏美学》中正式提出"儒道互补"美学史观奠定了基础。

（5）"儒道互补"的主线论是纵横捭阖、个性突出的美学史研究范式。李泽厚是一位思想不断变化的思想者，晚年进一步提出了"巫史传统"作为"儒道互补"的根源，"情本体"作为"儒道互补"的关键，进一步发展了这一美学史观。"儒道互补"美学史观也体现了当时思想解放，启蒙特色鲜明的时代特点。历史在螺旋式上升时，矫枉常常过正，李泽厚当时提出的美学史观虽然忽视细节显得武断也遭到了多方诟病，但符合当时思想解放的时代特点，为中国美学史个性书写的丰富性开了先河，推进了中国美学史写作走向硕果累累的发展阶段。

综上，经过对西方和中国代表性的美学史观进行较全面的比较可以发现，"儒道互补"美学史观在当时是一种崭新的美学史观，并对此后的中国美学研究产生了极其深远的影响。

（三）"儒道互补"美学史观的深远影响

1. 其他学者的认可与深化

"儒道互补"美学史观也得到了很多著名学者的回应。他们对"儒道互补"在美学上的重要性进行了充分肯定。如蒋孔阳在《中国艺术与中国古代美学思想》一文深刻分析了儒家和道家美学产生的基础。中国古代社会的两大特点，一是宗法礼教，一是小农经济，分别产生了以礼乐为中心的儒家美学思想和以无为、自然为中心的道家美学思想。① 又如张文勋专著《儒道佛美学思想探索》（1988 年）研究了儒、道、佛三家的审美观念、审美体验和审美趣味的异同，阐明了三者相互对立、相互交融的发展历史及由此形成的中华古典美学思想的民族特色。后来还从审美功能、审美判断、审美心理、审美趣味四个方面，具体深入探讨了儒、道互补的内在机制，对儒、道两家的美学思想作了较全面的比较研究。② "儒道互补"美学史观除了得到一些学者的认可和继承外，还得到了一些学者的深化。其中比较有代表性的是陈炎在《"儒道互补"的美学功能》（1998 年）一文中对"儒道互补"的美学功能进行了深入论述。其观点主要如下：

（1）从内在的、隐蔽的、发生学的意义上讲，"儒道互补"有阴阳互补的两性文化上的内涵，而从外在的、公开的、符号学的意义上讲，"儒道互补"又有着美学上的功能。

（2）将儒道的美学功能分别概括为"建构"和"解构"；儒家以"建构"的方式来装点逻辑化、秩序化、符号化的美学世界，道家则是以"解构"的方式寻求一个与之相对的非逻辑、非秩序、非符号的审美天地。儒家的"建构"需要道家的"解构"以避免

---

① 蒋孔阳：《中国艺术与中国古代美学思想》，《复旦学报》（社会科学版）1987年第2期。

② 张文勋：《中国古代美学的儒道互补研究》，《中国文化研究》2008年第8期。

"异化"，道家的"解构"也需要儒家的"建构"来防止"虚无化"，所以儒道的地位更加平等。

（3）表明了"儒道互补"的前提是对立性；道家对中国美学的历史贡献，恰恰是作为儒家美学的对立面而得以呈现的。

（4）儒家美学对乐舞，而道家美学对书画艺术产生了更加深远的影响。

（5）把"儒道互补"当作中国美学史研究的一种具有理论高度的文化模型和方法论并且给予了高度评价。

（6）进一步将楚骚美学和禅宗美学纳入"儒道互补"的建构和解构的系统中，楚骚美学和禅宗美学分别更接近于儒家和道家，它们也以其各自的方式参与了中国美学"建构"与"解构"的历史过程。①

可见，陈炎的"儒道互补"美学观是对李泽厚"儒道互补"美学史观的全面整合、深化和发展，突出了儒、道思想的对等性和儒、道在功能上的互补性，肯定了儒、道思想对不同艺术类别的影响并且高度肯定了"儒道互补"的文化模型意义，而且把李泽厚的同源互补论推进到功能互补论，深化和完善了"儒道互补"的内在机制和价值。除了陈炎，刘成纪近年来不乏关于先秦和两汉美学的研究，还对儒家美学进行了深入研究。如他认为"自西周以降，维系中国文明没有发生重大断裂的力量并不是政治的控制，而是具有审美和艺术特质的礼乐教化"②。显示出对李泽厚儒家主干论美学史观思想的继承。

此外，"儒道互补"美学史观中儒家为主干的思想也影响了其他学者对中国具体文艺史的认识。比如莫砺锋在谈杜甫的文化意义时，认为儒家和道家"这两派虽然互相论争，看上去好像水火不相

---

① 陈炎：《儒家的"建构"与道家的"解构"》，《传统文化与现代化》1997 年第 10 期。

② 刘成纪：《中国美学与传统国家政治》，《文学遗产》2016 年第 5 期。

容，但是它们的共同点就是非常重视人。所不同的是，道家所重视的是个体的生命价值，而儒家所重视的是群体的利益，儒家是在重视个体的基础上更重视群体，重视一个家族、一个宗族乃至一个民族、一个国家的利益。所以在价值观方面，儒家与道家是互补的，是相辅相成的"。"……我们在黄河流域，在这个水深土厚、气候也不是很温暖的地方，而且有滔滔的大河需要治理，不治的话就会有水患。所以对中华民族来说，如果太强调个体生命而忽视群体利益的话，就不利于我们这个民族的生存、繁衍。因此，以儒家的孔孟之道为代表的这种伦理观念、道德理想，就历史地被选择为我们这个文化的核心精神。也就是说，道家只是一种补充，儒家才是核心。因此到了后代，尽管我们的中华文化不停地发展，不停地演变，出现了很多的支脉，也吸收了很多外来的新的养料，但儒家思想在这个变化过程中始终占据着核心地位，儒家思想自身的复杂演变，基本上就是中华传统文化演变的主要脉络。"① 这样杜甫诗作因为代表了儒家思想具体要义，而成为儒家思想在唐代重要的践行者而具有了不可替代的重要文化意义。

2. 对其他美学史写作的影响

20 世纪 90 年代之后中国美学史写作和研究进入了繁荣发展的新阶段。这一时期尤其是中国美学史通史著作成果突出。据林华琳统计，自 20 世纪 80 年代到 2021 年，中国美学史的通史著作共 59 部，在美学史著作中占据了近一半数量。② 李泽厚所确立的"儒道互补"美学史观也对中国美学史通史的写作产生了深远影响。如周来祥与孙海涛的《中国美学主潮》（1992 年）继承了"儒道互补"的美学史线索，在此基础上抓住每一时代美学的总范畴和审美理想作为历史发展的主要线索，并着力揭示了这一总范畴和审美理想的

---

① 莫砺锋：《杜甫十讲》代跋，北京联合出版公司 2022 年版，第 2 页。
② 林华琳：《从数据看中国美学史写作的基本内容》，《南京大学学报》（哲学·人文科学·社会科学）2022 年第 4 期。

产生、发展、裂变、兴替的历史过程，在"儒道互补"的美学史线索梳理和深入分析方面更加深入有力。再如陈望衡的《中国古典美学史》（1998 年）建构出了一个完整的中国古典美学体系，即将"意境"看成中国美学的最高范畴和审美本体论系统，以"味"为核心范畴的审美体验论系统，以"妙"为主要范畴的审美品评论系统，最后形成真、善、美相统一的艺术创作理论系统。该书不仅写出了历代美学家的主要美学思想，而且还写出了中国古典美学的内在精神，注重中华美学思想的体系性与整合性。该书以上述美学观念为指导将中国美学分为奠基（先秦时代老子至屈骚美学）、突破（汉至魏晋南北朝）、鼎盛（唐宋）、转型（元明）、总结（清初至王国维）五期。该著材料内容更为宽广丰富。对"儒道互补"的中国古典美学体系特点的描述分析也更加深入。近年来，陈望衡认为中国古代美学史具有四个主干理论，它们共同构成了中国的美学体系：（1）"道—生"论。"道"是中国古代哲学的本体性范畴，也是最高范畴。儒家所认定的道为社会人伦之道。道家创始人老子将道表述为"自然"，即自然之道。"道"的重要功能是"生"，"生"指创造天地万物，其中最重要的是创造生命。（2）"妙—味"论。（3）"象—境"论。（4）"风—化"论。[①] 这些主干理论依然延续了"儒道互补"的思维模式。再如王振复的《中国美学的文脉历程》（2002 年）前言指出全书的"基本论证方法"是"从中国文化与哲学角度研究中国美学的文脉历程问题"，即"将中国美学的一系列重要理论问题纳入文脉历程这一时空框架来加以叙述"。在作者看来，原始巫术文化在春秋战国前后的史学化和人学化转向，尤其由儒家仁学和道家哲学组成的心性论，决定了此后中国美学发展的基本路向和人格特征；秦汉时期儒家文化奠定一统局面，放大为"天人合一"的宇宙论，是在为"全民族的审美"奠基；魏晋南北朝玄、佛、儒三家汇流，完成了哲学本体论的建设，也导

---

① 陈望衡：《论中国美学史的核心与边界问题》，《河北学刊》2015 年第 3 期。

致了中国美学的建构。① 可见，王振复的《中国美学的文脉历程》体现了与李泽厚相似的重视华夏美学的文化背景和以儒家美学为中国美学根基的思想。"儒道互补"美学史观中以儒家为主干的思想也影响了其他学者中国美学史的写作。如祁志祥的《中国美学通史》（2010 年）依然延续了李泽厚对儒家美学主干地位的认识，将儒家美学置于中国美学史的首篇。并认为，"透过道家反美学的表象剖析其独特的美学思想，并顾及其对中国古典美学的影响，自然功不可没，但如果矫枉过正，把道家美学夸大到中国美学的首要命脉甚至唯一命脉，却也令人难以信服。从实际情况来看，统治阶级的思想是占统治地位的思想。儒家思想作为中国古代统治阶级的思想，它在中国美学传统中亦占统治地位。虽说儒道是中国美学精神的两元，但儒家美学这根擎天大柱显得更加粗壮"②。

此外，李泽厚的《华夏美学》通过分析不同时代或历史时期政治、经济、文化变迁探究社会审美意识变化的唯物史观的美学史书写方式也影响了一批中国审美文化史、风尚史和审美意识史的通史写作。中国审美文化史和风尚史有陈炎主编的《中国审美文化史》（2000 年）、许明主编的《华夏审美风尚史》（2000 年）、吴中杰的《中国古代审美文化论》（2003 年）、周来祥主编的《中国审美文化通史》（2007 年）等。其中陈炎主编的《中国审美文化史》比较有代表性，该书共四册，分为"先秦""秦汉魏晋南北朝""唐宋"和"元明清"四卷。编者试图还原中国古代审美文化鲜活的历史，从中华民族特定时代的"生产方式""生活方式""信仰方式""思维方式"等多重因素考察审美文化，对青铜器、陶器、纹绘、饮食等具体生活给予了较多关注。该著将审美文化介于理论和实践两者之间并对二者有机包容。审美意识史如胡健的《中国审美意识简

---

① 张弘：《近三十年中国美学史专著中的若干问题》，《学术月刊》2010 年第 10 期。

② 祁志祥：《中国美学通史》，人民出版社 2008 年版，第 20 页。

史》（2013 年）、朱志荣主编的八卷本《中国审美意识通史》
（2017 年），还有名为"美学史"但主要以社会审美意识为研究对
象的著作，如李旭的《中国美学主干思想》（1999 年）、张法的
《中国美学史》（2006 年）、曾祖荫的《中国古典美学》（2008 年）、
于民的《中国美学思想史》（2010 年）、王振复的《中国美学史新
著》（2009 年）等。张法的《中国美学史》肯定了李泽厚的"儒
道互补"美学观。张法在北大的硕士学位论文题目是《从先秦的社
会文化氛围看孔孟荀三子的美学思想》，显示出对儒家美学的关注。
后来张法接受了李泽厚提出的中国古代美学的四大主干：儒、道、
屈和禅，又加上了成复旺所关注到的晚明思潮。张法著作中"杜
诗、韩文、颜书审美模式"等篇章也显然受李泽厚的影响。他强调
了屈骚传统对儒道思想的补充，并与李泽厚一样认为认识礼乐文化
是理解中国美学史，尤其是先秦两汉美学史的一个重要课题，还提
出了士人美学、朝廷美学、市民美学和民间—地域美学四大主体。
在总结中国美学的主干时，将"士人美学"放到了古代美学的核心
地位："就整体—部分关系中强调整体来说，只有一个美学，即由
士人来思考的中国美学。在这个意义上，中国美学就是士人美
学。"① 作者还进而指出朝廷美学就是中国美学的基础："中国审美
文化在远古的演化，就是远古的简单仪式演进为朝廷美学体系的过
程。"② 并归纳说："朝廷美学体系，经夏、商、周而完成……其主
体为秦的大一统所继承。这一主体是以建筑和服饰为核心的政治—
审美世界了，以仰视俯察为主体的审美观照方式，以视、听、味并
重的整合性审美感受，影响了从秦到清的整个历史。"③ 充分显示出
对儒家美学主干地位的认识。王振复的《中国美学史教程》（2004
年）和朱良志的《中国美学十五讲》（2006 年）是对《华夏美学》

---

① 张法：《中国美学史》，上海人民出版社 2000 年版，第 337 页。

② 张法：《中国美学史》，上海人民出版社 2000 年版，第 10 页。

③ 张法：《中国美学史》，上海人民出版社 2000 年版，第 10—11 页。

的写作方式在材料领域和思想内容上的丰富展开。朱良志的系列著作，如《曲院风荷——中国艺术本体论十讲》《扁舟一叶——理学与中国画学研究》《真水无香》等可以在逻辑上被看作其《中国美学十五讲》的注释和展开。① 此外，潘知常的《中国美学精神》（1993 年）、杨春时的《中华美学概论》（2018 年）、高建平的《中华美学精神》（2018 年）和寇鹏程的《中国古典美学精神》（2021 年）等探讨中华美学精神的著作也显示出对李泽厚儒道美学思想的继承和发展。还有目前已经成为中国美学史写作主流的断代史也不同程度地受到了李泽厚的影响，但由于数量众多，此处不赘述。总之，在李泽厚的引领下，20 世纪 80 年代到 21 世纪初中国美学史写作总体上呈现出成果不断涌现的良性发展态势，几乎可以称为中国美学通史出版的黄金期。

第三节　　提升中国美学独特价值

近代西学东渐一方面带来了民主与科学的先进思想和文化，推进了中国学术的学科化建设，使中国学术研究走上现代化的进程，另一方面西方国家成为学术标准、学科标准的设立者，也让我们在学术研究中照搬西方，削足适履，陷入全面的文化自卑之中。而李泽厚试图竭力摆脱这种文化自卑心理。他们殚精竭虑努力寻找中华民族独特的文化心理，持久存在的精神支撑和民族复兴的精神动力。李泽厚始终强调在漫长历史时期中国人的社会实践所积淀而成的文化—心理机构，充满华夏民族特色，不同于不弱于甚至优越于西方文化。他写作《华夏美学》强化"儒道互补"主线其主旨是从美学上发现和总结中华文化的根本文化模式和艺术特征。这比《美的历程》更系统，逻辑结构更加严密，维护中华文化之血脉的

---

① 　张弘：《近三十年中国美学史专著中的若干问题》，《学术月刊》2010 年第 10 期。

民族主义文化立场更加自觉和鲜明。基于此，笔者猜测佛教思想之所以被排除在李泽厚的"儒道互补"的主线之外主要原因：一方面是儒道思想都是理性主义而佛教思想是非理性的，而李泽厚始终都是一个理性主义者；另一方面佛教思想尽管对唐宋以后的中华文明也产生了重要影响但毕竟是外来思想。李泽厚有强烈的民族主义情感，这点在他去国寓居海外之后更加明显。他不反对学习和吸收外来文化却始终保持高度警惕。如为对抗西方当代语言哲学，他始终认为"人活着"而不是语言问题是哲学的第一问题。又如他为批评西方后现代主义消解一切的反理性主义和非理性主义思想提出了"度本体"和"情本体"思想。20 世纪 80 年代以前，中国美学研究长期处于"西方美学在中国"的翻译和搬运西方美学思想的阶段，我们没有中国美学史著作也没有自己的美学史观。《美的历程》和《华夏美学》是改变这一落后状况的有效尝试。李泽厚不仅是中国美学史的开拓者，也是中国美学理论独立性的开拓者。其在《美的历程》和《华夏美学》中论述"儒道互补"美学史观的过程中，多次将中国古代美学、儒家思想和"儒道互补"思想与西方美学、宗教传统、悲剧艺术和近现代反理性主义思想进行对比。李泽厚在这些对比中彰显中国美学的优越性，提升了中国美学的独特价值和中国美学研究者的自信心。通过与西方美学对比，李泽厚发现了中国美学的优越性和至少不弱于西方美学的独特性，兹述如下：

一　情理结合

李泽厚从对"礼乐传统"的分析中得出了中国文化自开始就追求一种感性与理性的和谐统一的认识。他认为"礼乐传统"奠定了中华传统美学的基调，以孔子为宗师的儒家美学则直接承接了这种精神，并对整个中国美学的发展产生了深远影响。在《美的历程》第三章"先秦理性精神"中，李泽厚通过与西方文化比较突出了作为华夏美学主体的儒家美学强调情理结合的理性主义特点。他指出《乐论》（荀子）和《诗学》（亚里士多德）的中西差异："中国重视的是情、理结合，以理节情的平衡，是社会性、伦理性的心理感受和满足，而不是禁欲性的官能压抑，也不是理智性的认识愉快，更不是具有神秘性的情感迷狂（柏拉图）或心灵净化（亚里士多德）"，① 即中国强调艺术对于情感的构建和塑造作用，西方重视艺术的认识、模仿功能和接近宗教情绪的净化作用。并从以下四个方面进一步指出了由于中西美学的差异突出了中国美学的特点："……于是，与中国哲学思想一致中国美学着眼点更多的不是对象、实体而是功能、关系和韵律。从阴阳、有无、形神、虚实等和同、气势、韵味，中国古典美学的范畴、规律和原则大都是功能性的"；"它们作为矛盾结构，强调更多的是对立面之间的渗透与协调，而不是对立面的排斥与冲突"；"作为反映，强调更多的是内在生命意义的表达，而不是在模拟的忠实、再现的可信"；"作为效果，强调更多的是情理结合、情感中蕴藏着智慧以得到现实人生的和谐和满足，而不是非理性的迷狂或超世间的信念"；"作为形象，强调更多的是情感性的优美（阴柔）和壮美（阳刚），而不是宿命的恐惧或悲剧性的崇高"。② 李泽厚以上是从情感论与认识论、实体论与功能论、协调论与冲突论、在世间与超世间、表现论与再现论等方面对中西美学进行了充分的对比，突出了中国古代美学的诸多优点。而这些优点从根本上是来自"儒道互补"的情理结合。他在《华夏美学》第三章"儒道互补"中进一步强调了这一点："在希腊乃至德国的传统中，常常可以感到在极端抽象的思辨之中，蕴藏着一股激昂、骚动、狂热的冲力。但是，在中国，却既没有那极端抽象的思辨玄想，也没有那狂热冲动的生存火力，它们都被消融在这儒道

---

① 李泽厚：《美的历程》，《美学三书》，天津社会科学院出版社 2003 年版，第47 页。

② 李泽厚：《美的历程》，《美学三书》，天津社会科学院出版社 2003 年版，第47 页。

互补式的人与自然同一（自然的人化和人的自然化）的理想中了。"① "……对这种快乐的肯定又不是酒神型的狂放，它不是纵欲主义的。恰好相反，它总要求用社会的规定、制度、礼仪去引导、规范、塑造、建构。它强调节制狂暴的感性，强调感性中的理性，自然性中的社会性。"② 李泽厚在此确立了儒家美学，即以"儒道互补"为基本特征的中国古代美学的心理结构的民族个性同时也是优越性：感性与理性的统一、自然与社会的统一、个体性与社会性的统一。这与西方文明强调理性主宰的传统不同。他认为西方中世纪以来，基督教义是伦理道德的重要基石。犹太教、基督教以及伊斯兰教都突出地呈现了情理结构中理性绝对主宰的特质："突出这种信仰—情感与任何生物本能、自然情欲无关，纯粹由理智确认，并坚持、执着某个知性确定的对象、原则、观念和规则……这里产生出的特殊情感可以看作是康德所讲实践理性的道德感情的人格圣化"③，"这种以理性凝聚的意志力来决裂、斩断人世情欲，历经身心的惨重冲突和苦难，却仍然永无休止地对上帝的激越情爱，可以造成心理上最大的动荡感、超越感、净化感和神圣感"④。可见，李泽厚对西方文化中过于强调理性的传统持保留态度，他认为与基督教讲"畏"与"爱"，以理对情的绝对压倒不同，中国由于宗教、伦理、政治三合一，儒家学说既讲理知观念又讲情感信仰，更合情合理。经过比较，李泽厚进一步明确了中国古代儒家美学和"儒道互补"强调感性与理性的统一的独特性和优越性。

李泽厚还认为中国美学的情理结合中的"情"与西方美学重视个体情感不同，中国美学更强调社会化和群体化的情感，即表现为

---

① 李泽厚：《美的历程》，《美学三书》，天津社会科学院出版社 2003 年版，第285 页。

② 李泽厚：《美的历程》，《美学三书》，天津社会科学院出版社 2003 年版，第206—207 页。

③ 李泽厚：《哲学纲要》，北京大学出版社 2011 年版，第 53 页。

④ 李泽厚：《哲学纲要》，北京大学出版社 2011 年版，第 53—54 页。

情感社会化。这主要体现在中国美学的主体——儒家美学中。李泽厚深入分析了儒家"情感本体"思想。他认为孔子开创了"重视艺术的情感特征"这一重要的中国美学传统①："自孔子开始的儒家精神的基本特征便正是以心理的情感原则作为伦理学、世界观、宇宙论的基石。"② 孟子提出著名的"浩然之气"其实是"个体的情感意志同个体所追求的伦理道德目标交融统一所产生出来的一种精神状态"③，即把伦理道德看作人的内在情感的需要，这也是对孔子重情思想的继承。他强调"这种以亲子为核心扩而充之到'泛爱众'的人性自觉和情感本体，正是自孔子仁学以来儒家留下来的重要美学遗产"④。他以基督教中的亚伯拉罕的杀子与中国的"孝"和"仁"做比较，认为原典儒家的"情"是以有生理血缘关系的"孝—仁"为核心的亲子情为基础的。⑤ 在此基础上，由近及远、由亲至疏地辐射开来，一直到"民吾同胞，物吾与焉"的"仁民爱物"，扩展成为芸芸众生以及宇宙万物的广大博爱。在《华夏美学》结语中李泽厚总结说："总起来，可以看出，从礼乐传统和孔门仁学开始，包括道、屈、禅，以儒学为主的华夏哲学、美学和文艺，以及伦理政治等等，都建立在一种心理主义的基础之上，即以所谓'汝安乎？……汝安，则为之'作为政教伦常和意识形态的根本基础。"⑥ 李泽厚所强调的这种心理主义即是情感本体思想，是由儒、道、屈、魏晋玄学、禅等共同建构的。这种"情"既不同于西

---

① 李泽厚、刘纲纪：《中国美学史（先秦两汉编）》，安徽文艺出版社 1999 年版，第 127 页。

② 李泽厚：《课虚无以责有》，《读书》2003 年第 7 期。

③ 李泽厚、刘纲纪：《中国美学史（先秦两汉编）》，安徽文艺出版社 1999 年版。

④ 李泽厚：《华夏美学》，《美学三书》，天津社会科学院出版社 2003 年版，第 236 页。

⑤ 李泽厚：《哲学纲要》，北京大学出版社 2011 年版，第 53 页。

⑥ 李泽厚：《华夏美学》，《美学三书》，天津社会科学院出版社 2003 年版，第 389 页。

方宗教理性压抑的"情"，也不是海德格尔反理性的死亡哲学的"烦""畏"的情感，而是在日常生活中的乐感文化的人世的伦常情感，包含了亲子情、男女爱、夫妇恩、师生谊、朋友义、故国思、家园恋、山水花鸟的依托、普度众生之襟怀以及认识发展的愉快、创造发明的欢欣、战胜艰险的悦乐、天人交会的归依感和神秘经验等，囊括了世俗社会里人的一切关系和存在的情感。在李泽厚看来，华夏美学强调的是社会化情感，这种情感是深沉的，至少是不弱于西方美学中所追求的个性化情感。

此外，李泽厚还强调了华夏美学的情理结合表现为感性诗意的审美，突出了感性特点。在《华夏美学》第二章"孔门仁学"中李泽厚不同意黑格尔所认为的孔子没有对形上本体的反思和对世俗有限的超越因而不是哲学的认识，也不同意今道友信解说孔子"成于乐，是对时空的超越，而达到'在'being"[1]。他认为孔子没有采取西方式的概念思辨抽象方式而以诗意的审美表达对形而上的反思和对超越的追求，而且孔子所追求的超越也并不是对感性世界和时空的超越，而恰恰就在此感性时空之中。它不是"在"（being），而毋宁是"生成"（becoming）。[2] 他还认为"孔子和儒家没有去追求超越时间的永恒，正如没有去追求脱去个性的'理式'（Idea）一样"，[3]"那个'不动的一'的'存在'对儒家来说是不可理解的"[4]。李泽厚由对儒家"情本体"思想的分析强调中国传统文化都建立在一种现世的情感基础之上，是一种审美型的文化。如他在《中国古代思想史论》中所言："无论易、庄、禅（或儒、道、

---

① 李泽厚：《华夏美学》，《美学三书》，天津社会科学院出版社 2003 年版，第243 页。

② 李泽厚：《华夏美学》，《美学三书》，天津社会科学院出版社 2003 年版，第243 页。

③ 李泽厚：《华夏美学》，《美学三书》，天津社会科学院出版社 2003 年版，第244 页。

④ 李泽厚：《华夏美学》，《美学三书》，天津社会科学院出版社 2003 年版，第244 页。

禅），中国哲学的趋向和顶峰不是宗教，而是美学。中国哲学思想的道路不是由认识、道德到宗教，而是由它们到审美。"① 在他看来中国文化是审美型的文化。这样，李泽厚通过将儒家哲学的感性诗意审美与西方哲学的抽象思辨作对比，跳出西方哲学思辨性的窠臼而确立了儒家哲学和美学感性诗意审美即情理结合的独特价值和优越性。

二 "实用理性"与"乐感文化"

在李泽厚的思想体系中，理性一直占据着主导位置。他提出的"积淀说"是以强调理性为旨归的："积淀论试图解决人的理性从何而来的问题，不管认识理论（思辨理性）还是实践理性都有一个为康德所搁置的来源问题。"② 李泽厚的历史本体论也是高扬理性主义的。他认为认识是"理性的内化"，表现为百万年积累形成似是先验的感性时空直观、知性逻辑形式和因果观念。在美学研究中，他也始终坚持：审美的特点是感性的，但积淀了理性的内容，审美是"理性对感性的渗透融合"。"儒道互补"美学史观也是建立在其历史本体论重视理性的基本思想特质上。《美的历程》提出了儒家的实践理性（后来李泽厚改为"实用理性"）思想。儒家的"实用理性"精神的内涵是重实用、轻思辨、重人事、轻鬼神、善于协调群体等精神。李泽厚将儒家的"实用理性"扩展为中国文化的特质。他将"实用理性"与杜威的实用主义做比较，并认为在重视和强调实践操作活动作为人类经验和一切理性规则的根基和内涵上，在反对理性实体化或"先验理性"的基本观点上，二者基本一致，二者的差异在于前者在肯定上述前提下，又非常重视和强调历史的积累，即历史本体论以"积淀说"重视和强调历史的积累性，特别

---

① 李泽厚：《中国古代思想史论》，天津社会科学院出版社 2003 年版，第 203 页。

② 李泽厚：《哲学答问》，《李泽厚哲学文存》（下编），安徽文艺出版社 1999 年版，第 476 页。

重视和强调文化积淀为心理，形成了人的各种区别于其他动物族类的智慧和感性，认为这是"人性能力"的形成。① 李泽厚通过与杜威实用主义对比突出了实用理性重视历史积累的独特性。此外，他还通过对后现代主义哲学思潮的非理性主义的强烈批判突出了中国"实用理性"的价值。他认为"非理性主义可以作为理性主义的解毒剂，但它始终不能和不应成为主流。非理性尽管比理性更根本，更与生命相关，更有生命力，更是人的存在的确认，但由此而否弃理性，否弃工具，那人就回归动物去了，就不成其为人了"②。这显示出他所认为的儒家和中国文化重要特质的"实用理性"是与人性相关，是人与动物的本质区别，是一种人之为人的底线思维。可见，李泽厚在将儒家的实用理性与西方非理性思潮的对比中进一步突出了中国文化的优越性。

　　李泽厚指出"乐感文化"建立在"实用理性"基础上，与"实用理性""不可分割，相辅相成，协调发展"。③ 在《华夏美学》中他指出了儒家文化的"乐感文化"与西方的悲剧艺术的不同，"由（《易传》乾卦阐释）'龙'的神奇伟大、不可方物的魔力，到孟子的'集义所生'的气势，到荀子、《易传》的'天行'刚健，到董仲舒的自然——社会的阴阳五行系统论，无论是图腾符号、还是伦理主体（孟子），或者是宇宙法规（荀子）、《易传》、董仲舒，都是将人的整个心理引向直接的昂扬振奋、正面的乐观进取"④。可见儒家美学思想与西方的悲剧艺术不同："它不强调罪恶、恐怖、苦难、病夭、悲惨、怪厉诸因素，也很少有突出的神秘、压抑、自

---

　　① 李泽厚：《实用理性与乐感文化》，生活·读书·新知三联书店 2005 年版，第 19 页。

　　② 李泽厚：《哲学答问》，《李泽厚哲学文存》（下编），安徽文艺出版社 1999 年版，第 478—479 页。

　　③ 李泽厚：《实用理性与乐感文化》，生活·读书·新知三联书店 2005 年版，第 78 页。

　　④ 李泽厚：《华夏美学》，《美学三书》，天津社会科学院出版社 2003 年版，第 262 页。

虐、血腥等，突出的是对人的内在道德和外在活动的肯定性的生命赞叹和快乐，即使是灾祸、苦难，也认为最终会得到解救"。① 这是将儒家思想的"乐感文化"与西方的"罪感文化"做对比而突出了中国美学所体现的积极进取精神的价值。后来李泽厚在其"哲学小传"中进一步认为"乐感文化"是在中国"一个世界"的文化传统中建构起来的。与西方的"两个世界"观（世俗—天国）相反，中国是肯定、重视、执着于现世，看重人在此生此世的具体感性生存的"一个世界"观。与"一个世界"观相应，"乐感文化""不以另一个超验世界为指归，它肯定人生为本体，以身心幸福地生活在这个世界为理想、为目的"。② 与"两个世界"观相应，西方文化是一种"罪感文化"，这种文化观鄙夷现世，认为人生在世即是一个"赎罪"过程。李泽厚还将儒家"未知生，焉知死"重视生命的观念与西方现代存在主义的代表海德格尔"未知死，焉知生""向死而生"的死亡哲学进行了对比，③ 进一步突出儒家美学重视感性世界的乐观精神。后来，李泽厚在《实用理性与乐感文化》中强调："乐感文化反对'道德秩序即宇宙秩序'，反对以伦常道德作为人的生存的最高境地，反对理性统治一切，主张回到感性存在的真实的人。"④ 他还强调"乐感文化"并非提倡盲目乐观，而是包含有大的忧惧感受和忧患意识。这使得中国人不依靠宗教而凭借自身树立起来的积极精神、坚强意志、韧性力量来艰苦奋斗，延续生存。李泽厚强调以"实用理性""乐感文化"为特征的中国文化，"没去建立外在超越的人格神来作为皈依归宿的真理符号。

---

① 李泽厚：《华夏美学》，《美学三书》，天津社会科学院出版社 2003 年版，第262 页。

② 李泽厚：《课虚无以责有》，《读书》2003 年第 7 期。

③ 李泽厚：《华夏美学》，《美学三书》，天津社会科学院出版社 2003 年版，第244 页。

④ 李泽厚：《实用理性与乐感文化》，生活·读书·新知三联书店 2005 年版，第71—72 页。

它是天与人和光同尘，不离不即"①。这正是我们文化的优越性所在。

综上，李泽厚通过与杜威实用主义、西方现代非理性思潮、罪感文化和海德格尔的死亡哲学一一做对比，以一己之力左右开弓，以游刃有余的文化自信横扫一切，有的放矢，直击要害，突出了中国"实用理性"和"乐感文化"的独特价值和优越性。这种强烈而卓绝的文化自信至今读来令人惊叹。

三　儒道互补理想人格美学

李泽厚提出"儒道互补"也在中国理想人格建构意义上被广泛接受。如白显鹏（2010）将"儒道互补"的内涵具体化，指出"儒道互补"的形态在理论上表现为儒道融合，在社会政治上表现为儒道并行，在人格修养上表现为儒道双修。陈明、梁建民、张梅、刘建霞、涂阳军、郭永玉等学者通过不同的论述方式都认为"儒道互补"从根本上奠定了中国知识分子的独特人格。王祥云、彭彦琴、霍涌泉、宋志明、邵龙宝、冯合国等学者论述了"儒道互补"对中国人的文化心理、情感模式、乐观心理、处事模式等方面的影响。目前学界大都已经基本认同了"儒道互补"是中国传统文化、哲学史、思想史、美学史的主线。笔者认为"儒道互补"美学史观对中国美学的重要意义主要体现在理想人格美学上。这也成为中国人文化自信的优势根源。

李泽厚指出"儒道互补"对中国古代读书人或士大夫的理想人格追求产生了重要影响。在他看来儒道之所以能互补是因为二者的同一性。笔者理解这种同一性首先是理想的人格追求。儒道两家都有理想的人格追求。儒家的思想核心是"仁"，追求仁、义、忠、勇、信的道德人格的君子和圣人人格，强调修身、齐家、治国、平

---

① 李泽厚：《实用理性与乐感文化》，生活·读书·新知三联书店 2013 年版，第157 页。

天下的家国情怀，以积极进取，服务现实人生和国家社会为人生最高追求。士大夫以诗明志，留下了"富贵不能淫，威武不能屈，贫贱不能移"，"先天下之忧而忧，后天下之乐而乐"，"人生自古谁无死，留取丹心照汗青"，"苟利国家生死以，岂以祸福避驱之"，"家事、国事、天下事，事事关心"，"天下兴亡，匹夫有责"等千古名句以及他们的爱国事迹。道家追求逍遥游的至人人格，这是一种自由人格。反对战争，不去任意干涉强作为破坏自然，不去扭曲人性，强调天人合一的理想境界。表面上是反理性的，但实际上却内含着丰富智慧的理性追求。这是"采菊东篱下，悠然见南山"，"人生得意须尽欢"，是"天高任鸟飞，海阔凭鱼跃"的自由洒脱。正如冯友兰所言"儒家思想不仅是中国的社会哲学，而且也是中国的人生哲学"，"儒家思想强调个人的社会责任，道家则强调人内心自然生动的秉性"。《庄子》书中说：儒家游方之内，道家游方之外。"方"即社会。"儒家'游方之内'，显得比道家入世；道家'游方之外'，显得比儒家出世。这两种思想看来相反，其实却相反相成，使中国人在入世和出世之间，得以较好地取得平衡。"① 在这里冯友兰用儒道"相反相成"来表明了与后来的李泽厚类似的儒道互补思想。

李泽厚认为儒道之间在理想人格追求上一直有"入世"与"出世"之别，但实际上在一个人的不同阶段、不同境遇下的人生追求上并不矛盾。李泽厚最推崇的是陶潜、苏轼的人格追求。他认为陶潜儒学的人际关怀仍然是主导方面，也可说是"内儒而外道"。他指出在陶诗的自然图景中，展示的是人格和人情。这"格"高出于当时的政治品操，也并非儒家的那些伦常标准，而是渗透了庄子那种"独立无待"的理想人格。这"情"不同于一时的感伤哀乐，也不是庄子那种无情之情，而是渗透了儒家的人际关怀、人生感受的情。这"格"与"情"恰恰是同一的。"……崇陶的特色仍然是

---

① 冯友兰：《中国哲学简史》，天津社会科学院出版社 2007 年版，第 21 页。

典型的儒道互补和交融"。在《华夏美学》还谈到"苏轼的意义"，李泽厚认为苏轼在中国文艺史上有巨大影响的原因在于"……他的典型意义正在于他是上述地主士大夫矛盾心情最早的鲜明人格化身。他把上述中晚唐开其端的进取与退隐的矛盾双重心理发展到一个新的质变点"①。"正是这种对整体人生的空幻、悔悟、淡漠感，求超脱而未能，欲排遣反戏谑，使苏轼奉儒家而出入佛老，谈世事而颇做玄思……"② 但是李泽厚所强调的"儒道互补"终究是儒家美学为主体，所以在他看来，陶潜是"刑天舞干戚，猛志固常在"，是关心社稷苍生的归隐者。苏轼在潇洒之外也有忧国忧民关心时事一贬再贬的人生经历。李泽厚强调"苏轼不是佛门弟子，也非漆园门徒，他的生活道路、现实态度和人生理想，仍然是标准的儒家。他的代表性正在于吸收道、禅而不失为儒，在儒的基础上来参禅悟道，讲妙谈玄。……他比其他任何人更能从审美上体现出儒家所标榜的'极高明而道中庸'的最高准则，所以，与其说是宋明那些大理学家、哲学家，还不如说是苏轼，更能代表宋元以来的已吸取了佛学禅宗的华夏美学"③。可见，李泽厚虽然欣赏陶潜、苏轼道家超脱的性情和人生追求，但最终和鲁迅一样还是推崇"民族的脊梁"的儒家式的英雄人物，所以突出了陶潜和苏轼的儒家思想。这种认识也是对朱光潜强调陶潜主要是儒家思想的继承。

　　李泽厚论证的苏轼和陶渊明的"儒道互补"人格的观点已经得到学界的普遍认可。而且影响到近年来对中国文人"儒道互补"典范人格的探讨成为一个研究热点。已经进行研究的中国文人有范蠡、张衡、司马迁、仲长统、葛洪、曹植、陶渊明、诸葛亮、韩

---

　　① 李泽厚：《美的历程》，《美学三书》，天津社会科学院出版社 2003 年版，第147 页。

　　② 李泽厚：《美的历程》，《美学三书》，天津社会科学院出版社 2003 年版，第148 页。

　　③ 李泽厚：《华夏美学》，《美学三书》，天津社会科学院出版社 2003 年版，第358 页。

愈、苏轼、王阳明、废名等，甚至曾经公认的道家代表诗人①"诗仙"李白的创作生活中，儒家人格也被发现和研究。② 有学者指出李白在他的诗歌中更明显地表现了道家文学观。如李白在论诗中曾多次使用"天真""天然""清真"等词语，体现出他明显标出道家任自然、脱去拘束，纯任天真为美的审美理想。但也不乏对儒家文学观的认同。如《古风其一》："大雅久不作，吾衰竟谁陈。正声何微茫，哀怨起骚人。……圣代复元古，垂衣贵清真。……我志在删述，垂辉映千春。希圣如有立，绝笔于获麟。"诗人称道屈原以继承"大雅"开创一代诗风为己任，自比孔子并且以此诗冠全集卷首。此外李白还有"功成无所用，楚楚且华身"（《古风》其三十五）"玄风变太古，道丧无时还。……大儒挥金椎，琢之诗礼间"（《古风》其三十），"大雅思文王，颂声久崩沦"（《古风》其三十五）等名句都反映了对儒家雅正和"文质相炳焕"诗学传统的尊崇。而且李白的诗歌涤荡了萎靡绮丽的齐梁诗，以天才的创作成就了盛唐气象。这样的研究也体现在了李泽厚的"儒道互补"的理想人格那里还是更偏向儒家理想人格的基本认识里。如在《华夏美学》中李泽厚将孟子所主张的人格美与西方悲剧对比："这，也就是中国的阳刚之美，由于它是作为伦理学的道德主体人格的呈现和光耀，从而任何以外在图景或物质形式展示出来的恐惧悲惨，例如那种鲜血淋漓的受苦受难，那尸横遍地的丑恶图景，那恐怖威吓的自然力量……便不能作为这种刚强伟大的主体道德力量的对手。"③ 这里他明确强调了孟子美学也是儒家美学的道德人格美的重要价值和优越性。中国古代人格美思想受儒家美学影响更大。李泽

---

① 康震：《李白道家文化人格的哲学意义》，《南京师范大学报》（社会科学版）2002 年第 1 期。

② 过常宝：《思想还是姿态：李白儒道言说的意义》，《清华大学学报》（哲学社会学版）2002 年第 2 期。

③ 李泽厚：《华夏美学》，《美学三书》，天津社会科学院出版社 2003 年版，第251 页。

厚高度重视中国传统文化中美学取代宗教对人格的塑造作用。他认
为与希腊悲剧所展示命运难以逃脱神意不同，他所主张的历史本体
论认为，命运仍然是可以尽可能努力去自己把握。这即是"三军可
夺帅，匹夫不可夺志"，是康德的实践理性，绝对律令，是高扬主
体性的历史本体论的伦理学。[①] 可见，李泽厚认为儒学思想与历史
本体论在高扬人的主体性强调伦理价值方面有共同追求。"儒道互
补"理想人格更偏向儒家人格也是因为儒家思想的理性和伦理精神
更有利于中华文化—心理的构建。

　　孔子说，"邦有道而行，邦无道而藏"。孟子说，"达则兼济天
下，穷则独善其身"。"儒道互补"的理想人格给了中国读书人行
藏、进退、出入之间的无限张力，对生命的始终热爱，使得他们不
会轻易陷入宗教的迷狂状态，不会以摧残肉体作为修行的必要。
"儒道互补"使得中国读书人的人生追求始终不会偏离理性的轨道。
而且始终追求一种平和的理想状态。福柯在《疯癫与文明》中认为
西方文明总是与非理性的疯癫有密切关系。而对于华夏文明而言，
正是有了"儒道互补"使得中国人的人生追求、理想人格始终没有
走向疯癫状态。需要注意李泽厚强调中国人的理想人格追求上是以
"儒道互补"为主的，却不强调佛家思想的影响，主要原因笔者认
为是因为佛教成佛觉悟的理想人格追求是世外的来世，而非世间。
这与儒道思想主张对世间生命的保存根本不同，而且佛教宗教的非
理性也不是儒道的理性追求所能完全融合的。

　　综上所述，因为李泽厚的"儒道互补"强调以儒家为主干，所
以这种中西比较实际上是以儒家美学为主要对比对象的。他通过与
西方文化对比突出了中国美学和文化在情理结合，"实用理性"，
"乐感文化"与理想人格美学等方面的独特价值和优越性。李泽厚
的这种研究方法是有强烈民族主义价值立场的"贬西褒中"和
"扬中抑西"的对比研究而不是价值中立的比较研究。这一研究方

---

　　① 李泽厚：《哲学纲要》，北京大学出版社 2011 年版，第 87 页。

法集中体现了西学东渐以来中国美学学人渴望突破西方美学重围，确立中国美学独立价值，提升中国美学自觉和自信的开拓性努力。儒家思想与西方宗教、西方哲学或悲剧艺术的对比突出了儒家哲学的理性思想和儒家哲学将感性与理性、个体性与社会性有机结合的超越性，实际上是为了通过儒家思想确立中华民族的文化自信，这显示出李泽厚的强烈文化使命感。总之，李泽厚"儒道互补"美学史观不仅是新美学史观，而且发现了中国美学不弱于西方甚至在某些方面超越于西方的独特价值。

第四节　建构"儒道互补，会通中西"的理想中西文化交流模式

笔者认为李泽厚所提出的"儒道互补"美学史观不仅仅是一种美学史观，而且是一种"儒道互补，会通中西"理想的文化交流模式。在《华夏美学》中他从文化人类学研究成果分析中华文化之源，并多次提到探寻华夏民族的文化模式、共同文化—心理结构、华夏民族精神、华夏艺术特征等。儒家思想和道家思想都是中国本土产生的独特思想而且对华夏文明产生了巨大影响。李泽厚强调"儒道互补"是建立在儒道同一性的基础上的，并希望中国的"儒道互补"传统能够描画出"儒道互补，会通中西"的文化蓝图。亨廷顿等西方学者强调不同文明之间尤其是西方基督教文明与伊斯兰教文明、中华儒家文明与基督教文明必然发生"文明的冲突"，与这种甚嚣尘上的文明激烈对抗论不同，李泽厚借由"儒道互补"开出"会通中西"的"文明互补会通论"是符合中国文化传统的一种不同文明相处的低成本、有效且温和的方式。两次世界大战的惨痛教训已经告诉人类，西方文明的对立冲突论只会使得世界走向毁灭，尤其是在核威胁压力激增的当代社会。所以李泽厚提出的"儒道互补"论不失为一种理想的文化建构模式和不同文明的相处模式，是当代构建人类命运共同体的积极文化尝试。这是"儒道互

补"美学史观超越美学的文化意义所在。"儒道互补"美学史观还彰显出中西方文化在交流融合中如何追求共性的普遍意义。"儒道互补"美学史观所体现出的中西方文化的相同性和相通性主要表现如下：

一　理性主义与非理性主义的互补

儒家思想和道家思想的互补与西方思想史中理性主义与非理性主义的互补规律总体上是一致的。西方古希腊文明形成了柏拉图非理性思想传统与亚里士多德理性主义思想传统。西方美学史也经历了理性主义与非理性主义的对立与融合。总体上看，西方的理性主义也显示出了主导性的优势。中西方几乎都在雅思贝尔斯所说的"轴心时代"出现思想并立而繁荣的高峰。中国在先秦时期形成了儒、道思想的分立。到了西汉初崇奉道家的黄老之术，西汉中期以后"独尊儒术，罢黜百家"的儒家思想的理性主义开始占据主导地位。魏晋时期虽然出现了道家玄学思想的兴起，隋唐以后宋明时期儒家思想越来越理性化、体系化、规范化，同时反理性的道家和非理性的佛学思想也得以发展繁荣，直到明代以后出现了人性解放思潮，儒家理性主义衰微。这种此消彼长的思想发展史显示出儒、道的互补性。西方在古希腊时期出现了柏拉图和亚里士多德非理性与理性主义的分立。西方经过古罗马时期的理性主义思想的突出，再到欧洲中世纪宗教美学非理性主义思想的兴起，经过了文艺复兴时期重回希腊传统实际上是对理性的回归和人性的回归。再经过德国、法国大陆理性主义和英国经验主义的对立，到 20 世纪又进入非理性主义时期。可见西方也经历了理性主义与非理性主义对立和融合发展的历史。而且 20 世纪以来非理性的虚无主义甚嚣尘上，而李泽厚所强调的"儒道互补"本质上是以儒家为主干坚持了理性主义立场。所以他认为"儒道互补"可以有助于消解和对抗人生意义虚无的非理性主义："我论证中国'儒道互补'的哲学传统，特别是儒家，孔子强调'一个世界'（这个尘世世界）的真实性和真理性，将这个世界的各种情感……提到哲学高度，确认自己历史性存在的本体性格，倒可能消解那巨大的人生之无。"① 他指出，将儒家传统的"礼制三合一"转换性地创造成"仁学三合一"，也就是说在以对错为标准的社会性公德基础上，用中国传统的宗教性道德即"孝""仁""和谐""大同理想"的范导指引，也可以构建现代社会性道德，这与西方人所追求的"博爱""正义"并不矛盾。李泽厚希望包括"儒道互补"在内的经过"创造性转化"的儒家哲学和中国文化能够在理论和实践上改变现代社会"光秃秃的个人"的生存处境和人性，不仅使中国人在日益机械、冷漠的陌生人社会，在日益孤独、漫无意义中尽可能争取人间的温情，而且为正处于非理性主义肆虐，使人动物化和机械理性膨胀，使人机器化的空前危险境地的人类，走出一条新路。所以李泽厚所孜孜以求的是"正如人类学历史本体论是以实用理性来反对后现代，主张重建理性（但并非先验理性）权威，以乐感文化来反对虚无主义，主张重建人生信仰，它们所要展示的，都是中国传统的特殊性经过转换性的创造可以具有普遍性和普世的理想性"②。他希望将"儒道互补"作为普世性的价值代表了近代以来中国学者的共同致思路径。此外，儒家美学思想从根本上说重视人的主体性，强调人文精神。而道家思想从根本上说重视人的自然性，强调人的自然精神。两者的互补是人文精神与自然精神的互补，这是人类面临的共同问题。所以，在追求人文精神与自然精神统一性方面，"儒道互补"也是一种具有人类普遍价值的文化价值理想。

二　重视情感

李泽厚在《华夏美学》中将"情感本体"与儒家思想紧密联系起来。后期提出了"情本体"思想并强调他的儒学第四期的主题

---

① 李泽厚：《课虚无以责有》，《读书》2003 年第 7 期。
② 李泽厚：《哲学纲要》，北京大学出版社 2011 年版，第 99 页。

是情欲论，是新的内圣外王之道。"情本体"思想扩大了"儒道互补"的思想基础。"情本体"不仅是儒家思想而且是中国传统文化的基本精神，李泽厚还认为"情本体"具有人类的普遍性，"当然，我讲'情本体'并非专指中国传统，它有人类普遍性"，① 还强调"道始于情"的中国哲理具有世界价值即人类普遍性。② 也是因为中国人讲"道始于情"，而人情大体相同或接近，与基督教和伊斯兰教的"道"（天主、上帝）始于"理"相比，"理"难以统一，李泽厚认为在寻找世界普遍认可的"重叠共识"方面，中国可能有一定优势。③ 李泽厚将身体、欲望、个人利益和公共理性向"情"复归，使人从空泛的康德式的"人是目的"和海德格尔式的空泛的"人是此在"走向人间世界各种丰富、复杂、细致的情境性、具体性的人。李泽厚通过提出儒学"情本体"思想深化了"儒道互补"美学史观的现实意义，也得到了一些学者的认可和支持。如对李泽厚"情本体论"思想做出深入研究的牟方磊指出："情本体论"的现实意义是能为处于散文生活状态中的现代人标画出一种理想而可行的生存方式，其理论意义是为现代中西文化之冲突的解决提供了一种新思路。④ 李泽厚的"情本体"是其晚期美学思想中最有建树意义的核心范畴，他试图为身处各种西方思潮困扰而找不到情感依托和前进方向的当代中国人提供了一种安身立命的依据。李泽厚提出：在当今时代，应该如何建构人性呢？并认为"关键是'情理结构'的把握问题，即情（欲）与理是以何种方式、比例、关系、韵律而相关联系、渗透、交叉、重叠着"，以取

---

① 李泽厚：《哲学纲要》，北京大学出版社 2011 年版，第 77 页。

② 李泽厚：《哲学纲要》，北京大学出版社 2011 年版，第 170 页。

③ 李泽厚：《哲学纲要》，北京大学出版社 2011 年版，第 76 页。

④ 牟方磊：《李泽厚"情本体论"研究》，博士学位论文，湖南师范大学，2013 年，摘要。

得'最好的比例形式和结构秩序'"①。而美学自从鲍姆加通创立以来主要是研究人类的感性认识，也是强调了美学的情感本位。苏珊·朗格也说艺术是情感的符号。在李泽厚看来，以儒家美学为主体的华夏美学也是以情感为本体的。在以情感为本体上，中西方美学表现出明显的一致性。"儒道互补"美学史观的关键"情本体论"可以看作一种融合中西美学思想的理论原创，为中西美学的融通会合开辟了一条新思路。李泽厚以"情"即以人的感性为本体是对西方逻各斯中心主义的"求真"的理性主义哲学传统的反叛，同时也是对中国宋明理学以来的"求善"的道德伦理学的理性主义传统的扬弃。这或许也是李泽厚将重视感性和情感的"求美"的美学代替认识论和伦理学作为第一哲学的原因所在。由亚里士多德所开创的"人是理性的动物"的西方理性主义传统影响极其深远。西方哲学也因此形成了两个基本假定：人是理性的动物，世界具有确定性。而现代以来随着海森堡的"测不准原理"的发现和量子力学的产生，世界的确定性受到了很大挑战。而尼采的"上帝死了"和福柯的"人也死了"是对人的理性的极大怀疑。李泽厚从中国原典儒学"道生于情"的重情传统出发，希冀通过对情感本体地位的确立来培育新人性摆脱理性对人类的过分控制，所以他非常重视教育对人的塑造作用。这些认识确实对解决中西方的共同问题富有启发性。

三　追求和谐美

李泽厚在《华夏美学》第二章"孔门仁学"中从《易传》中的阴阳合一思想也论述了中和思想。他认为《易传》所强调的功能、关系和动态，与阴阳的观念不可分离。一切运动、功能、关系都建立在阴阳双方的互相作用所达到的渗透、协调、推移和平衡

---

① 李泽厚：《实用理性与乐感文化》，生活·读书·新知三联书店 2005 年版，第71 页。

中。这也正是"乐从和"的"相杂""相济"原理的充分展开和发展，影响到华夏艺术美的理想不求不变的永恒而追求动态的平衡、杂多中的和谐、自然与人的相对应一致，并把它看作宇宙的生命、人类的极致、理想的境界，"生成"的本体。"儒道互补"所追求的"中和之美""天人合一""和谐美"具有普遍性。对"和谐美"的重视在西方美学中也有悠久历史和充分的体现。如古希腊毕达哥拉斯认为"身体美是各部分的对称和适当的比例"，[①] 而赫拉克利特则认为"美在于和谐"，[②] 柏拉图"心灵美与身体美的和谐一致是最美的境界"[③]。古希腊雕塑中神像身体比例和谐、体格匀称，面部表情平和，具有外部形式和内部精神世界和谐自然的美学特征，是西方文化中和谐美的典范。中世纪时期基督教哲学家圣·托马斯强调"美的三要素为完整、和谐和鲜明"，[④] 所以上帝是最美的。和谐的艺术在天国神像的表现中。文艺复兴时期，要求打破神权的迷信，宣扬人权，艺术家开始转向尽力描绘人与自然，艺术主题由天国回到了人间，人成为和谐美的典范。近代笛卡尔认为"美是一种恰到好处的协调和适中"，[⑤] 法国作家雨果认为"美是一种和谐完整的形式"[⑥]。虽然西方的和谐美讲求对立因素之间的斗争走向和谐，中国艺术的和谐美追求对立而不相抗的和谐，是天地人的整体和谐，但在追求和谐美方面是共同的。正如刘成纪所言："积淀说等阐释中国美学史的演进，遵循的就是从普遍哲学推出普遍历史的逻辑。也就是说，即便李泽厚留下的美学史遗产是在讲述中国，但其中仍蕴含了对人类普遍历史做出解释的性质和潜能。"[⑦]

---

① 转引自朱光潜《西方美学家论美与美感》，汉京出版社 1984 年版，第 2 页。

② 转引自朱光潜《西方美学家论美与美感》，汉京出版社 1984 年版，第 4 页。

③ 转引自朱光潜《西方美学家论美与美感》，汉京出版社 1984 年版，第 14 页。

④ 转引自朱光潜《西方美学家论美与美感》，汉京出版社 1984 年版，第 72 页。

⑤ 转引自朱光潜《西方美学家论美与美感》，汉京出版社 1984 年版，第 74 页。

⑥ 转引自朱光潜《西方美学家论美与美感》，汉京出版社 1984 年版，第 274 页。

⑦ 刘成纪：《中国美学史研究：限界、可能与目标》，《南京大学学报》（哲学·人文科学·社会科学）2022 年第 4 期。

李泽厚既强调中国美学的独特价值，也不排斥与世界美学的可融合性和互补性，把民族性和世界性有机统一起来。

第五节　开创中国美学现代性未来

在《华夏美学》的结语中李泽厚写道"孔子曰：'温故而知新，可以为师矣'。回顾是为了在历史中发现自己，以把握现在，选择未来，是对自己现在状态的审察与前途可能的展望"①。在"哲学小传"中李泽厚认为"我认为，经常被忽视，实际很重要的是，已长久积淀在亿万中国人性格中的文化心理结构。发掘这种结构，将人们的无意识唤醒为意识，了解其中长久维系这个具有巨大人口的文化体的'精神'，将有助于中国的现代化"②。并总结说通过制造"内在自然的人化""积淀""文化心理结构""人的自然化""实用理性""乐感文化""儒道互补"等一系列概念，"为思考世界和中国从哲学上提供视角，并希望历史如此久远、地域如此辽阔、人口如此众多的中国在'转换性的文化创造'中找到自己的现代性"③。可见李泽厚创作《华夏美学》的初衷或目的并不只是对中国美学史的梳理，还希望寻找中华民族一以贯之的共同文化—心理结构，为中国文化未来的发展提供借鉴，即不只为了鉴古，更重要的是"开今"，即开出华夏美学的未来。这是一种贯穿中国文明史的精英知识分子的强烈历史使命感。他提出"儒道互补"美学史观也有如此初衷。

"儒道互补"美学史观试图解决中国美学的现实问题，开创中国美学现代性的未来，主要从以下两方面展开：

---

① 李泽厚：《华夏美学》，《美学三书》，天津社会科学院出版社 2003 年版，第391 页。

② 李泽厚：《课虚无以责有》，《读书》2003 年第 7 期。

③ 李泽厚：《实用理性与乐感文化》，生活·读书·新知三联书店 2013 年版，第291—292 页。

一方面，应对当代西方文化冲击。

李泽厚通过对西方语言哲学和后现代主义思潮的反思和批判，始终坚持中国美学发展的独立自足性。"儒道互补"美学史观建立在其哲学基础历史本体论上，历史本体论在反对各种流行的对人的现实生存具有负面影响的思想的基础上不断发展。20世纪以来语言哲学成为世界思想界主流，人类也走向语言的虚无。但现代人对于个体存在意义充满了困惑，人们面临着生存意义的危机。海德格尔之后的西方世界呈现出后现代的彻底虚无主义，各派哲学不同程度地以"反历史、毁人性为特征"。"如何活？"成了困惑很多人的问题。西方现代美学也因此受到这些思潮的影响。对此李泽厚始终坚持实践哲学，他认为生活、实践是比语言更根本的东西，语言的性质是公共的，而人却首先是作为感性的个体存在的。如在《哲学答问》（1989年）中强调："不是语言而是物质工具，不是语言交际而是使用、制造工具的实践活动，产生和维持了人的生存和生活，它先于、高于语言活动。"[①] 所以人类以制造、使用工具为标志的物质实践活动比语言更为根本，实践才是人的本体存在。李泽厚强调中国文化要走出20世纪语言哲学的统治，努力迈向历史形成的心理本体。所以他在"哲学小传"中说："我论证中国儒道互补的哲学传统，特别是儒家，孔子强调'一个世界'的真实性和真理性，将这个世界的各种情感……提到哲学高度，确认自己历史性存在的本体性格，倒可能消解那巨大的人生之无。"[②] 可见，李泽厚提出"儒道互补"思想的主要目的不仅仅是确立一种美学史观而是希望发展中国的儒学传统并以此来消解西方语言哲学和后现代主义的虚无主义，为人类文化的未来指明方向。

---

① 李泽厚：《哲学答问》，《李泽厚哲学文存》（下编），安徽文艺出版社1999年版，第467页。

② 李泽厚：《课虚无以责有》，原载《读书》2003年第7期，后收入李泽厚《实用理性与乐感文化》，生活·读书·新知三联书店2013年版，第290页。

　　另一方面，实现儒学复兴，提升文化自信。

　　李泽厚通过对现代新儒家的思想进行反思，期望实现儒家思想的复兴，对儒家美学以美育代宗教的思想进行继承和发扬。"儒道互补"美学史观中的儒家思想内涵在李泽厚后期思想中得到了进一步深化。面向现代的儒家思想已经不是原始儒家，而是"第四期儒学"。李泽厚是通过对以牟宗三为代表的"现代新儒家"的思想反思提出了以"情本体"为核心的"第四期儒学"。李泽厚认为以牟宗三为代表的"现代新儒家"将人的心性作为本体，依然是设立一个外在的"权力知识结构"，容易形成对人的压迫，存在诸多严重的问题，因而不能为时代发展提供正确的理论资源。而儒家思想真正的深层结构是"实用理性"和"乐感文化"，它以"情"为本体，重视生命，肯定日常生存，在"一个世界"中乐观进取，使审美代宗教成为可能并将人的感性生命推向极致，达到天人合一的审美境界。李泽厚将美学作为历史本体论的第一哲学，并对人类的精神建设提出自己的设想即发展"第四期儒学"。他将孔子、孟子、荀子视为第一期，汉儒为第二期，宋明理学为第三期。并将以牟宗三为代表的"现代新儒学"视为宋明理学的"回光返照"，归为第三期。他讲的"第四期儒学"主题即为"人类学历史本体论"。李泽厚还表明了以"情本体"来推动儒学发展的目的："……亦即以'儒学四期'的'情欲论'来取代'儒学三期'的'心性论'。"① 李泽厚还强调："'儒学四期说'将以工具本体（科技）社会发展的'外王'和心理本体（文化心理结构的'内圣'）为根本基础，重视个体生存的独特性、阐释自由直观（'以美启真'）、自由意志（'以美储善'）和自由享受（实现个体自然潜能），重新建构'内圣外王之道'，以充满情感的'天地国亲师'的宗教性道德，范导（而不规定）自由主义理性原则的社会性道德，来承续中国'实用

---

　　① 李泽厚：《哲学纲要》，北京大学出版社 2011 年版，第 56—57 页。

理性'、'乐感文化'、'一个世界'、'度的艺术'的悠长传统。"①
而"情本体"则是儒学第四期的核心。这也是对"儒道互补"美
学史观的未来展望。李泽厚提出的以"情本体"为核心的儒学第四
期思想得到了一些学者的支持和赞赏。如最早就李泽厚"情本体"
思想写出博士论文的罗绂文认为：李泽厚"情本体"不同于西方
"爱智慧"哲学，是从中国传统的儒、道哲学思想视野下对以
"情"为本的"人生""在世"之思想的深入思考，是高扬中国智
慧应对时代的挑战而进行的理论探索。② 可见，正如李泽厚所言
"以孔老夫子来消化康德、马克思和海德格尔"，目的是改变一百多
年来中国文化被歧视和边缘化的命运，"奋力走进世界中心"。③
"儒道互补"美学史观由此超越了美学而具有重要的开创中华文化
未来的重要使命。

综上所述，通过与中西方代表性美学史观的比较研究，可以发
现"儒道互补"美学史观既不同于西方重要美学家的唯心主义美学
史观也与朱光潜、宗白华、徐复观等强调道家为主的中国艺术精神
论不同，李泽厚创新了美学史书写范式，而且得到广泛认可，并产
生了影响深远的强大生命力，具有重要的学术史价值。"儒道互补"
美学史观确立了中国美学史根基，创新了美学史书写范式，提升了
中国美学独特价值，论证了中国美学追求情理结合、以"实用理
性"与"乐感文化"为基本特征、重视人格美学的独特性和优越
性。"儒道互补"美学史观体现了理性精神与非理性精神、反理性
精神的互补，重视情感，追求和谐美等方面与西方文化有共同性，
超出了中国古代美学史论域。而具有建构"儒道互补，会通中西"
的文化交流理想模式的重要意义。最后，"儒道互补"美学史观强

---

① 李泽厚：《历史本体论·己卯五说》，生活·读书·新知三联书店 2003 年版，
第 155 页。

② 罗绂文：《李泽厚情本体思想研究》，博士学位论文，西南大学，2011 年，摘
要。

③ 李泽厚：《哲学纲要》，北京大学出版社 2011 年版，第 125 页。

调建立"第四期儒学",还具有开创华夏美学的未来的现代意义。可见,李泽厚对于中国传统文化一直持有一种尊重和珍视的态度,如何使传统文化在现代社会条件下发挥出积极作用,是其始终关心的问题。

中国美学在以王国维、朱光潜、宗白华、李泽厚等一批美学学人的开拓和引领下不断推进,也在西方文化和西方美学的挤压和冲击下不断成长。正如李泽厚在其"哲学小传"中所言:通过制造"内在自然的人化""积淀""文化心理结构""人的自然化""西体中用""实用理性""乐感文化""儒道互补""儒法互用""两种道德""历史与伦理的二律背反""巫史传统""情本体""度作为第一范畴"等概念,"为思考世界和中国从哲学上提供视角,并希望历史如此久远、地域如此辽阔、人口如此众多的中国在'转换性的文化创造'中找到自己的现代性。我垂垂老矣,对自己的未来很不乐观。但对中国和人类的未来比较乐观"[①]。可以说,李泽厚是怀着一种严肃的文化使命,在西方文化的冲击中寻找文化之根,竭力走出了一条面向未来的建设性的探索之路。其开创性贡献和探索性思想对于中国美学研究和改变中国文化的弱势地位都具有不可替代的重要意义。其良苦用心是近代以来几代知识分子的捍卫中华民族文化尊严深沉的集体情结。其矢志不渝的艰辛探索体现了须臾不敢忘忧国的拳拳之心和为人类生存而忧思的深沉情怀。"儒道互补"也许是历史的"偏见",并不完美,但这"偏见"可能比"常识"有更大的合理性。"儒道互补"美学史观既有探寻和保护中华文化的深层文化心理结构和文化模式的守土有责的文化使命感,也有论者希冀开创中国美学和中国文化未来的爱国深情。可以说李泽厚的探索无愧于中华美学自觉和美学自信的先行者地位。"儒道互补"美学史观的重要学术史价值值得吾辈后学继续探求。

---

① 李泽厚:《课虚无以责有》,原载《读书》2003年第7期,后收入李泽厚《实用理性与乐感文化》,生活·读书·新知三联书店2013年版,第291—292页。

第五章

往者不可谏，来者犹可追
——"儒道互补"美学史观的阐释困境

虽然"儒道互补"美学史观具有重要的学术史价值，但也存在诸多论证上的阐释困境。笔者引用了《论语·微子》篇楚狂接舆遇到孔子时对他劝诫的话。原文为：楚狂接舆歌而过孔子曰："凤兮，凤兮！何德之衰？往者不可谏，来者犹可追。已而，已而！今之从政者殆而！"接舆是春秋时楚国的隐士，平时躬耕以食，曾经剪去头发，佯狂不仕，所以也被称为"楚狂接舆"。《庄子·人间世》亦有类似记载。唐李白有"我本楚狂人，凤歌笑孔丘"之句。一般认为《论语·微子》记载的是楚狂接舆对孔子碌碌无为的讽刺，所以拒绝和孔子交谈。但也有学者认为楚狂接舆提醒孔子国家礼崩乐坏时，不要执着于改变现实政治，其劝诫是对孔子德行的敬重与爱护。笔者引用此语，也取此意，在充分肯定"儒道互补"美学史观的学术史价值的基础上，本章分析其难以克服的阐释困境。李泽厚推崇原始儒家，是孔孟思想的捍卫者。尤其是对儒家创始人孔子多次充分肯定，还专门著述《论语今读》进一步解读孔子的思想。在李泽厚的学术史中多数时候可以称得上是具有"兼济天下"胸怀的"弘道之士"。"往者不可谏，来者犹可追"是笔者对"儒道互补"美学史观所面临的阐释困境的一种表达：过去的先行者的探索不可规劝，后来者还可以继续努力。笔者希望以此来说明我们无意纠结于"儒道互补"美学史观具有多少失误和局限性，因为这是先行者在摸索中必然会付出的代价。而且"儒道互补"美学史观的阐释困境并不只属于李泽厚，而是百年来中国美学史试图摆脱西方美学话语权，自立门户而遭遇的难以避免的集体性困扰。李泽厚作为中国美学建构的先行者不得不首当其冲，为后来者以身犯险。其得失都有极强的参考价值。本章只是以"儒道互补"美学史观所面临的阐释困境来反映中国美学史研究掣肘之处，希望在更加清醒地认清先行者困境的基础上，查漏补缺，继续推进中国美学研究进入新境界。这种阐释困境探析与其说是一种批评，不如说更是一种自省，也是一种致敬。

李泽厚对他所提出的"儒道互补"概念比较自信。如在《华夏美学》中他曾经指出"在《美的历程》一书中，我曾经提出'儒道互补'这个概念，在某些人反对过一阵之后，看来现在已被普遍接受"①。学界对"儒道互补"概念的接受度确实较高。比如"儒道互补"人格论，"儒道互补"哲学观，"儒道互补"历史观等命题已经成为研究热点。"儒道互补"美学史观内涵丰富，而且具有重要的理论价值并获得广泛接受。但笔者在研究中发现"儒道互补"美学史观也存在着明显阐释困境。从研究综述可知，目前学界对这一问题的关注不足。笔者力图对李泽厚的"儒道互补"的美学史观的阐释困境进行深度反思。这种反思笔者希望基于"理解的同情"的共识基础。正如王振复所言："史著之不同学术个性、成果的呈现，成为可能。研究对象是必然而且可以是多种多样的。这其实是一种学术自由，对此，应当提倡宽容。这也是提倡学术争鸣并可能促进学术繁荣的一条正途。"② 笔者关切的并不是找出"儒道互补"美学史观的局限性或缺点显示笔者所谓"功力"，而是深入思考作为中国美学史写作的开创性学者何以面临如此繁多的阐释困

境,而且这些阐释困境并不独属于这位特立独行的先行者,而是在此后的中国美学史研究中成为一样难以解决的阐释困境,甚至成为中国美学史研究的共同陷阱和群体宿命。基于此,这样的解读和反思也许就不是不自量力的徒劳和"别有用心"的,而是一种珍惜与致敬。笔者反对学术观点之外的任何非理性的攻击,作为一位60多年来视野宏阔、特立独行而又引领时代且一直孜孜不倦的思想者,李泽厚十分值得敬重。以下反思也力求言而有据,条分缕析,平和尊重。

第一节　诠释方法阐释困境

李泽厚的中国美学史研究在以下四个方面基本确立了中国美学史写作的基本范式:马克思主义美学的唯物史观;艺术哲学的理念;文化哲学的理念;"历史与逻辑相统一"的治史方法论①,对后来者产生了深远影响。尤其是"历史与逻辑相统一"的治史方法论几乎成为中国美学史研究普遍采用的基本方法。关于史学著作学界一直对"论"从"史"出,还是以"论"带"史"两种诠释方法有争论。中国美学研究也围绕着"史"与"论"关系这一核心问题展开。"历史"与"逻辑"的关系成了反思美学史"史论关系"的切入点。作为中国美学史书写的开创者,李泽厚建构了独特的逻辑与历史的统一原则,逻辑对于历史的绝对性和优先性是一条思想主线。逻辑优先性逐渐成为中国美学史的生成路径依赖。正如张法所言,中国美学史的理论型研究已经成为主流。中国美学史研究在本质上成为贯穿某一理论诉求的传声筒。"由现有中国美学史塑造的美学理论只是一个抽象的、只能被自我认同的概念,其根本

----

① 王振复:《中国美学史著写作:评估与讨论》,《学术月刊》2012年第8期。

无法抵达美学的实际发展历程。"[1] 所以学界已经逐步反思中国美学的"史"与"论"关系，并对中国美学史著作中普遍存在的逻辑对历史的任意构造进行批判。比如王振复指出：所有已经出版的中国美学史著，均以试图揭示历史的"本质规律"为学术宗旨，其历史观念与治史观念，大都是"本质主义"的。[2] 而显在的一个问题是，几乎所有的中国美学史著，大致以朝代的更替为美学史分期的依据，凸显政治、政体对于美学发展的严重影响，而并不处处、时时符合"美学"的历史实际。[3] 李泽厚的中国美学史研究明显采用的是理论先行，以论带史的诠释方法。他用特定的"儒道互补"美学史观贯穿于美学史著述中，或者说让美学史成为"儒道互补"美学史观的展示或证明，进而重构中国的美学史，属于史论结合的一种方式。"史"中有"论"乃是必然，问题关键在于如何做到两者的平衡。"儒道互补"美学史观是一种理论，但在对美学史的具体阐释中出现了过分以论带史的不平衡。诸多方面出现经不起推敲的表达模糊、前后矛盾、定式化等问题，出现了比较明显的"论"与"史"不相契合，难以自圆其说的阐释困境。兹述如下：

一 "儒道互补"的根源模糊

在《华夏美学》第一章"礼乐传统"中李泽厚依次分三节"羊大则美：社会与自然""乐从和：情感与形式""诗言志——政治与艺术"，层层递进，论述"儒道互补"的根源"礼乐传统"的形成与特征。其中出现了多次模糊性的论述，主要表现如下：

（一）"羊大为美"和"羊人为美"融合的模糊性

李泽厚论述了两种对美的起源的解释"羊大为美"和"羊人

① 刘成纪：《多元一体的美学》，《郑州大学学报》（哲学社会科学版）2009年第6期。

② 王振复：《中国美学史著写作：评估与讨论》，《学术月刊》2012年第8期。

③ 王振复：《中国美学史著写作：评估与讨论》，《学术月刊》2012年第8期。

为美"如何在原始巫术中实现统一。他指出与动物游戏不同,原始
巫术的群体活动使个体被组织在一种超生物族类的文化社会中,即
"在制造、使用工具的工艺—社会结构基础上,形成了'文化心理
结构'"。① 而且认为在原始巫术中的图腾舞蹈中个人身心的感性形
式与社会文化的理性内容,即"自然性"与"社会性"实现了最
初的交融渗透,② 原始图腾舞蹈把本来分散的个体感性存在和感性
活动,有意识地紧密联系起来,它唤起、培训了人的集体性、秩序
性,同时也使个体性的情感和观念得以规范化。但李泽厚并没有说
清"自然性"与"社会性"的交融如何在原始图腾舞蹈中具体融
合,显得模糊而神秘。而这种融合的具体过程实际上非常关键,因
为不说清这一问题,后面论述"美"是个体与社会、感性与理性、
情感与形式、艺术与政治的统一,包括"儒""道"之间的互补也
都缺乏根基。所以可以说,李泽厚更多的是从理论上预设了这种融
合的可能性,但缺乏清晰而有力的论证,这也导致了此后其所谈及
的各种"融合"也都比较模糊,缺乏根据。

（二）原始图腾舞蹈与审美联系的模糊性

此后原始图腾舞蹈如何与审美联系起来,也是李泽厚没有说清
的问题。他指出原始人的精神文明、符号生产不只是审美,但是它
有审美的因素和方面,即"感知愉快和情感宣泄的人化亦即动物性
的畅快(官能感受愉快和情感宣泄愉快)的社会化、文化化"③。
不同于外在行动规律的理性的内化(如逻辑观念),也不同于群体
目的要求的理性的凝聚(从原始禁忌到道德律令),"审美是社会
性的东西(观念、理想、意义、状态)向诸心理功能特别是情感和

① 李泽厚:《华夏美学》,《美学三书》,天津社会科学院出版社2003年版,第
199—200页。

② 李泽厚:《华夏美学》,《美学三书》,天津社会科学院出版社2003年版,第
201页。

③ 李泽厚:《华夏美学》,《美学三书》,天津社会科学院出版社2003年版,第
202页。

感知的积淀。这里，便恰巧与‘羊大则美’含义，即《说文解字》训释为‘味甘’（好吃）相联系起来了”①。此处“审美”成为人与动物相区别的基础。李泽厚用“积淀”一词把人类的社会性凸显出来，但动物是否也有积淀呢？许多动物长途奔袭不畏艰险到达迁徙地繁殖后代，并非生而有之，不也是在漫长岁月中形成的积淀吗？而且“羊人为美”的巫术礼仪怎么就“恰好”与“羊大则美”联系起来统一起来呢？既然是恰好，时间、地点、机缘、人为、天意的巧合都需具备才可能说是“恰好”，这样的“恰好”是偶尔出现还是常常出现呢？李泽厚通过考察人类的味觉与审美之间很早就形成的密切关系来说明这种“恰好”：根本的原因在于味觉的快感中已包含了美感的萌芽。如味觉的快感是直接或直觉的，它已具有超出功利欲望满足的特点，它同个体的爱好兴趣密切相关。② 味觉的确与审美之间有密切关系，但在后世的文艺实践中可以看到味觉终究以其比较明显的功利性与审美的超越性根本不同而被认为是低层级的审美。味觉与审美的密切关系并不能充分说明从“味”中“恰好”实现了人类的社会性与个体性在审美中的融合与统一。李泽厚继而补充道：原始人对“味”的追求显示了比动物满足温饱等生理需求“更多一点的东西”，“这个‘更多一点的东西’固然仍紧密与自然生理需要联在一起，但是比较起来，它们比生理基本需要却已表现出更多接受了社会文化意识的渗入和融合”。③ 李泽厚所说的“更多一点的东西”是人超越了动物性的生理反应，社会、文化的意义和内容渗入了自然的个体感性形式。如原始人偏爱红色，是将红色赋予了人类独有的符号象征的观念含义，比如血液、生命

---

① 李泽厚：《华夏美学》，《美学三书》，天津社会科学院出版社2003年版，第202页。

② 李泽厚：《华夏美学》，《美学三书》，天津社会科学院出版社2003年版，第203页。

③ 李泽厚：《华夏美学》，《美学三书》，天津社会科学院出版社2003年版，第204页。

和繁殖等。但这个"更多一点的东西"作为人与动物的根本区别依然是模糊不清的，难以充分说明在"羊大为美"中"恰好"实现了人类的社会性与个体性在审美中的融合与统一。

(三)"积淀说"的模糊性

李泽厚进一步总结说将"羊人为美"解读为图腾舞蹈时，突出的是社会性规范向自然感性的沉积，是理性存积在非理性（感性）中；而解读"羊大则美"为味甘好吃时，突出的是自然性的塑造陶冶和它向人的生成，是感性中有超感性（理性）。"它们从不同角度表现了同一事实，即'积淀'。'积淀'在这里指人的内在自然（五官身心）的人化，它即是人的'文化心理结构'的逐渐形成。"① 这样在李泽厚看来，"积淀"成为人的感性欲望与社会性要求之间形成统一的根据，也是原始人文化—心理结构形成的理论根据。"积淀"成为实现社会性与个体性、感性与理性统一的关键环节。他还特别强调"使用、制造物质工具以进行生产"这一根本活动在形成人类文化和人性中的基础位置。在"积淀说"的基础上他强调了儒家美学的感性与理性、个体与社会、人与自然的多种二元统一。他紧接着指出"积淀说"在中国文化的特殊性并指出自然身心的"人化"过程和人类的文化心理结构的形成是十分漫长的历史进程。而对于这一历史进程究竟是如何演变的也缺乏清晰论述。

最终李泽厚在上述每一个没有说清的模糊理论前提下却得出了一个看似非常合理的结论："儒家所谓'发乎情止乎礼义'来源于追求'羊大则美'与'羊人为美'、感性与理性、自然与社会相交融统一的远古传统。它终于构成后世儒家美学的一个根本主题。但这个主题是经过原始图腾巫术活动演进为'礼'、'乐'之后，才

---

① 李泽厚：《华夏美学》，《美学三书》，天津社会科学院出版社 2003 年版，第204—205 页。

在理论上被突出和明确的。"① 至此李泽厚把巫术礼仪、"礼乐传统"和儒家思想主题联系起来了，确立了中国文化、华夏美学和心理结构的民族个性：感性与理性、自然与社会相交融统一。这样，李泽厚在前面论述"儒道互补"的根源是原始巫史礼仪的模糊前提下，就将"羊大则美"与"羊人为美"还没有充分实现的感性与理性统一作为结论作为儒家美学特征的概括，显得缺乏说服力。

综上，李泽厚在《华夏美学》中通过论述如何实现"羊人为美"和"羊大为美"的统一性一开始就确立了一个基本的理论原则：理性与感性的统一，社会性与自然性的统一是"美"产生的根据。根据这一理论原则认为原始巫术中的图腾舞蹈积淀产生了审美和"礼乐传统"，而"礼乐传统"又成为儒家思想的根源。在第二章"孔门仁学"中他论述了儒家是"礼乐传统"的保存者，因而确立了其在中国传统文化中的主干地位。这样儒家的主干地位似乎不证自明，顺理成章。可是却存在以下问题：一方面，原始巫术中的图腾舞蹈如何积淀产生了"礼乐传统"？因为仅仅强调人的物质生产的实践活动并不能解决理性与感性如何实现统一的问题；另一方面，后来在《说"巫史传统"》中李泽厚将"礼乐传统"变成了"巫史传统"，由先前强调儒家是"礼乐传统"的维护者而成为中国传统文化的主干，变成强调道家思想也产生于"巫史传统"，"巫史传统"成为儒、道两家共同的思想根源，儒家超越于道家的优越地位自然消失了。这就出现了前后矛盾，上述顺理成章的结论的有效性也大打折扣。这也反映出李泽厚论述中的一个明显问题：当在某一篇文章或某一本书中集中论述某一问题时，论证基本是严密有力的，但放在其整个学术历程中对该问题的论述中，常常会发现前后矛盾。这也说明李泽厚的思想并不故步自封，而是不断发展的。这可能是所有希望构建严密宏大体系的思想者难以规避的共同

---

① 李泽厚：《华夏美学》，《美学三书》，天津社会科学院出版社 2003 年版，第206—207 页。

问题。其实李泽厚对儒、道思想同源于巫史传统有其合理性,只是在论述原始巫术中个体与社会的第一次"融合"略显草率。或者由于年代久远我们对于原始巫术的认识缺乏实物资料,只能进行想象,这不是李泽厚个人的失误,而是文化人类学学者在研究人类早期文明时可能都会遇到的问题:原始文明缺乏证据,语焉不详。问题是如何弥补这一失误? 应该可以尽力从新的考古发现取得的更确切的实物和史料证据来弥补。还有李泽厚的研究中从想象中的原始巫术出发,缺乏强有力的理论支撑,如果从当今世界还存在的原始文明和大量流存的原始神话证据出发可能会更有说服力。总之,关于"儒道互补"的根源的确还需要更加深入的研究,李泽厚对中国原始审美意识产生所面临的模糊性也是一种论证困境。也是世界其他美学研究者在面对原始艺术和审美意识发生的基本阐释困境,这需要后来的美学研究者不断深入,更有力地减少这种阐释困境。

二　论证中的矛盾性

(一)　儒家主干的矛盾性

笔者经过梳理和总结,发现在《华夏美学》中李泽厚认为儒家为主干的原因主要如下:

其一,儒家美学有"礼乐传统"的深厚源渊。

其二,儒家美学有深刻的哲学观念和思想优势。

其三,儒家哲学的系统论的反馈结构使其善于不断吸收和同化其他思想更新发展自己。

其四,士大夫知识分子是儒家思想传承的重要载体。李泽厚认为中国文官制度自秦汉以来比较早熟,文人士大夫成为社会阶层结构中的中坚力量,他们也成为文学艺术和哲学的主要创作者和享受者。他们在构成统治社会的文艺风尚和审美趣味上,经常起着决定性作用。"从而,儒家思想在美学中一直占据主流,也就是相当自然的事情"①。

这些理由看似合理但经不起推敲。因为同样的理由运用到道家身上可能也大体具备，李泽厚认为儒道思想同源，那么道家也有深厚渊源，道家美学也有对理想人格的追求，也将"天人合一"作为最高目标，道家哲学观念公认比儒家深刻，道家也善于学习其他思想并发展自己，还成为道教，道家思想的传承者也主要是士大夫知识分子，在人的载体上几乎与儒家一致。所以以上理由难以充分证明儒家思想和美学的主干地位。尤其是李泽厚认为"相当自然"的最后一个理由是一种比较机械的出生决定论，缺乏说服力。因为中国古代传统社会教育内容和教育方式虽然主要是儒家的，但这种教育制度既培养了儒家人才也有兵家、道家、法家、佛家等其他各家的人才。官吏的选拔以儒家经典为主但也可以不拘一格降人才。不能用读书人都是儒家证明文艺创作都是儒家，或者以儒家为主。因为即使是儒家出身也可以有创作风格、审美情趣的多样化。文艺作品的价值和人的才情、艺术技巧更密切相关，而与人的出身并非正相关关系。否则中国历代帝王或官僚士大夫们更能代表儒家的思想，可他们大都不是文学家和艺术家，我们评价其价值也不以其文艺成就为最高标准，而以道德和政绩为主要评价标准。包拯、海瑞这些有名的清官俗称青天大老爷也并非文采飞扬。儒家的取仕标准也不是文采和艺术技巧，虽有宋徽宗时期的画院制度可以画技取仕，但那是极端的个例，徽宗的文艺成就很高但也绝不能成为儒家所标举的明君。所以官员制度和出身难以成为儒家美学为主干的有力证据。综上可见，李泽厚将儒家美学作为华夏美学的主干不是建立在充分论证的学理基础上，而是为了服务于探究中国文化深层文化—心理结构的研究目的的一种理论预设，即以儒家思想的意识形态统治地位顺理成章地预设了儒家美学的主干地位，而忽视了美学

---

① 李泽厚：《华夏美学》，《美学三书》，天津社会科学院出版社 2003 年版，第389 页。

具有一定超意识形态性。

（二）"以道补儒"的矛盾性

在儒家美学主干地位的预设下，前已述及"儒道互补"美学史观实际是"以道补儒"而不是儒道双方的互相吸收和补充。所以李泽厚在《华夏美学》第三章"儒道互补"论述庄子美学与儒家美学的关系时也出现了矛盾。一方面李泽厚对道家美学的价值认识十分深入，列举了庄子美学在审美态度、理想人格审美、审美对象、审美标准、自然审美和审美境界等诸多方面都远远超越儒家。如李泽厚认为庄子美学的价值在于为儒家美学补充了"心斋""坐忘"和"逍遥游"等真正的审美态度，从而超越了儒家美学的功利性而达到真正自由的审美境界，加深和开阔了儒家美学。他指出："庄子帮助了儒家美学建立起对人生、自然和艺术的真正的审美态度。"① 并认为："道家作为儒家的补充和对立面，相反相成地在塑造中国人的世界观、人生观、文化心理结构和艺术理想、审美情趣上，与儒家一道，起了决定性的作用。"② 可见，李泽厚尽管充分肯定了儒家美学的主干地位，但却承认道家对中国美学、艺术影响更深远，而且所发挥的作用和儒家一样是决定性的。在随后的论述中李泽厚认为庄子一些神秘的说法比儒家以及其他任何派别更抓住了艺术、审美创作的基本特征，如形象大于思想；想象重于概念；大巧若拙，言不尽意；用志不纷，乃凝于神等。儒家对文艺的影响主要在主题内容上，道家主要在审美规律上。而且李泽厚强调"艺术作为独特的意识形态，重要性恰恰是其审美规律"③。在论述孟子与庄子所论述"大美"的区别时指出：孟子指的是个体伦理精神境界

---

① 李泽厚：《华夏美学》，《美学三书》，天津社会科学院出版社 2003 年版，第287 页。

② 李泽厚：《美的历程》，《美学三书》，天津社会科学院出版社 2003 年版，第49 页。

③ 李泽厚、刘纲纪：《中国美学史（先秦两汉编）》，安徽文艺出版社 1999 年版，第 256 页。

的伟大。庄子突出个体不被社会伦理道德和物欲束缚的个体自由和力量的超越性。尽管都在追求着个体人格的无限，却具有两种不同的美。"而后一种'大'的美在中国艺术和发展中是有活力的。因为它已经脱出了伦理学的范围而成为纯审美的了"①，等等。这些都表明李泽厚明显认为庄子美学更有价值，影响更大，整体上表现出更青睐道家美学。另一方面，李泽厚最后依然坚持道家美学是儒家美学的补充者。"所以，在'儒道互补'中，是以儒家为基础，道家被落实和同化在儒家体系之中。"② 这就出现了前后矛盾，也忽视了儒家思想即使作为官方哲学并不能直接涵盖道家美学丰富而独特的文艺实践。

以上这种论述上的矛盾性还延续到《华夏美学》后几章。一方面，肯定屈骚传统生死反思的深层意味，深情的审美追求，审美创造中的"想象的真实"的独特性，禅宗美学追求永恒的"妙悟"思维，追求"韵味"与冲淡的审美品格等，近代从情欲到性灵的人性解放，西方美学人性自由的冲击等其他美学思想的独特价值。如"华夏美学在以儒为主体而又吸收、包容了庄、屈之后，从外、内两个方面极大的丰富了自己，而不再是本始面目了，但它又并未失去其原有精神"③；论述禅宗"妙悟"思维对儒家的影响时说"这条道路，是通由'妙悟'，并且只有通由'妙悟'，去得到永恒。这是对儒、道、屈的华夏传统的另一次丰富和展开"④ 等。另一方面，继续维护儒家美学的主干地位。如强调"两千年来，也始终没

---

① 李泽厚、刘纲纪：《中国美学史（先秦两汉编）》，安徽文艺出版社 1999 年版，第 256 页。

② 李泽厚：《华夏美学》，《美学三书》，天津社会科学院出版社 2003 年版，第286 页。

③ 李泽厚：《华夏美学》，《美学三书》，天津社会科学院出版社 2003 年版，第336 页。

④ 李泽厚：《华夏美学》，《美学三书》，天津社会科学院出版社 2003 年版，第343 页。

能超出孔子所划定的这个理性态度的范围"①。其中最典型是在
《华夏美学》最后一章"走向近代"中对近代人性解放思潮的分
析。虽然李泽厚也指出近代一些新的思想倾向和文艺创作,常常是
指向与儒学正统相背离甚至相反的方向,但却强调"它们又只是
'指向'而已。本身还并未脱出儒学樊笼。尽管可能表现出某种
'挣脱'的意向或前景。它是既不成熟又不彻底的、特别是在理论
上"②。可见李泽厚始终坚持其儒家哲学和美学的主干论,即使在明
中叶以后出现了明显背离和反叛儒学美学的文艺思潮和作品,而且
也开始出现儒家统治思想松动并发展为以后的社会大巨变,他也仅
把它们看作不成熟的暂时的潮流而无法动摇儒学传统的根基。这样
近代人性解放思潮又顺理成章地成为"儒道互补"其实是儒家美学
的补充者。李泽厚对道、屈、禅和近代人性解放的各种美学思想认
识可谓深刻,分析可谓精当,语言可谓精彩,但所有这些都是为了
说明它们作为补充者的合适,而并不承认这些思想的独立性和丰富
性,也忽视它们对中国古代文艺实践所产生的独特影响。

在《华夏美学》第五章中李泽厚总结说:"如果说,庄以对
'感知层',屈以对'情感层',那么,禅便以对'意味层'的丰
富,突破、扩大和加深了华夏美学。"③ 在此他指出庄子美学、屈骚
传统和禅宗美学依次分别对华夏美学即儒家美学的感知层、情感
层、意味层进行了丰富和深化。但在《美学四讲》中他指出美感分
为感知层、情感层、意味层,三个层次分别对应悦耳悦目、悦心悦
意、悦志悦神的审美效果,三个层次明显递进,意味层最高。而儒
家美学在三个层次上都是吸收其他美学思想。其中作为意味层的禅

---

① 李泽厚:《华夏美学》,《美学三书》,天津社会科学院出版社 2003 年版,第
320 页。

② 李泽厚:《华夏美学》,《美学三书》,天津社会科学院出版社 2003 年版,第
366 页。

③ 李泽厚:《华夏美学》,《美学三书》,天津社会科学院出版社 2003 年版,第
365 页。

宗美学处于最高层。那么如果剥离这些美学思想的影响儒家美学还剩下什么？而其他美学思想剥离了儒家思想的影响却可以独立存在，那么何者是真正强大的美学呢？难道儒家美学的主干地位变成了对其他美学思想最强的吸收能力而非自我的创造力？儒家美学的主干或者主体地位究竟如何体现？这样的论证明显前后矛盾，这样又会动摇儒家美学主干地位的理论预设前提。李泽厚曾经深入批判康德的先验理性，这样看来他所预设的儒家主干地位其实也具有了某种不证自明的先验性，已如"君权神授"般稳固。道家与儒家长期并存却只是补充者的附庸地位，其他思想也只能更加边缘化了。他始终强调儒家美学为主，也就是说"儒道互补"最终还是为了证明儒家美学的正统和主干地位，也就不存在儒、道美学思想的真正"互补"。

（三）"儒道互补"是儒家美学自我修复的矛盾性

比"以道补儒"更进一步，李泽厚还显示出"儒道互补"实际上是儒家的自我修复倾向，进一步抹杀了其他思想的独立价值。如在《华夏美学》第一章"礼乐传统"中，李泽厚提出艺术究竟是"载道"，还是"言志"或"缘情"？"这个似乎本只属于儒家美学的矛盾却在后世华夏的文艺创作和美学理论中一直成为一个基本问题。"① 他为什么会认为"载道"与"缘情"似乎是只属于儒家美学的矛盾？难道"儒道互补"中的儒、道功利与自由的分立或者"载道"与"缘情"实际上是儒家思想的内在矛盾？如果成立，儒家思想对道家思想和其他思想的吸收与改造实际上是一个不断发展的独立自足的思想体系的自我发展，所谓的"互补"也不过是儒家内在自我矛盾的自我修复与调整。那么道家和其他思想体系根本就不存在任何独立性，只是儒家完善思想体系的补丁了。从其对"儒道互补"的论证过程可以进一步证明其所说的"儒道互补"实际

---

① 李泽厚：《华夏美学》，《美学三书》，天津社会科学院出版社 2003 年版，第228 页。

是儒家中庸思想的自我完善。在《华夏美学》中李泽厚提到"儒道互补"时常常加上了"交融"。如在谈到陶潜的"儒道互补"时他说："……'平畴交远风，良苗亦怀新'、'俯仰终宇宙，不乐复如何'……这些诗句则恰好展现了儒道两方面的交融。它们交融在'人的自然化'与'自然的人化'相统一之中"；"至于陶诗禅意的评论，它主要出现在宋代之后、特别是由苏轼的解说所造成，其实并不符合陶的本来面目，陶的特色仍然是典型的'儒道互补'和'交融'"。① 可见"儒道互补"在李泽厚看来常常是儒道交融。再如在《华夏美学》第一章"礼乐传统"中李泽厚对"乐从和"的特征进行了深入论述。其实也是儒家的中庸思想的体现。在他看来，"礼乐传统"的"乐从和"特点先于儒家思想并直接孕育了儒家传统。而且"乐从和"的消除事物之间对立和弥合情感分歧的融合性和中和性思维方式的"和"与儒、道"互补"的"相杂"与"相济"几乎同义，"儒道互补"其实是"儒道交融"和"儒道和"。这样从"乐从和"出发而形成中国古代美学的理想标准"中和"实际上接近了李泽厚后来提出的"度本体"。"儒道互补"最终与儒家的中庸理想一致。所以起源于远古的"礼乐传统"的"儒道互补"实际上是儒家中庸思想的内在全面展开。这种认识与基本历史事实不符。不能以道家思想和佛家思想没有长期成为统治思想就认为他们根本没有思想的独立性。事实上儒家思想无论如何强势，如何使其他思想自觉改造自身以迎合儒家思想，儒家思想却从未成功取代和消弭其他思想的并立和存在，只有在特殊历史时期强大的政治集团凭借武力和意识形态的强权控制才暂时得逞。而真正的孔门仁学即原始儒家对其他思想并非完全排挤，而是具有极大包容性的兼容并蓄。唯其如此，才使得中国文化在内在吸收和融合中抵制住了外来文化的不断冲击。李泽厚出于文化保守主义的立场

---

① 李泽厚：《美的历程》，《美学三书》，天津社会科学院出版社 2003 年版，第228 页。

提出和强化"儒道互补"，但强调儒家是主干，"儒道互补"是儒家的自我修复，这样反而破坏了中华文化互相融合得以长久的历史规律，实际上并不利于中华文化的保护和发展。当然我们并不否认中华文化历史上确实存在思想对立和矛盾冲突，但我们关注的不仅是冲突的事实还有冲突的结果，事实上在中国美学史上儒、道、佛、屈从来没有彼此替代，他们都有其思想独立性，而且正因为独立他们才具有强大的生命力给中国文艺以不同的滋养从而创造了中国文艺丰富的精彩，形成了西方文化不可抹杀的巍然宏大而精彩不断的文化景观和美学成果。而且在近代人性解放的洪流下，"儒道互补"终于不能再成为一个自我更新的超稳定的文化结构了，所以儒学走向衰落，主要原因是儒学本身的僵化缺乏对新思想的融合能力产生文化"内爆"。再加上后来西方思想的冲击，文化"外爆"也一起袭来，终于导致了华夏文化心理结构的大动荡。"儒道互补"的超稳定性也受到了质疑和批判。

综上所述，李泽厚首先强调了儒家对华夏远古的"礼乐传统"的继承和发展以证明儒家思想的优越地位，从一开始就预设了儒家思想的主干地位继而直接推论到儒家美学的主干地位，其他美学思想无论多么丰富、深刻只能处于儒家美学的补充者地位而缺乏独立性，而儒家自身的主体性和独特性也没有充分体现出来，只成为不断自我完善的封闭思想体系。这样的理论预设先行，论证矛盾重重的诠释方法缺乏说服力。前已述及许多学者如徐复观认为道家思想或道家美学并非只处于附属的补充地位而具有独立地位和价值，而且儒家和道家在历史的发展过程中是相互影响、相互吸收的。所以李泽厚强调儒家美学主干地位的观点也受到质疑。其儒家美学为主干的认识实际上完全放弃了中国美学史的独立性。儒家正统地位很多时候是被利用的政治工具，大批儒士也成为被豢养的政治传声筒。比如批评屈原"露才扬己"的班固和一批儒家正统文人并不能减弱楚辞传承千古，依然令人动容的艺术魅力。批评写文章是雕虫小技，末流小道的儒家正统文人的声音曾经甚嚣尘上，但经典文学作品的生命力早已经湮没了这些无知的声音。所以儒家在美学中的影响究竟是否是主导性的或者在何种意义上是主导性的都还需要更深入的思考。

还需要注意到李泽厚这种推崇道家美学精神和坚守儒家美学立场的矛盾在朱光潜、宗白华中国美学研究的成果中也是如此（参见本书第四章）。这不是李泽厚美学研究的困境，而是中国美学研究难以克服的困难，究其实，他们都是以儒家在意识形态上长期存在的主导性地位来理所当然直接推论出儒家美学独尊地位的。这是基于探寻与西方不同的中华文化的特殊文化—心理结构的文化复兴使命而提出，可以说，百年来中国美学研究不是基于美学规律和中国文艺发展实际的纯美学研究，而是被赋予了太多政治教化和文化复兴等使命的综合美学研究，是一种文化或政治解释学。但是意识形态、绝对政治权利并不能完全主导中国美学史。中国美学研究美与善的矛盾始终是中国美学研究宿命似的困境，也是所有中国美学研究者所难以逃脱的阐释困境。

第二节　文艺实证阐释困境

尽管李泽厚始终强调儒家的主干地位，但并没有在《华夏美学》中集中论述儒家思想对中国文艺的具体影响，而是极其分散。总结起来李泽厚所肯定的儒家美学对中国文艺的具体影响主要是音乐和诗文，在绘画、书法等其他艺术中儒的主干地位不明显。也就是说，儒家的主干地位是有适用范围的，不能涵盖大多数文艺实践。这使得李泽厚"儒道互补"中儒家的主干地位欠缺了充分的实证性。以下通过中国古代文艺最有代表性的诗歌、绘画和陶瓷艺术美学史的了解来把握它们各自的发展特点来对此进行分析论证，试图证明中国文艺实践基本上在共时结构和历时结构上是超越"儒道互补"主线论，而有其自身的独特美学价值。

一　中国古代诗歌美学史：超越儒道、美在深情

诗是中国最古老、最基本的文学形式，一部中国古代诗歌美学史也是中国人的社会生活史和精致心灵史。以下笔者通过对中国古代诗歌史的了解，①总结出中国古代中国诗歌史的几个基本特点：

（一）超越儒道互补

总体上说，儒道思想对不同时期的中国古代诗歌美学产生的影响不同，呈现出复杂的情况，很难用"儒道互补"的美学史观来证明中国古代诗歌美学是儒家为主干，"儒道互补"为主线的。先秦时期由于儒家尚未取得政治上的统治地位，所以也并未显示出对诗论的主导地位。而当时老子鲜谈诗歌，庄子引用过《诗经》中的句子，但基本未对当时诗歌创作产生明显影响。《诗经》中的作品呈现出多元化的发展面貌。汉代儒家取得了独尊的政治地位，受其影响汉赋也盛行一时，但在诗歌成就上意义不大。抒情自然、真挚的汉乐府民歌和《古诗十九首》才是汉代诗歌的优秀代表。汉初盛行过黄老之学，但道家对诗歌的影响依然不明显。魏晋时期既有充满了建功立业的高远志向的"建安文学"的儒者情怀，也有陶渊明平淡自然的田园隐逸诗，道家追求自然、平淡、天趣的审美精神在陶渊明作品中有了充分的体现，这些都说明魏晋时期儒道思想都对诗歌创作产生了影响力。而充分体现道家思想的玄言诗"理过其辞，淡乎寡味"成就并不高。李泽厚认为陶渊明是"儒道互补"的杰出诗人代表。这一认识并非空穴来风，历史上不乏论者注意到陶渊明诗歌儒道兼综，如朱熹曰："渊明诗，人皆说平淡，某看他自豪放，但豪放得来不觉耳。其露出本相者，是《咏荆轲》一篇，平淡底人，如何说得出这样的言语出来？"清代龚自珍也有言："陶潜酷似卧龙豪，万古浔阳松菊高。莫信诗人竟平淡，二分《梁甫》一分《骚》。"但笔者认为在陶渊明的诗作中道家思想的影响更加明显。

---

① 参见庄严、章铸《中国诗歌美学史》，吉林大学出版社1994年版。

陶渊明少年时期有"猛志逸四海，骞翮思远翥"（《杂诗》）的大志，也曾有："四十无闻，斯不足畏，脂我名车，策我名骥。千里虽遥，孰敢不至！"（《停云其四》）"刑天舞干戚，猛志固长在"（《读山海经·其十》）、"雄发指危冠，猛气冲长缨"《咏荆轲》等体现了儒家"大济苍生"的人生追求的豪迈诗句，但是这些作品影响力还是不及《饮酒》《归园田居》《桃花源记》《归去来兮辞》《桃花源诗》等充满道家无为、避世思想，向往田园任性自适生活的作品。而且陶渊明田园隐逸诗对唐宋诗人有显著影响。杜甫诗云："宽心应是酒，遣兴莫过诗，此意陶潜解，吾生后汝期。"苏轼云："渊明诗初视若散缓，熟读有奇趣……如大匠运斤，无斧凿痕，不知者则疲精力，至死不悟。"还说"外枯而中膏，似淡而实美"（《东坡题跋·评韩柳诗》）。苏轼更作《和陶劝农六首》《和陶拟古九首》《和陶杂诗十一首》等109篇和陶诗表达对陶渊明的追慕之情。总体上说，陶渊明在生平上亦官亦隐，在人格上儒道兼有。但钟嵘《诗品》称陶渊明为"古今隐逸诗人之宗"，杜甫对陶诗的推崇也主要是"遣兴"，苏轼主要赞陶诗"奇趣"和"淡"，可见其诗歌作品风格和内容而言主要体现了道家逍遥自然的精神。唐代是诗人个性特征多元化的时代，独具风格的著名诗人有五六十人。而且唐代不同历史时期诗人的整体风格又有所不同。盛唐时期的李白飘逸洒脱，被称为"诗仙"比较接近道家精神，杜甫关注国家命运、悲悯民生疾苦，有"至君尧舜上，再使风俗淳"的济世情怀，被称为"诗圣"和"诗史"，杜甫是比较公认的儒家精神的代表。但正如严羽在《沧浪诗话·诗话》中的评价"子美不能为太白之飘逸，太白不能为子美之沉郁"所言李、杜齐名，各具风范，各有价值。对此现代学者袁行霈也说"飘逸与沉郁都属于美之上品，不可加以轩轾逸扬"[①]。李、杜之间既不能做高低评价，也不能说是风

---

① 袁行霈：《李白诗歌的风格与意象》，《中国古代诗歌艺术研究》，北京大学出版社2009年版，第262页。

格或内容的"儒道互补"。此外唐代既有偏向儒家的高适、岑参立志报国、慷慨激昂的边塞诗，也有偏向道家的孟浩然的山水田园诗和偏向禅宗的王维，还有李商隐充满真挚情感的爱情诗。所以很难说儒家的诗歌影响占据主导地位。杜诗的正统地位并不能取代李白、王维等"非正统"诗人的影响力。在宋词中最有代表性的人物是苏轼，他的笔下有对亡妻"不思量自难忘"（《江城子乙卯正月二十日夜记梦》）的深情，也有"一蓑烟雨任平生"，"也无风雨也无晴"（《定风波》）的潇洒超然，加上王国维评价"东坡之词旷"，很难说苏词是儒家思想为主。一心想要收复失地的辛弃疾渴望"了却君王天下事，赢得生前身后名"（《破阵子·为陈同甫赋壮词以寄之》）。其思想比较偏重于儒家，但并不能取代苏轼的文学地位，也难以遮蔽充满真诚、热烈的情感的柳永、李清照为代表的婉约派。明清时期诗歌的风格和诗论更加多元化，既有偏向儒家的茶陵诗派、虞山诗派，台阁体、肌理说，也有偏向道家的主张"神韵说""格调说"，还有主张直抒性情的公安派和性灵说，还出现了风格卓异的郑板桥、龚自珍和纳兰性德。这些都超出了单纯的儒家和道家美学的影响范围。

（二）美在深情

许多学者都认识到中国诗歌和文学的抒情传统。如徐碧辉指出在中国历史上，与儒家和道家不同，有一个非常强大的主情论传统，并称其为"情家"。[①]并认为，"从根本上说，无论是儒家、道家，还是'情家'，它们都把'道'作为人生和艺术的本体……问题在于，对于'道'的理解和阐述各家有所不同。儒道之'道'主要是社会伦理之道，道家之'道'主要为自然物理之道，而

---

① 徐碧辉：《中国传统美学的核心——道》，《北京大学研究生学刊》1990 年第6 期。

'情家'之'道'则主要为个体情理之道"①。这一认识注意到中国古代的主情论传统,并将其与儒家、道家相比较提出了"情家"概念是比较符合中国文艺发展事实的。但徐碧辉认为"……'情家'一方面可以说是兼有儒家之热情和道家之冷峻;另一方面其骨子里其实仍是儒家的、社会的、入世的"②。这样又把"情家"纳入了儒家的思想体系之中,与李泽厚将儒家思想概括为"情本体"的思想是一致的。而笔者认为中国诗歌史中的主情传统有不受儒家道德本体论所束缚的自由表现力,也有对真诚、热烈的情感的追求已经超出了儒家"发乎情止乎礼仪"的约束,而获得了更广阔的表现范围和更深层的表现力,从而具有强大生命力和独特性。徐碧辉认为:中国古代美学的情家思想主要体现在屈骚传统的深情,近代人性解放中的李贽、汤显祖等人的主情论思想及以《红楼梦》为代表的作品。③ 笔者认为这些传统和作品固然很有代表性,但似乎缺少了历史的延续性。实际上在儒家意识形态和制度的高压下,中国古代美学从未断绝重情的传统。如果说文学是一个民族的心灵史,仅以诗歌为例我们就可以看到中国人的心灵史和情感史。即使是被孔子列为"经"之首的《诗经》,流传千古的不是孔子最为推崇的颂等作为礼教、乐教工具的作品,而是表现山野民间的人们情感的"风"和"雅"。比如其中有"硕鼠,硕鼠,无食我黍"(《诗经·魏风·硕鼠》)的强烈控诉,也有"昔我往矣,杨柳依依,今我来思,雨雪霏霏"(《诗经·小雅·采薇》)的士兵年少被迫离家征战,在战场九死一生老年归乡,物是人非的悲凉心情。屈原的《离骚》之所以成为千古绝唱是因其浓烈而奔放的深情而不是旧王权维

---

①　徐碧辉:《中国传统美学的核心——道》,《北京大学研究生学刊》1990 年第6 期。

②　徐碧辉:《从〈红楼梦〉看中国艺术之"情本体"》,《浙江工商大学学报》2011 年第2 期。

③　徐碧辉:《从〈红楼梦〉看中国艺术之"情本体"》,《浙江工商大学学报》2011 年第2 期。

护者的愚忠。汉乐府民歌中的《孔雀东南飞》焦仲卿和刘兰芝相爱却不能相守情感动人流传千古。东汉文人诗《古诗十九首》的代表作《行行重行行》《涉江采芙蓉》《西北有高楼》《迢迢牵牛星》皆长于抒情,充满对游子羁旅、思妇闺愁、生命短暂的深层感伤。东汉末年建安时代到曹魏前期,"三曹"和"建安七子"创造了情感真挚悲凉、慷慨多气、刚健有力的"建安风骨"。其中曹操的诗歌表现了沉雄悲壮的情感,如《蒿里行》《短歌行》《步出夏门行》等。曹植其诗"骨气奇高,词采华茂",有《七哀诗》《洛神赋》等传世名作,借思妇、怨士表达了深婉动人的情感。阮籍有《咏怀诗》82首反映了作者孤独苦闷的情感,沉郁艰深,不仅开创了自然冲淡的田园诗还超越流俗表现了平淡自然却动人的情感。陶渊明诗文的经典性并不在于或儒或道,而是其笔底深情。正如辛弃疾在《念奴娇》中称:"须信采菊东篱,高情千载,只有陶彭泽"(《文学小言》),给予了陶渊明"高情千载"千古一人的极高评价。陶诗也以其"归园田居"诗、《饮酒诗》和《闲情赋》的深情感动后人。南北朝时期的乐府民歌以抒情为主。如南朝民歌《西洲曲》,清丽缠绵。北朝乐府民歌名篇《木兰诗》《敕勒歌》风格刚健、语言直率。在诗的时代唐代更是不缺乏深情之作。初唐陈子昂有《感遇诗》38首,其《登幽州台歌》开创了高峻雄浑、刚健有力的新诗风。李白的飘逸,杜甫的雄浑,王维的空灵使得他们的诗歌情感深沉、热烈而有力。他们千古流传几乎家喻户晓的依然是那些感人肺腑的诗句:"天生我才必有用,千金散尽还复来"(李白《将进酒》),"安能摧眉折腰事权贵,使我不得开心颜"(李白《梦游天姥吟留别》)的恃才傲物,任性无羁的自由情感抒发,"桃花潭水深千尺,不及汪伦送我情"(李白《赠汪伦》)的美好友情,"相看两不厌,唯有敬亭山"(《独坐敬亭山》)的与天地同心的深情。即使是公认的最符合儒家典范意义的杜甫,其名篇《茅屋为秋风所破歌》"三吏三别"也以其对民间疾苦的深切同情和对吏治的无情揭露和抨击而成为感人至深的不朽经典。如"安得广厦千万间,大庇天下寒士人俱欢颜"（《茅屋为秋风所破歌》），"堂前扑枣任西邻，无食无儿一妇人"；"已诉征求贫到骨，正思戎马泪盈巾"（《又呈吴郎》）的悲悯之心，"朱门酒肉臭，路有冻死骨"的无比义愤（《自京赴奉先县咏怀五百字》）。而且后人对古代诗歌的评价也体现了对情感的重视。如少年天才王勃的"海内存知己，天涯若比邻"（《送杜少府之任蜀州》）的温暖柔情，如生命短暂，作品极少传世的张若虚的《春江花月夜》被称为"孤篇冠全唐"，其对生死的深沉悲慨之情也被李泽厚所称道。崔颢的《黄鹤楼诗》诗中虽然连续出现三个黄鹤楼，也不合格律，却被誉为"七律之首"。李白不服气连写了几十首《黄鹤楼诗》都不能超越崔颢的诗歌，气得写下"一拳打倒黄鹤楼"的诗句。而古往今来居然有1700多首写黄鹤楼的诗，却没有一人的诗歌超过崔颢的黄鹤楼诗，崔颢的《黄鹤楼诗》最能打动人的依然是"日暮乡关何处是？烟波江上使人愁"中对生命流逝的深沉感喟之情。中唐时期，白居易有伤感苍凉的《长恨歌》和《琵琶行》。刘禹锡多首《竹枝词》情感真实自然。柳宗元的山水诗情致婉转。李贺诗歌奇崛幽峭、浓丽凄清，有"诗鬼"之称。晚唐时期，杜牧的咏史诗深沉悲慨，有《山行》《泊秦淮》《江南春》等名篇。李商隐《筹笔驿》沉郁顿挫，《锦瑟》《无题》等幽深窈渺、凄艳浑融。亡国的南唐后主李煜更多的被人记住的不是无能之君主，而是"问君能有几多愁，恰似一江春水向东流"（《虞美人·春花秋月何时了》）的无尽悲痛。宋词的出现使得情感的表现更加自由。宋词名家无论婉约还是豪放，只是情感表现的方式不同，情感的深度不分轩轾。如苏轼"大江东去，浪淘尽千古风流人物"（《念奴娇·赤壁怀古》）的悲慨，柳永"杨柳岸晓风残月"（《雨霖铃》）的凄凉，李清照"人比黄花瘦"（《醉花阴》）的沉痛，陆游"王师北定中原日，家祭无忘告乃翁"（《示儿》）的深沉等情感依然敲击着现代人的心灵。而元代以后诗歌的衰落也是因为时代的变化，表达过于含蓄曲折，格调过于严谨的诗难以适应时代个性化情感表达的需要。所以元代兴起戏剧、明清时期兴起小说这些新的表达情感更自由、反映社会现实更有力的文学形式。关汉卿《窦娥冤》中借一个千古奇冤的弱女子之口，作者发出了质问天地的最强烈呼声"地也，你不分好歹何为地！天也，你错勘贤愚枉做天"，所以王国维认为"古今之大文学，无不以自然胜，而莫若于元曲"，称赞《赵氏孤儿》和《窦娥冤》"剧中虽有恶人交构其间，而其蹈汤赴火者，仍出于其主人翁之意志，即列之于世界大悲剧中，亦无愧色也"①。明代的浪漫洪流势如洪水冲击了儒家温柔敦厚的诗教论对情感的限制。汤显祖提倡"情不知所起，一往而深，生者可以死，死可以生。生而不可与死，死而不可复生者，皆非情之至也"的"至情论"创作主张，才能完成《牡丹亭》杜丽娘和柳梦梅超越生死的感人至深的千古恋情。晚明有公安派提出"性灵说"，主张写诗文要"独抒性灵，不拘格套"。冯梦龙在儒家立功、立德和理言的"三不朽"人生价值论的基础上提出了"情不朽"。清代诗人郑板桥有"些小吾曹州县吏，一枝一叶总关情"（《潍县署中画竹呈年伯包大中丞括》）的怜恤民间疾苦的深情，龚自珍有"我劝天公重抖擞，不拘一格降人才"（《己亥杂诗》）的救国深情。清代还有"清词无出其右"的纳兰性德。纳兰性德笔下"悼亡之吟不少，知己之恨尤深"，自称"我是人间惆怅客"，被后世称为"凄情纳兰"（赵淑侠），纳兰词真情唯美也不是儒家、道家思想所能涵盖的诗人。中国古代诗文的深情数不胜数，舍生忘死的家国情、感天动地的亲情、刻骨铭心的爱情、肝胆相照的友情等，可以说仅以儒、道思想去解读这些以上灿烂如星光的千古名篇不仅乏力也很乏味。中国诗歌艺术的超绝丰富性和深情不应该只是儒道思想的注脚。儒道思想也不能成为解读中国古代诗歌的生硬枷锁。

综上可见，中国古代诗歌在不同历史时期风格多变，但抒发真切、自然、深沉的情感却是超越时代的诗歌主旋律。可以说中国古

---

① 王国维：《宋元戏曲考》，人民文学出版社 2017 年版，第 226 页。

代诗歌史中成果最丰富、最有生命力的不是儒家美学、庄子美学和禅宗美学而是情感美学思想,这不是李泽厚以儒家美学为主体的"情本体"思想。中国古代诗歌的主情传统在历史中绵延不熄,难以得出儒家为主,儒道互补的结论。中国诗歌不同于西方叙事性的史诗风格,最重要的传统也是抒情传统。所以笔者认为是"美在深情"而不是儒、释、道等各种思想才是中国古代评价诗歌作品的最高标准。而且儒家"温柔敦厚"诗教固然形成我国古典诗歌所特有的圆润含蓄,委婉深曲,情味隽永之美,但由于礼义的束缚,诗人内心不平之情不能倾泻,欢爱之思不能尽吐,削弱了诗歌的表现内容。现代学者对此进行了诸多批判,如朱自清:"中国缺少情诗,有的只是'忆内'、'寄内',或曲喻隐指之作;坦率的告白恋爱者绝少,为爱情而歌咏爱情的更是没有。"① 闻一多也说:"我在'温柔敦厚,诗之教也'这句古训里嗅到了数千年的血腥。诗的女神善良得太久了……她受尽了侮辱和欺骗,而自己却天天在抱着'温柔敦厚'的教条,做贤妻良母的梦。"(《三盘鼓序》)他认为我国的诗歌缺乏"药石性的猛和鞭策性的力",② 所以他成为"文学革命"潮中的猛将。"温柔敦厚"的儒家诗教论使得诗歌的社会功能主要为政教服务,抑制了情感的自由表达,违反诗歌创作的规律,对诗歌创作无疑是沉重的枷锁。美学根本上是感性学,是主情的。文艺作品终究不同于政治说教需要表达情感。而"儒道互补"中无论是儒家的"以理节情"还是道家的"太上无情"的超越人格都并不主情,甚至是寡情和无情的。"载道"的传统一直由儒家所确立和强化,而儒家的"缘情"并非抒发作者的个人情感,也不能热烈奔放地直抒胸臆,而是少小离家的孤独,家国离乱的伤悲,忠而被贬的怨愤,人间不平的感叹,是凝聚爱国、怀乡、同情弱者等正义的

---

① 朱自清编选:《中国新文学大系·诗集》,上海文艺出版社 2003 年版,第 1 页。

② 闻一多:《闻一多全集(2)文艺评论散文杂文》,湖北人民出版社 1993 年版,第 229 页。

"大道"。正如清末文论家刘熙载明确提出要表现"得其正"的"情"，他认为"忠臣孝子，义夫节妇，皆世间极有情之人"（《艺概·词概》），把"情"限制在封建伦理纲常之内。而抒发个人怨愤和牢骚是不会得到理解和认可的。所以儒家的"缘情"并非主张热烈和个性化抒情。道家和佛家强调超脱，所以其文艺作品表达情感也是含蓄内敛。在某种程度上，儒、道、释三种思想都禁锢了文学的自由表达，表现出反文学的特性。中国文化中最突出情感色彩的应该是屈骚传统。但屈原被后世称为爱国主义诗人可见其抒发情感的内容依然被限定在儒家传统伦理政治的法度内。楚国文化中富于想象力的神奇创造也随着楚国的覆灭而埋葬在历史的档案中。直到明代以后李贽的"童心说"和公安派的"性灵说"才使充满个性和真实的"情"获得了地位。

综上所述，李泽厚所强调的儒家的"情本体"思想实际上还是"以理节情"，并不强调个体真情和深情的自然抒发。"儒道互补"美学史观根本上缺乏对情感的关注。即使是最有深情的屈原也被当作了"儒道互补"的补充者而毫无独立地位。但深情是中国诗歌的真正生命力越来越得到学界公认。李泽厚"儒道互补"的美学史观在中国古代诗歌美学史中缺乏有力的证明。他也认识到了儒家文化中缺少"主情"思想，后来他提出的"情本体"思想是对美学的回归，是对"儒道互补"美学史观的一种弥补，但在文化复兴的目的论下其有效性也值得探讨和反思。

二　中国古代绘画美学史：儒道并立、儒道融合、重视抒情、走向民间

笔者通过对中国古代绘画史的了解，[①] 现围绕儒道关系对中国古代绘画的几个特点进行说明。

---

① 参见杨成寅、汤麟、程至的、潘耀昌编著《中国历代绘画理论评注（共7卷）》，湖北美术出版社2009年版。

（一）儒道并立

1. 儒主人物

儒家对中国古代绘画的影响主要是人物画。儒家思想十分重视人物画的道德教化功能。先秦时期已经产生了对人物画道德鉴戒功能的认识。如《韩非子·守道》有言："……如此，则图不载宰予，不举六卿；书不著子胥，不明夫差"，表明绘画的对象并不随意而是根据人物道德和作为而有所选择。西汉时期宫殿里已经有大量以人物为主题的壁画。如王延寿《鲁灵光殿赋》记载鲁恭王刘光修建的灵光殿中有大量现实人物画像："下及三后，淫妃乱主。忠孝臣子，烈士贞女。贤愚成败，靡不载叙。"① 这些画像表现了儒家扬善惩恶，推崇忠孝仁义的价值观。汉代"独尊儒术"后，在民间学堂孔子及"七十二弟子"像成为人物画的主要内容。② 汉代绘画还有一个重要的表现形式即墓葬中的画像石。其中与儒家思想最为密切的是历史故事，如二桃杀三士、晏子见齐景公、鸿门宴、荆轲刺秦王、聂政自屠、范雎受袍、狗咬赵盾、赵氏孤儿等。这些历史故事承载了儒家所弘扬的忠、孝、仁、义、勇等道德观念。此后，图画鉴戒论作为儒家重要的画论思想在绘画史上绵延不绝。如三国曹植《画赞序》对此有较全面的认识："观画者见三皇五帝，莫不仰戴；见三季暴主，莫不悲惋；见篡臣贼嗣，莫不切齿；见高节妙士，莫不忘食；见忠节死难，莫不抗首；见忠臣孝子，莫不叹息；见淫夫妒妇，莫不侧目；见令妃顺后，莫不嘉贵。是知存乎鉴戒者，图画也。"唐代张彦远在《历代名画记·叙画之源流》更将图画当作与"六经"一样的教化工具："夫画者成教化，助人伦，穷神变测幽微，与六籍同功，四时并运"，而且具有"见善足以戒恶，

---

① 王延寿：《鲁灵光殿赋》，转引自杨成寅编著《中国历代绘画理论评注（先秦汉魏南北朝卷）》，湖北美术出版社 2009 年版，第 6 页。

② 参见《后汉书·蔡邕传》"光和元年版，遂置鸿都门学，画孔子及七十二弟子像"。

见恶足以思贤"的戒恶思贤功能，最后得出了"图画者，有国之鸿宝，理乱之纪纲"将图画功能扩大化、政治化的结论。魏晋时期人物画的审美功能有所显现，如顾恺之的《洛神赋图》表现了飘逸柔美的女性美形象。但绘画的道德教化功能依然占据重要地位，如当时列女图是个重要绘画题材。顾恺之绘有《女史箴图》《烈女仁智图》等。唐代人物画依然占有重要地位。① 唐太宗修建了凌烟阁，专门陈列诸多开国功臣画像，并昭告天下："自古皇王，褒崇勋德，既勒铭于钟鼎，又图形于丹青。……庶念功臣之怀，无谢于前载。旌贤之义，永贻后昆。"（《旧唐书·长孙无忌传》十七年）画像列于凌烟阁成为当时臣子的无上荣耀。在绘制时还需要根据人物地位进行不同的表现。如唐代著名画家阎立本所绘的《步辇图》将唐太宗置于画面中心并有意将其画得比周围人物大，显示出儒家思想所强调的礼仪和帝王的权威。宋代画院在"书画皇帝"宋徽宗赵佶的提倡下，规模宏大，名手众多，管理健全。赵佶还将图画列入科举考试。在宋代，为有政绩的贤臣、武将画像蔚然成风。如司马光、范仲淹、苏轼、岳飞、文天祥均有画像。理学大家周敦颐、程颐、程颢、朱熹等人也有画像。元代人物画主要是宫廷画，以帝后御像居多。明代朱元璋作为开国皇帝，建国之初即"命画古孝行及身所经历艰难起家战伐之事图，以示子孙"（《太祖实录》卷三十一）。清代帝后像依然流行。可见，在中国绘画史中儒家的文艺教化功能论的创作目的论对人物画产生了持久的主导性的影响。这也使中国古代的人物画的审美功能长期依附于道德鉴戒功能。而且儒家思想重视人物画的道德教化功能还影响了山水画、花鸟画成为比德的载体。北宋韩拙在《山水纯全集·序》提出了绘画尤其是山水画的比德论："夫画者，肇自伏羲氏画卦象之后，以通天地之德，以类万物之情。"并对山、水、木等自然物的绘画比德思想加以详细论述。

---

① 参见朱景玄《唐朝名画录》：夫画者以人物居先，禽兽次之，山水次之，楼殿屋木次之。

如强调绘画中表现的山有主客尊卑之分:"山有主客尊卑之序,阴阳逆顺之仪……"(《山水纯全集·论山》)梅、兰、竹、菊被称为画中"四君子",松、竹、梅也被称为"岁寒三友",成为重要绘画题材。如元代画家盛行画墨竹。赵孟頫、高克恭、李衎、管道昇和倪瓒均为画竹的高手。墨竹的盛行与元代文人士大夫看重个人情操气节的时代背景密切相关。元代画家李衎在其《竹谱详录》中把竹的生态作了全德品伦理化解释:"竹之为物,非草非木,不乱不杂;虽出处不同,盖皆一致。散生者有长幼之序,丛生者有父子之亲。密而不繁,疏而不漏,冲虚简静,妙粹灵通,其可比于全德之君子。"

儒家思想还影响到中国古代画论形成人品与画品结合的评价标准。如元代夏文彦在《图绘宝鉴》有言:"故画品优劣关于人品之高下。"这一评价标准影响到对画家作品的评价。如元初郑思肖工墨兰。宋亡后他坐卧不北向,因号所南。画兰草不画土,称之为露根兰,其寓意是"土为番人夺取"。其高洁的气节使其墨兰自成一家,备受文人赞誉。而元代赵孟頫书画俱佳,但因其是赵宋宗亲,却在元世为官,被世人视为无气节,所以其绘画作品的价值也遭到贬低。此外,儒家思想对绘画的影响还表现在唐代以来的服务于宫廷,注重法度的院体画的盛行。院体画还形成了如儒家道统一样一脉传承的绘画正宗派。如清唐岱《绘事发微》开宗明义"画有正派,须得正传",即董其昌所说的南宗一脉,从王维到黄公望再到董其昌。

除了上述儒家思想对中国古代人物画道德鉴戒功能的主导性影响外,中国古代人物画中还有数量众多的道释人物画。道教与佛教都将精美的图画,壮丽的建筑,生动的雕塑作为吸引善男信女来聆听教旨,受其感化的重要手段。佛教还通过狰狞可怖的地狱世界的生动刻画来震慑信众,使其能够皈依佛法。道释人物画承担了宗教宣传的重要功能,影响也十分深远。魏晋时期佛教艺术开始兴起。北魏迁都洛阳后佛寺数量高达 3 万余所。佛教随着佛寺的兴建而达到鼎盛。当时有名画家曹不兴，擅长人物、佛像，被称为"佛画之祖"。北齐画家曹仲达善画佛像，被称为"曹衣出水"。卫协师法曹不兴，擅长画道释人物，冠绝当代，有"画圣"之称。张彦远《历代名画记》记载顾恺之年轻时在瓦官寺用一个多月时间所作壁画《维摩诘像》能够达到"清赢示病之容，隐几忘言之状"的惊人艺术效果。唐代最高统治者在宗教信仰上，时而道，时而佛。如唐高宗与武则天为夫妻，唐高宗以自己姓李，为李耳的后代，封老子为天上老君，所以提倡道。武则天则以佛为自己的保护神，力主敬佛。所以一方面他们不放松对儒家思想的支持，另一方面也鼓励道观、佛寺的建立，这使得唐中期道释画同样盛行。唐代凡寺观墙壁必有画。段成式《寺塔记》记载了长安的佛教壁画盛况，还记有佛教与道教借助绘画作为争夺信徒的宣传手段，[①] 为艺术家提供了施展才华的大好机会。唐代画家吴道子作品大多非佛即道，其宗教效果惊人。在长安赵景公寺画成《地狱变》以后，"都人咸观，皆惧罪修善，两市（东市和西市）屠沽，鱼肉不售"。时人称其豪放风格为"吴带当风"。杜甫有诗形容"森罗移地轴，妙绝动宫墙"，吴道子也被称为"画圣"。尤其是明清时期道教对绘画的影响十分明显。张明学的《道教与明清文人画研究》对此进行了深入研究，可以参考。[②] 道释思想对中国古代绘画艺术影响目前可见的最集中体现的是敦煌莫高窟的艺术宝库。西方人在看到了张大千临摹的敦煌壁画才惊讶地发现中国古代不仅有玄妙的山水画，还有不亚于西方的精美独特的人物画，而其中主要是道释人物画。敦煌莫高窟被联合国认定为属于全人类的非物质文化遗产，可见道释绘画艺术的巨大魅力已被世界认可。宋代郭若虚对儒道释各种大人物的不同绘画要求做了区分："画人物者必分贵贱气貌，朝代衣冠。释门则有

① 汤麟：《中国历代绘画理论评注（隋唐五代卷）》，湖北美术出版社 2009 年版，第 15—16 页。

② 参见张明学《道教与明清文人画研究》，四川出版集团巴蜀书社 2008 年版。

善功方便函之颜，道像必具修真度世之范，帝王当崇上圣天日之表，外夷应得慕华钦顺之情，儒贤即见忠信礼仪之风，隐逸俄识肥遁高士之节……"（《图画见闻志卷四·纪艺下·山水门》）这种区分不仅就表现不同身份人物的特点而进行创作的技巧和方法而言，也对人物画做主次地位的排序，显示出森严的儒家礼仪等级制度。

综上可见，笔者所认为的"儒主人物"是仅就儒家的绘画道德鉴戒功能而言具有很大影响，而对于人物画的艺术成就由于道释人物画的成就不可忽视，所以难以得出儒家在人物画方面成就超出道释，具有主导性影响的结论。

2. 道主山水

与西方肖像人物画发达不同，中国画山水画发达。山水画追求自然、气韵、神似、散淡，写意为尚，显示出道家美学的追求。庄子美学确立的"解衣般礴""林泉之心"自由的创作心境对山水画产生了深远影响。庄子很早就有对绘画状态的认识。《庄子·田子方》载："宋元君将画图，众史皆至，受揖而立，舐笔和墨，在外者半。有一史后至，儃儃然不趋，受揖不立，因之舍。公使人视之，则解衣般礴臝。君曰：'可矣，是真画者也'。""解衣般礴"者才是"真画者"。这说明庄子认为画家自由的创作状态是进行绘画创作的关键。"解衣般礴"后来成为描述绘画自由状态的术语。郭熙在《林泉高致·画意》有言"……庄子说画史解衣盘礴，此真得画家之法"肯定了庄子的这一思想，并进一步发展说"……人须养得胸中宽快，意思悦适，如所谓易直子谅，油然之心生，则人之笑啼情状，物之尖斜偃侧，自然布列于心中，不觉见之于笔下"。作画者需要"胸中宽快，意思悦适"即拥有自由的心境才能挥笔而就。这种自由的创作状态和心境被郭熙在《林泉高致》中称为"林泉之心"："看山水亦有体，以林泉之心临之则价高，以骄侈之目临之则价低。"郭熙对山水画的价值有充分的认识："然则林泉之志，烟霞之侣，梦寐在焉，耳目断绝，今得妙手，郁然出之，不下堂筵，坐穷泉壑，猿声鸟啼依约在耳，山光水色滉漾夺目，此岂不快人意，实获我心哉，此世之所以贵夫画山之本意也。……"在郭熙看来，山水画既"能涣漾夺目"，又能"快人意"，"获我心"，使人进入忘我的自由境界，寻找到世外的精神安顿之所。这是远超越于儒家道德鉴戒功能的真正的审美境界。

道家美学还影响到中国古代山水画追求自然，逸格为高的审美追求。中国古代历代画论家大都强调以自然为师，逸格为尊。张彦远在《历代名画记·论画体工用拓写》提出了绘画"五品"论，谨细、精、妙、神、自然，并把"自然"作为五品之首。郭熙《林泉高致·山水训》也提出以自然为师，"饱游饫看"的创作论思想。王维也有言"诗画本一律，天工与清新"，强调诗歌与绘画一样都追求自然清新的意境，并在《山水诀》中提出"夫画道之中，水墨最为上，肇自然之性，成造化之功。或咫尺之图，写百千里之景，东西南北莞尔目前，春夏秋冬生于笔底"。梁代的姚最也提出了"心师造化论"。北宋郭若虚《图画见闻志》提出了外师造化论。元代夏文彦在《图绘宝鉴》中有言"气韵生动，出于天成，人莫窥其巧者，谓之神品"。将"气韵生动"与自然天成紧密相连。明代王履进一步发展了以自然为师的思想"吾师心，心师目，目师华山"（《重为华山图序》）。清笪重光《画筌》"夫山川气象，以浑为宗；林峦交割，以清为法"，其中"浑"是天然淳朴，"清"是宁静意远，概括了山水画的创作总体法则。中国古代绘画理论中对自然的推崇还表现在"逸"格标准的确立。北宋黄休复《益州名画论》明确把逸品、逸格列为众品之首，并认为"逸"与"自然"相通："画之逸格，最难其俦。拙规矩于方圆，鄙精研于彩绘，笔简形具，得之自然，莫可楷模，出于意表。故目之曰逸格。"尽管中间有朱景玄《唐朝名画录》以神、妙、能、逸区分唐代画家，将逸品列为末流，宋徽宗赵佶根据专尚法度的思想将逸品降至第二位，成为神、逸、妙、能。但到了元代，大多出自江南的画家更加追求作品远逸、简约、淡雅的审美特征以"逸"品为尊。黄公望《写山水诀》有言："作画大要，去邪、甜、俗、赖四个字。"倪瓒也说："不求形似，逸笔草草。"清代恽寿平《南田画跋》也推崇逸格："不落畦径，谓之士气；不入时趋，谓之逸格"，"纯是天真，非拟议可到，乃为逸品。"可见，"逸"品为尊基本是中国古代山水画的主流审美标准。

　　从中国古代山水画的发展史中也可以看出追求自然，以逸格为尊的基本特点。山水画起源于魏晋时期人物画的背景描绘。隋唐以后逐渐兴起，一直延续下来。不同于主要充当道德鉴戒工具的人物画而具有独立的审美功能。尤其山水画在元代摆脱了宋画重理的束缚，进入成熟期，这种审美追求更加明显。而这显然受到了道家美学的影响，对此已经有学者指出元画所追求的"逸气，处在魏晋士人的'隐逸'生活和'气'的交汇点上，包含着对自我、自觉、自然本性的尊重，与老庄，特别与庄子哲学密切相连"①。元代画家的人格追求也体现了道家的精神。如元代画家倪瓒在元季始终不仕，入明作画不署明代年号，只写干支纪念，长期隐迹，表现了道家超脱世事的风骨。元代山水画以墨为主，不求形似。如吴镇有"墨戏之作，盖士大夫词翰之余，适一时之兴"之说。明代何良俊竭力宣扬体现道家精神的山水画，提出了行家和利家之分："列于利家者，为文人画家，以画为自娱；列于行家者，则以画为职业，为人所宜，或似画工之类"（《四友斋画论》），明显推崇利家贬低行家。明代画家董其昌称王维为文人画鼻祖，将历史上的山水画分为两派——以平淡幽和为南宗，以激情豪放为北宗，褒南贬北。综上可见，在美学上，道家对山水画的影响主要是创作心态和审美追求，而这两方面对绘画艺术至为重要，所以可以说道家美学对山水画的影响是主导性的。

　　综上所述，儒家美学、道家美学和佛家美学对中国古代绘画的影响长期存在并都产生了深远影响。儒家美学在人物画上作为歌功

---

① 汤麟：《中国历代绘画理论评注（先秦汉魏南北朝卷）》，湖北美术出版社2009年版，第76页。

颂德的工具所体现的是大丈夫和君子神采的浩然之气，而道家美学所影响的山水画更多体现的是一种逍遥自适的逸气，儒、道两种不同的绘画美学追求可以并行不悖，并没有绝对的主次优劣之分。不同时期画坛也有儒道思想的并立，如五代花鸟画有"黄家（黄荃）富贵，徐熙野逸"之说；唐代画坛如吴道子写意，水墨淡泊，体现了道家的自然追求。首创金碧山水的李思训，擅长工笔，具有富贵博大的韵致，符合儒家的法度。元代画坛上也是儒道兼有：倪瓒的逸气、李衎的比德、赵孟頫的古意、杨维桢的灵性等。清初也有以"四王"、吴、恽为代表的正统派和"四僧"和"扬州画派"为代表的野逸派并立。此外，道教、佛教对中国古代的道释人物画的影响和艺术成就也不可忽视。因此以儒家思想为中国绘画史的主导思想或以"儒道互补"为主导思想并不客观。

（二）儒、道融合

1. 儒道美学都有以形写神，气韵生动的创作方法

孔子在《论语》中提出"绘事后素"（《论语·八佾》），即指绘画在视觉形象之外要有真善美的意蕴，比喻儒家重视"礼"后的"仁"，体现了儒家重神轻形，反对形式主义的绘画思想。重神轻形的思想也是道家美学思想的追求。道家典籍《淮南子》中《说林训》有言"画者谨毛而失貌"，"画西施之面，美而不可悦，规孟愤字右边之目，大而不可畏，君形者亡矣"，即强调绘画要注重人物的"神"而非形似。儒、道的重神轻形画论思想形成了中国古代绘画美学的创作论传统。如魏晋时期顾恺之提出了"以形写神"的"传神论"。张怀瓘对张僧繇、陆探微和顾恺之的画作进行比较，认为"象人之美，张得其肉，陆得其骨，顾得其神"，表现出对顾恺之绘画传神的高度肯定。南北朝书画家家谢赫的《古画品录》在绘画六法中提出"气韵生动"为首要。此后，正如杨成寅所言"自谢赫'六法论'问世之后，包含畅神论基本精神的'气韵生动论'几乎成为中国历代绘画创作和批评的最高准则，也成了中国美术理

论中赖以围绕展开的中心命题"①。"气韵生动"还影响到中国绘画轻写实重写意的创作方法。如唐代张彦远提出重写意的"君形论"思想："夫画物特忌形貌采章历历具足，甚谨甚细，而外露巧密。所以不患不了，而患于了。"（《历代名画记·论画体功用拓写》）南宋画家不限于工细异常的写生，已经有了写意的水墨技法。写意方法在元代绘画中得到了极为广泛的应用。如元代画论家汤垕在《古今鉴画·杂论》所言"画梅谓之写梅，画竹谓之写竹，画兰谓之写兰，何哉？盖花卉之至清，画者当以意写之，不在形似耳"，"写"体现了文人画不重形似而重写意的要求。不仅山水画，人物画也经过了由概念化的符号到形貌，到心理性格刻画的三个过程。如苏轼要"阴查其举止"，元代王绎云《写像秘诀》"观像查性，静而观之"，清代蒋骥《传神秘要》云"从旁窥其意"，三者都强调以默记把握对象的心理变化，使人物具有生气，达到神似。

2. "法度"与"自然"的统一

儒道思想的融合还表现在儒家的"法度"与道家的"自然"两种要求的统一。如张彦远的《历代名画记》一方面要绘画与"六籍"同功；另一方面在创作理论上却提出"五品"论，以"自然"为重，显示出"发于自然"和"与六籍同功"相互结合的儒道融合思想。元代画家管道昇在《墨竹谱》中称赞同时期的文同的画"挺天纵之才，比生知之圣人，笔如神助，妙和天地。驰骋于法度之中，逍遥于尘垢之外，纵心所欲，不逾准绳。故一依其法，布列成图，庶后之学者不限于俗恶，知其当务焉"，显示了"法度"与"逍遥"并重的思想。元代画家吴镇在《梅花道人遗墨》中也有言"必先有法，然后方能弃法，才能'翰墨蹊径，得乎自然'"。可见"法"与"自然"在绘画上可以合一。清代画家石涛《苦瓜和尚画语录》的宇宙观来自道家学说和《易经》："总而言之，一

① 杨成寅编著：《中国历代绘画理论评注（先秦汉魏南北朝卷）》，湖北美术出版社 2009 年版，第 35 页。

画也，无极也，天地之道也。"但其关于山水树石审美内涵的论述，却来自儒家的"比德说"。可见对于中国古代画家来说儒道思想之间的融合是比较普遍的。

3. 儒道思想的融合还体现在文人画中

萌芽于唐代的文人画经过宋代在元代走向成熟一直延续到明清。画论家俞剑华在《中国绘画史》中为"文人画"进行了概念的界定："所谓文人画，以气韵为主，以写意为法，以笔情墨意为高逸，以简易幽淡为神妙，借绘画为写愁寄恨之工具。自不乐工整繁缛之复古派，而肆意于挥洒淋漓之写意派，故元代画法青绿勾勒者渐少，水墨没骨者渐多，而墨戏、墨竹、墨兰等简易之画极盛一时。"并认为"中国文人画的美学思想，主要来自儒道两家"①。可见，文人画既体现了儒家忧国忧民的情怀，同时追求一种超脱现实，发于自然的道家精神。尤其是元代画家的文人画。元蒙对南方汉人的压制使他们无法入世，也不屑入世。元代画家一方面坚守儒家的家国情怀，喜欢以象征清雅的"岁寒三友""四君子"为绘画主题，体现了儒家比德思想。另一方面道家精神影响他们，特立独行，远离尘嚣而寄情于山水，消极隐逸，蔚然成风，形成了以素净为贵，自然清雅的水墨审美观。如元代画梅名家王冕的《自感》诗表达了少有高志"长大怀刚肠，明学循良图……愿秉忠义心，致君尚唐虞"（《竹斋诗集》卷一），其《悲苦行》"安得壮士挽天河，一洗烦郁清九区，坐令尔辈皆安居"也有宏大抱负。王冕喜画野梅，而非人工造作的官梅，在梅花画上题诗"不比寻常野桃李，只将颜色媚时人"（《题白梅》），"冰花个个团如玉，羌笛吹它不下来"（《列朝诗集小传》），表达对外族统治者的不屑和儒家的气节观。另一方面，王冕宁做山农，终生不仕，隐逸超脱，曾有言"画梅作诗，读书写字，遣性而已"（《王山农梅图并题》）。可见，文

---

① 转引自汤麟《中国历代绘画理论评注（先秦汉魏南北朝卷）》，湖北美术出版社 2009 年版，第 92 页。

人画画家人格集中体现了儒道融合的思想。但笔者认为文人画中儒道思想的融合只是二者平等的融合,而不是李泽厚强调的以儒为主的"儒道互补",而且"儒道互补"的中和之美也不是文人画最高的美学追求。追求自然、逸气依然是文人画的美学追求。

（三）重视抒情

除了儒、道、释思想的影响外,中国古代绘画还有畅神适意的抒情性传统。魏晋之后绘画从伦理和政教的控制中趋于独立,追求人的个性的张扬。宗炳《画山水序》提出绘画畅神的观念:"万趣融其神思,余复合为哉?畅神而已。"郭熙在《林泉高致》中论述了山水画的四季不同表现方式可以体现出人的情感变化:"春山烟云连绵人欣欣,夏山嘉木繁阴人坦坦,秋山明净摇落人肃肃,冬山昏霾翳塞人寂寂。"唐代张璪也有"外师造化,中得心源"的说法。到宋代中国画进入"得心源"强调绘画表达情感的成熟期。如北宋范宽的山水画从"师人"到"师法自然",进而到达了"师心"的艺术境界:"前人之法未尝不近取诸物,吾与其师于人者,未若师诸物也。吾干其师诸物者,未若师诸心。"（《宣和画谱》）苏轼也有言:"文以达吾心,画以适吾意",并在一首题画诗中有"枯肠得洒芒角出,肺肝槎牙生竹石"反映出绘画抒发情感的重要作用。元代画家公开宣称个人审美情趣在绘画领域中的合理性与必然性。如倪瓒"余之竹,聊以写胸中逸气而。岂复较其似与非……"（《清閟阁全集》）"仆之所画者,不过逸笔草草,不求形似,聊以自娱。"（《答张藻仲书》）元代王绎《写像秘诀》强调写像要表现对象的"本真性情"。尤其是自明初一直推行朱熹理学,其间的书画才子祝允明、文徵明、唐寅对朱熹的"存天理,灭人欲"都提出了针对性的批判。如唐寅说"食色性也古人言,今人乃以之为耻,及至心中与口中,多少欺人没天理,阴为不善阳掩之,则何益矣徒劳耳"（《焚香默坐歌》）。王阳明心学兴起影响到晚明出现了思想解放,强调绘画抒发真性情的潮流。明代晚期还出现了个性极为鲜明的文人画画家，如徐渭以草书与大写意为一体，以放逸笔调抒发激情，形成了"真我面目"的独特风格。还有晚明著名画家陈洪绶也独树一帜。"明世第一"的画家沈周也说"画本于漫兴"（《沈石田诗文抄·跋杨君谦所题拙画》）。清吴历《墨井画跋》"古人能文，不求荐举，善画，不求知赏。曰'文以达吾心，画以适吾意'草衣藿食，不肯向人。盖王公贵戚，无能招使，知其不可荣辱也。笔墨之道，非有道者不能"。此处的"有道者"即能超脱于绘画的功利目而具有自然超逸精神追求的画者。清代恽寿平《南田画跋》提出了"摄情论""笔墨本无情，不可使运笔墨者无情，作画在摄情，不可使鉴画者不生情"。清代中期后正统派和野逸派衰落整个画坛进入程式化、世俗化和商品化的历史时期。清代由于西学东渐画坛上也出现了中西之分，西法渗入绘画。绘画中的情感表现更加自由。可见，中国古代绘画理论中重情传统绵延不绝。

（四）走向民间

明代以后绘画的民俗性色彩逐渐凸显。明代中后期商品经济的发展，民间对绘画的需求量大增。画工由昔日的贱工可以因技艺出色受市场认可也能得到上层的礼遇。绘画也走向市民化、民间化。明代李开先在《中麓画品》中直接表明并不喜欢书卷气的清雅文人画而爱好近于市井气的画风，所以对何良俊贬为"行家"的戴进大加褒赏。杨慎在《画品》中也表现出不重视逸致而关注民间绘画的思想。可见绘画在明晚期不再是文人画一统天下的局面，而是出现了分化并逐渐走向民俗，正如程至的所言："明代正德、嘉靖以来，文人画在绘画上有两股相对的趋势：一是主张士气，求平淡清逸韵致；一是倾向民俗，求真情本色旨趣。重士气者涓涓长流，重民俗者涌溢而出。"① 也如其所总结："自元至明，自明至清，绘画大致

---

① 程至的：《中国历代绘画理论评注（明代卷）》，湖北美术出版社 2009 年版，第 15 页。

有三股不同的趋向:以平淡为宗者,虽曾一度兴盛,但缺少朝气,后成守旧,而渐衰落;真我面目者,激情放逸,不断出新,步向繁荣;倾向民间者,雅俗共赏,自由特色,勃然兴起。"① 后两种绘画超过了文人画更受世人青睐,也更有生命力。

综上,儒家美学重视绘画的教化功能在中国古代人物画的发展史中一直未断绝,仅就此而言的确产生了主导性影响。中国古代绘画中还有另一个从未断绝的山水画绘画传统,而道家思想对山水画的创作心境和追求自然的美学追求同样产生了深远的影响。儒道之间也有融合,如有重神轻形的相同的创作论思想和"气韵生动"的共同美学追求和文人画的集中体现。在绘画史中可以看到若仅就儒道思想的影响而言,形成了儒家主导人物画,道家主导山水画的儒道并立,儒道思想多有融合的基本面貌。但不可忽视的是中国古代绘画史中还有悠久的抒情传统和民俗化传统。所以在中国绘画美学史中也难以得出儒家主干,"儒道互补" 主线论的结论。

三 中国古代陶瓷美学史:儒道并立、儒道融合、雅俗共赏、中西会通

李泽厚和徐复观都未在其著作中专门就陶瓷美学展开论述。李泽厚仅在《美的历程》中谈及明清彩瓷时说:"五光十色的明清彩瓷呈现出可类比于欧洲洛可可艺术的纤细、繁缛、美丽和俗艳、矫揉造作等风格,它们与宋瓷的一色纯净迥然不同。"② 一方面可能是他们的美学思想主要是哲学美学擅长于抽象思辨,所以选择更具有形上意味的文学和绘画进行举证;另一方面可能与中国古代美学中"重道轻器"的思想有关,陶瓷毕竟是器物,物质性突出,不符合他们的哲学美学更关注精神性产品的思路。但瓷被誉为中国的第五

① 程至的:《中国历代绘画理论评注(明代卷)》,湖北美术出版社 2009 年版,第 36 页。

② 李泽厚:《美的历程》,李泽厚:《华夏美学》,《美学三书》,天津社会科学院出版社 2003 年版,第 190 页。

大发明，中国古代陶瓷艺术蕴含了独特而丰富的思想内涵，瓷艺是可与中国山水画、诗歌相媲美的最重要、最有影响的艺术形式之一，所以笔者认为，陶瓷美学在中国美学史上应该占有一席之地。在中国美学史中不仅有儒家的"文以载道"传统还有更丰富的"器以载道"和"瓷以载道"传统。

儒家对"器"的认识似乎是矛盾的，一方面，孔子曾说："美食不如美器"，因为孔子维护周礼，非常重视礼器，认为日用器物是辨等级明差序重要手段。孔子还提出"器以藏礼"（《左传·成公二年》）。另一方面，孔子有"君子不器"的说法，即君子心怀天下，不能像器具，作用仅仅限于某一方面，表现出对"器"的轻视。儒家对道、器关系的认识经历了复杂的过程。《易·系辞上》："形而上者谓之道，形而下者谓之器。"宋代朱熹解释为："阴阳，气也，形而下者也。所以一阴一阳者，理也，形而上者也。道即理之谓也。"朱熹还有言"道即器，器即道，两者未尝相离。盖凡天下之物有形有象者皆器也，其理便在其中"。朱熹将"道"解释为"理"，"器"解释为"气"，赋予其物质性内涵，显示出将"器"与"道"即"理"与"气"相统一的思想。但朱熹作为理学大家推崇"理"，所以依然"重道轻器"。明末顾炎武推崇"经世致用"思想，提出"形而上者谓之道，形而下者谓之器，非器则道无所寓"（《日知录》），突出了"器"的重要性。王夫之有言"知因虚以入实，其用下彻。礼因器以载道，其用上达"（《周易外传》卷五）。在此王夫之虽然仍然强调"礼因器以载道"即礼器的重要性，但还是第一次明确提出"器以载道"。"器以载道"是中国工艺美的普遍追求。"器"虽是形而下的，但却是具体的有用之物，"道"则是器中所包含的形而上的精神内涵。道器不离，无形的"道"恰好就存在于有形的器物之中，即"道在器中"。笔者认为陶瓷是实用与审美的有机结合，是中国艺术"器以载道"最典型的代表之一。深入分析中国古代陶瓷美学发展的思想内涵，对于把握中国美学史的发展脉络具有很大的参考意义。

笔者通过对中国陶瓷艺术发展历史的了解,[①] 总结出中国古代陶瓷美学发展的几个基本特点:

(一) 儒道并立

1. 儒家对陶瓷美学的影响

中国古代陶瓷生产主要是官窑控制, 是为贵族士大夫服务, 所以需要体现儒家美学为社会、为政治服务的审美要求。儒家美学对陶瓷的影响主要表现在以下两方面:一是儒家崇礼, 以瓷为礼器;儒家以"礼"作为日常行为活动准则而对人进行社会道德规范的约束, 并以"藏礼于器"的方式渗透到人的日常生活。陶瓷作为"礼"的象征在军国大事、婚丧嫁娶、外交活动、日常起居等各种社会活动中无所不在。陶瓷生产也一直受到历代统治者的重视和控制。自西周开始就有"陶正"和"陶人"等专门司掌制陶的官员。宋代之前民窑烧造"贡瓷"进贡给朝廷使用。到北宋后期, 以政府为主导的官窑制度确立。这种制度垄断了官窑陶瓷的使用范围, 即仅局限于宫廷, 民间不能擅自使用或仿烧。官窑陶瓷不仅是满足生活需求的实用性器皿, 由于礼制原因而具有明尊卑、辨等列的重要功能, 成为宫廷彰显政治权利的手段, 而且在很大程度上主导了当时的审美取向。

另一方面, 儒家美学对陶瓷的影响还表现在儒家尚玉, 以瓷比玉。《诗》曰:"言念君子, 温其如玉", 孔子云:"夫玉者, 君子比德焉"开启了儒家以玉喻人的比德传统。儒家"玉德"思想有"五德""六德""七德""九德"和"十一德"[②] 之说。说法不同, 但都是以"仁"为中心。儒家将"玉"视为至清、至洁、至善之物, 是君子人格美的象征。正如考古学家郭宝钧对儒家"比德于玉"思想所论述:"抽绎玉之属性, 赋以哲学思想而道德化排列玉

---

① 参见叶喆民《中国陶瓷史》, 生活·读书·新知三联书店 2013 年版。

② 《孔子家语·问玉》篇涉及的玉德最多, 达到 11 种, 包括仁、义、礼、智、信、乐、忠、天、地、德、道等中国传统道德的重要范畴。

之形制，赋以阴阳思想而宗教化比较玉之尺度，赋以爵位等级而政治化。"① 宗白华也认为："中国向来把玉作为美的理学。玉的美，即'绚烂之极归于平淡'的美。可以说一切艺术的美，以至于人格的美，都趋向玉的美内部有光彩，但是含蓄的光彩，这种光彩是极绚烂，又极平淡。"② 玉毕竟少而珍贵，自然界美玉有限，而陶瓷"如玉"温润的特性成为玉极佳的替代品。中国古代陶瓷受到儒家玉德的美学观念支配，在釉色和釉质上追求温润如玉之质感。唐代陆羽有言"邢瓷类银，越瓷类玉，邢不如越一也"，苏轼诗"定州花瓷琢红玉"，洪迈《容斋随笔》载"浮梁巧烧瓷，颜色比琼玖"等都将陶瓷比作玉。宋代汝窑、南宋龙泉窑的陶瓷都达到了美玉的效果而受到追捧。景德镇窑青白瓷的釉色介乎青、白两色之间，含蓄素雅，也有"饶玉"之美称。可见，中国陶瓷有在釉色上追求玉质的效果以模仿天然美玉神韵为能事的悠久传统，这体现了儒家比德如玉的思想影响。

2. 道家对瓷器美学的影响

道家美学对陶瓷的影响主要表现如下：

第一，道家崇无为，陶瓷在审美追求上以淡然、质朴为美；《老子》曰"人法地，地法天，天法道，道法自然"。庄子认为"圣人法天贵真""虚静巧淡，万物之本也""夫虚静恬淡寂漠无为者，天地之平而道德之至也""朴素而天下莫能与之争美"（《天道》）等。这些都体现了道家的美学思想：淡泊宁静、顺应自然，反对人为雕饰，力求达到"大象无形""大巧若拙""大匠不雕"的天然之境。道家这种对自然、淡然和朴素之美的追求对中国古代陶瓷美学影响深远，尤其是宋瓷。宋代崇文轻武，在政治上以清净为治。宋太宗有言："清净致治，黄、老深旨也。夫万务自有为于无为，无为之道，朕当力斤之"，体现了统治者对黄老道家无为、

---

① 高丰：《中国器物艺术论》，山西教育出版社 1981 年版，第 187—188 页。

② 宗白华：《美学散步》，上海人民出版社 1981 年版，第 37 页。

贵柔守雌思想的推崇。这一思想反映到陶瓷审美文化领域当中,就使得士大夫不求建功立业而是寄情山水,柔弱不争的恬淡之美和质朴之美成为美学理想。北宋梅尧臣诗云"作诗无古今,唯造平淡难",显现出宋代"淡"成为一种审美风尚。田自秉在《中国工艺美术史》中也说"宋代的工艺美术,具有典雅、平易的艺术风格。不论陶瓷、漆器、金工、家具等,都以朴质的造型取胜,很少有繁缛的装饰,使人感到一种清淡的美。"[1] 宋瓷更注重从陶瓷本身的特质去追求一种淡然的"素肌"之美。宋代陶瓷"天然去雕饰"的道家美学追求树立了陶瓷美学的典范,正如有学者指出"从宋瓷中可以看到那种淡泊汪洋的朴素,那种素面无雕的无色之色,无言之言,无声之声,还有那种自然大成的缺陷和瑕疵所成就的不美之美。这其实是一种大美、至美"[2]。正因为道家尚朴素,影响到中国古代陶瓷以宋瓷为尊,所以很难见到"唐瓷""元瓷""明瓷""清瓷"之说,只有"宋瓷"可以作为一个独立的词素并得到广泛认同。宋瓷以淳朴秀美的造型,无染无为的釉色、自然天成的纹饰,在意境追求上达到了后世难以超越的高峰。所以有学者认为后来的元、明、清陶瓷逐渐变成以绘画装饰为主体,多忽视前代以形态神韵为根本的特质,这一点或是宋瓷之所以驰誉中外、无与伦比而为后来者所不及的独到之处。[3] 方李莉也概括宋代陶瓷的美学风格是追求天道的自然之美。而这主要是道家思想的影响。宋以后彩瓷精致华美,如清乾隆景德镇窑各种釉彩的夔龙双耳大尊被称为"瓷母",其工艺之复杂,色彩之艳丽,装饰之繁复,令人叹为观止。但却失去了宋瓷的神韵,流于炫技,甚至被作为乾隆皇帝"农家乐"俗不可耐审美的证据。正如有学者指出"因此,中国人的工艺,定不要见斧凿痕,因为斧凿痕是用人力损伤了无形的表记,这

---

① 田自秉:《中国工艺美术史》,上海东方出版中心1985年版,第257页。
② 方李莉:《淡泊天趣——宋代陶瓷的审美趋向》,《群言》2009年第4期。
③ 叶喆民:《中国陶瓷史》,生活·读书·新知三联书店2013年版,第369页。

是中国人最为力戒的"①，而这种反对人的巧智来驱遣物力，窒息天趣的思想正是道家所推崇的，陶瓷艺术赞赏"匠心"而排斥"机心"正是道家思想的宗旨。

第二，道家崇自然，瓷以窑变为美；道家崇尚自然天成，影响到陶瓷美学重视窑变所产生的自然变化之美。陶瓷与山水画和诗歌相比除了人为，还有自然的作用，所以变化性是其艺术特色。陶瓷主要是通过窑变来实现其光色之美的。明代王圻的《稗史汇编》载："瓷有同是一质，遂成异质，同是一色，遂成异色者。是之谓窑变。数十窑中，千万品而一遇焉。"可见窑变的出现实属偶然。窑变的色彩变化自然，妙趣横生，宛若天成，非刻意追求的人工修饰所能比拟。其中尤以钧窑的窑变釉为典型代表。明代张居正有《钧瓷赞》："雨过天晴泛红霞，夕阳紫翠忽成岚。峡谷飞瀑菟丝缕，窑变奇景天外天。"钧窑在烧造技术上独辟蹊径，在天蓝或月白色釉上烧出大小不一、形状各异的玫瑰紫或海棠红色，形成了"钧瓷无双"的天然美。窑变在中国古代陶瓷中普遍存在，除钧窑外，官窑、哥窑、景德镇窑、建窑、吉州窑等都有窑变釉品种。其中福建建窑的黑釉茶盏窑变如兔毫釉、鹤鸪斑釉、油滴釉、耀变天目釉独具特色，令人惊艳。刊于宋初的《清异录》记载"闽中造盏，花纹鹤鸪斑点，试茶家珍之"。窑变釉在海外也备受推崇。如日本静嘉堂文库美术馆所藏中国耀变天目釉茶碗至今被日本人视为极珍贵的"国宝"，有"天下第一名盏"和"碗中宇宙"之称。

3. 道家齐万物，陶瓷以缺陷为美

道家思想尊重自然，反对人为干预自然，主张对世事的变幻莫测坦然顺应，返璞归真。所以庄子笔下记述了诸多身体残疾、容貌丑陋的人物，不仅反映了其"天地与我并生，而万物与我为一"、"厉与西施，道通为一"齐物论思想而且将"丑"纳入审美之中，扩大了中国人的审美范围。体现在陶瓷美学中是以自然缺陷和瑕疵

---

① 方李莉：《"南青北白"——隋唐陶瓷的审美趣味》，《群言》2009 年第 3 期。

为美。如宋代汝窑、哥窑、官窑都利用自然的开片釉进行装饰。开片纹是由于"釉与胚体的膨胀系数不一致而产生裂釉或剥釉"①。这是在陶瓷烧制过程中出现的一种缺陷,但陶工并不完全懂得其中的科学道理,而将其看作一种超出人工控制自然天成的审美趣味,形成了陶瓷满布断纹的缺陷美、瑕疵美。如钧窑陶瓷有"蚯蚓走泥纹"②,和开片釉一样,这也是烧制中无意间形成的缺陷,却成了一种富有特色的装饰语言。还有建窑黑釉茶盏中的木叶纹,将天然树叶贴于盏壁,再施釉烧成,烧成后残破的叶脉的形状就清晰地留存在器物上,虽残破却别有天趣。这些都体现了道家精神反对烦扰物性、矫揉造作,强调顺其自然的"法天贵真"的美学追求。这种对缺陷和瑕疵的审美提升了文人士大夫的审美境界。

（二）儒道融合

儒、道都尚青,以青瓷为尊,表现了儒道思想在陶瓷美学上的融合。儒家把"五色"定为正色,重视色彩的社会、伦理意义。"青"象征着天,居"五色"之首:"青,生也。象物生时之色也。"青色在中国人的观念中具有万物复苏,生生不息的象征意义。所以中国人称"草"为"青"而不是"绿"。唐代诗人陆龟蒙曾以"九秋风露越窑开,夺得千峰翠色来"来赞美越窑青瓷。茶圣陆羽在其《茶经》中有言:"碗越窑上,鼎窑次,婺州次,岳州次,寿州、洪州次……邢处越州上,为不然。若邢瓷类银,越瓷类玉,邢不如越一也;若邢瓷类雪,则越瓷类冰,邢不如越二也;邢瓷白而茶色丹,越瓷青而茶色绿,邢不如越三也。"此处陆羽将邢窑的白瓷与越窑的青瓷进行对比指出了越窑青瓷三种优势。宋代五大名窑汝窑、哥窑、官窑、钧窑、定窑中前四者都属于青瓷素面瓷。宋代以汝窑为尊,据说因为汝瓷的天青色与"天"的颜色最接近,寓意君权神授,因而受到统治者的青睐。清人蓝浦在《景德镇陶录》

① 叶喆民:《中国陶瓷史》,生活·读书·新知三联书店 2013 年版,第 8 页。
② "蚯蚓走泥纹",即在钧窑陶瓷釉面中常有状如蚯蚓走泥后的痕迹。

云："自古陶重青品，晋曰漂瓷，唐曰千峰翠色，柴周曰雨过天青，吴越曰秘色，其后宋器虽具诸色，而汝瓷在宋烧者淡青色，官窑、哥窑以粉青为上，东窑、龙泉其色皆青……"这里既反映出宋代各大窑系对"青色"的崇尚也说明古人对青瓷执着的追求。清代阮葵生《茶余客话》中也有言"古宋龙泉窑器，温州土细质厚，色若葱翠，妙者与官窑争艳，但少纹片紫骨铁足耳。…… 永乐细款青花怀，成花五彩葡萄杯，皆今世甚宝贵者，然亦在龙泉章窑之下"，可见至清代，青瓷始终一枝独秀，其地位超过了青花和五彩而为最高。青瓷之美跨越时代还受到世界的认可，2009 年龙泉青瓷申请世界非物质文化遗产成功，是唯一入选目录的陶瓷类遗产。青瓷的色彩含义已经超越了颜色范畴而成为一种独特的文化现象和审美符号。青瓷之美也与道家美学有关。有学者认为宋徽宗信奉道教，道教崇青色，因而选择了汝窑作为皇家用陶瓷。道家提倡的是一种至虚至静的状态。青色和绿色是冷色，是宁静之色。如玉般温润莹透的青瓷，正是符合了道家对虚静之美的追求。

儒道思想的融合还表现在中国古代瓷器以礼器为造型的主题之一，但在釉色上常常追求道家自然、平淡的审美趣味。如宋徽宗时期进行礼制改革，设置专门的礼制局，以青铜礼器形制为标准。影响到这一时期陶瓷造型刻意仿古。所以这一时期宋瓷的釉色、质感和美学追求体现的是道家的自然精神，但在造型上却竭力仿造体现儒家思想的各种古代礼器。这种复古风潮在清中期热衷仿古瓷的制作中有所延续，追求的即是陶瓷的礼制象征意义。

此外，关于禅宗美学或佛教思想对陶瓷美学的影响尚未引起重视，但近年来已经有学者专门针对禅宗对宋瓷的影响进行了研究。如禅宗崇青尚白的色彩观、心声相通的声音观和于相而离相的意境观推动了空灵淡雅的青白瓷在宋代大为盛行；禅宗崇尚清丽的艺术表现风格促进了宋瓷以轻巧秀丽的造型为取向；禅茶一味的结合是宋代陶瓷茶具别具禅意的源头；禅宗追求自然变幻和残缺之美促进了宋代窑变和开片瓷的盛行；禅情禅趣还以一种图画和文字的形式在宋瓷上频频出现丰富了宋瓷的表现内容等。可见禅宗美学思想是推动宋代陶瓷形成独特时代风格的重要因素之一。[①] 该论述较深入可资借鉴,兹不赘述。需要补充的是禅宗和佛教不仅影响了宋瓷,对宋以后的陶瓷艺术也有影响。如元青花瓷呈现的蓝色和白色这种冷色是与文人士大夫追求荒、凉、冷、清的精神寄托相一致,加深了瓷的"冰肌玉骨"之特性,同"禅"学的清心寡欲、隐逸山林的精神一致,故受到失意文人的推崇。晚明时期禅学兴盛,诸多文人士大夫沉湎于禅宗的心性修养工夫,在文人画中追求"闲""净""空""寂"的禅学境界,也影响到这一时期陶瓷的创作内容。还有中国陶瓷中莲纹和仿莲造型的广泛应用显示出佛教和禅宗的影响。因为莲花是佛教偶像崇拜和佛教艺术中常见的图案,而且被视为最富有禅性的事物。佛教八宝图案和佛教故事也是陶瓷装饰的主要内容。

儒、道、释思想对中国古代陶瓷美学产生的影响三者并非独立发生作用,而显示出诸多方面的融合。如对如玉的追求是儒家和道家美学的共同追求,对平淡、自然天成、意境的追求是道禅所共有,对青色的推崇不仅是儒道也是禅宗的追求。陶瓷上的莲花不仅是佛教象征而且受到儒家比德传统的影响,莲花成为纯洁、正直、高贵品德的代表,如晚清时期有一种常见的缠枝莲纹赏瓶,专门赏赐大臣,纹饰寓意为"清(青)白廉(莲)洁之意",显示了儒禅思想的融合。尤其是宋代三者的融合共同推进了宋瓷成为陶瓷艺术的典范。宋瓷不仅有儒家的道德理想和"美善统一",还有庄周的逍遥自适、清净无为和佛家的随缘任运、讲求顿悟,三教融合使得宋代陶瓷美学追求一种质朴净润、色调单纯、情趣淡雅的意境美。这也与当时儒家、道家与佛学禅宗的相互摄取融合(宋徽宗时期,佛教甚至被纳入道教之中),形成的吸收道、释的宋明理学和"三

---

① 张红梅:《论宋代陶瓷的禅宗美学境界》,硕士学位论文,景德镇陶瓷学院,2011 年。

教合一"的文化思潮有关。

（三）雅俗共赏

陶瓷是实用与审美有机结合的艺术，雅与俗在陶瓷审美中都有体现。儒释道思想主要是文人士大夫的精英文化和雅文化，而中国古代陶瓷还有俗文化的显著影响。一方面，陶瓷一直被中国人当作是雅器。如明代宋应星《天工开物》有言："陶成雅器，有素肌玉骨之象焉。"儒家和道家都影响到文人对有品位精神生活的"雅"的审美理想的追慕，主要表现为平静从容的审美心态。中国陶瓷一直有"雅"的审美传统。如宋瓷少装饰，线条生动流畅，表现出了简约而大气的雅致美。中国古代官窑陶瓷大都制作精良，造型讲求对称庄重规整，别致优雅。其中受到儒家比德传统的影响，梅兰竹菊"四君子"常常成为陶瓷的装饰主题，显示出高雅的文人品位。真正意义上的瓷出现在中国的东汉时期，由于技术的局限性，当时中国人烧制出的是青釉瓷。魏晋南北朝时期青瓷已经大量出现，当时陶瓷大都用于宫殿的祭祀礼器和随葬的明器。唐代进入真正的陶瓷时代，实用性增强，种类丰富。唐代形成了"南青北白"即南方越窑的青瓷和北方邢窑的白瓷两种最有代表性的陶瓷艺术，表现出造型素朴、色彩淡雅、格调含蓄的审美风格。唐代青瓷、白瓷的装饰注重釉色本身的表现，而不重外在雕琢。唐代也有花釉、褐釉、绞胎釉、黑釉、黄釉等其他色彩的瓷器，基本以自然形成的釉色为美。唐代还有造型饱满、色彩浓重、格调喧闹的"唐三彩"具有不同于青瓷、白瓷的艳丽风格，独树一帜，但主要用于明器，不占主流。唐之后出现了五代十国的分裂时期。其间较为有名的是后周世宗的柴窑瓷器，以天青色为主，周世宗评价其为"雨过天晴云破处，这般颜色作将来"，所以有"雨过天青"的美称，亦有"青如天、明如镜、薄如纸、声如磬"的美誉。宋代商业发展及城市化带动了陶瓷业进入鼎盛时期。宋代修文堰武，科举制度完善，科举取士人数的增加使得士的阶层人数扩大，文人墨客的社会地位有所提升，影响到宋瓷反对人为的雕琢藻绘之工，追求自然天成、温文尔雅的审美风格。可见，唐宋的陶瓷追求的是一种含蓄质朴的自然美、古雅美和脱俗美。

　　另一方面，中国陶瓷美学没有脱离陶瓷的物质基础而重视陶瓷的适用和民俗之美。尤其是宋代随着城市经济的繁荣发展，市民阶层的大众文化和世俗文化逐渐流行。陶瓷的主体消费者从宋代以后主要是普通百姓。相对于淡雅、精致、内向的士大夫雅文化，市井俗文化具有简单、自然的情趣，影响陶瓷造型、纹饰题材上追求百姓喜闻乐见的实用造型和吉祥图案。瓷器上的吉祥图案通常采用谐音、借喻、变形、比拟、综合等方法来传达对美好生活的祝福和祈盼，如牡丹象征宝贵，桃、松鹤象征长寿，石榴、婴戏图象征多子，鹌鹑象征平安，喜鹊象征吉庆，游鱼象征富足等。随着佛教的中国化、世俗化，莲花的宗教意义逐渐淡泊而成为吉祥图案。在陶瓷上常见将莲花与鱼纹、牡丹组合，即寓意连年有余（鱼）、富贵荣华（花），与仙鹤结合，则象征"益寿延年"。明、清华贵繁缛的彩瓷反映出的是一种重雕琢装饰的充满生活气息华丽美和世俗美，与宋瓷追求朴素、纯净、古雅之美有很大不同。元代是陶瓷美学特征从雅到俗的过渡时期。元代戏曲文学的繁荣影响到瓷绘艺术，陶瓷出现了戏曲文学题材的和人物装饰，如蒙恬坐帐、萧何月下追韩信、桃园结义、三顾茅庐、周亚夫、唐太宗与尉迟恭等。明代陶瓷艺术由传统文人意境走向近代世俗文化。而且明代民窑生产获得了很大发展。据史料记载明代御窑场产量最大的时期（明嘉靖二十六年，1547 年）生产陶瓷仅 12 万件，只相当于民窑产量的千分之三。① 这一时期，民窑瓷的欣欣向荣使景德镇成为全国乃至世界的制瓷中心。据清《陶说》记载："新烧大足素者，久润。有青色及五色，花且俗"，"俗"正是当时对明代五彩瓷的评价。青花瓷成为明代景德镇官窑和民窑的主流产品。在青花瓷之外，明代还生产出了三彩瓷、斗彩瓷、五彩瓷、红绿彩瓷、金彩瓷、素三彩等

---

①　叶喆民：《中国陶瓷史》，生活·读书·新知三联书店 2013 年版，第 509 页。

各种彩瓷，以及各种颜色釉，如永乐甜白釉、永乐、宣德红釉、弘治黄釉、正德孔雀绿、嘉靖枣皮红等。在色彩缤纷的明代彩瓷中，成化斗彩"质精色良"，以线条流畅的造型、薄似蝉翼的胎体、润如堆脂的质地及清新淡雅的色调在明清彩瓷中独树一帜。[①] 清代是陶瓷艺术集大成的时代。近代黄矞在《瓷史》中有言"陶瓷至满清，则无美不备矣"。清代康熙年间"五彩瓷"，雍正、乾隆时期的粉彩、珐琅彩和各种釉色的仿生陶瓷乃至工艺复杂的转心瓶等都是一代绝品。清代陶瓷造型精美奇巧的，釉彩五色缤纷，纹饰华缛多姿，总体上形成了艳丽明快、世俗化的审美风格。

　　总体上说，中国古代陶瓷美学史经历了从前期唐宋时期以追求自然天成的素面陶瓷为主和后期以元、明、清三代的追求明丽的彩瓷为主两个发展阶段，前期形成了"芙蓉出水"的素雅之美，后期形成了"错彩镂金"的世俗之美两种不同的审美风尚，雅俗共赏。或者也可以说前期主要是体现道家美学的天然美，后期主要体现了儒家美学的人工雕饰美。但中国陶瓷美学更加推崇的是前期宋瓷为代表的淡雅的自然美。所以"儒道互补"美学史观在中国陶瓷美学史中体现得并不明显。

　　（四）中西会通

　　中国陶瓷美学还有不可忽视的外来艺术和文化的影响。中国陶瓷与丝绸一样是最早国际化的商品，所以与诗歌和山水画相比是最具有国际性的艺术。在唐代陶瓷已经输出海外。宋代外销瓷贸易繁荣。元朝政府在景德镇建立浮梁瓷局作为宫廷造瓷的基地，国内各民族及外来民族的文化和商业交流频繁，元代陶瓷畅销海外。当时蒙古贵族和海外贸易要求大型的厚实陶瓷。这使得元代陶瓷由素雅转变为粗犷、华丽之美。元代由于出口的需要，在景德镇引进从波斯来的青花料，生产出了具有划时代意义的青花瓷。青花瓷因此是国际化的产物。色彩简朴，花色明丽的青花瓷风靡世界。明代龙泉

---

① 叶喆民：《中国陶瓷史》，生活·读书·新知三联书店 2013 年版，第 516 页。

青瓷传入欧洲，被称为"celadon"（"雪拉同"①），现已经成为世界通用的"青瓷"专称。清代制瓷中心景德镇形成了"工匠来八方，器成天下走"（《浮梁县志》）的繁荣局面，同时欧美的文化艺术也对国内陶瓷产生影响。中国陶瓷不同时期出现了诸多适应不同市场的装饰风格如唐三彩中的波斯风格、②青花瓷的伊斯兰风格、彩瓷的日式金彩、珐琅彩的洛可可艺术风格和西方油画的图案装饰等。

综上所述，儒家、道家、禅宗美学对中国古代陶瓷艺术都产生了重要影响，儒家影响到陶瓷艺术的表现内容，如瓷器中重视礼器，瓷器以如玉为美。道家影响到陶瓷美学的自然朴素之美、窑变美、缺陷美等审美风格，而禅宗美学提升了陶瓷艺术的审美意境。而且三者并非独立发生作用，而显示出诸多方面的融合。中国古代陶瓷艺术的"器以载道"中的"道"不仅仅是儒家思想的"道"，还有道家和佛家的道，俗文化和外来文化的"道"，内容更加丰富。陶瓷艺术作为中国古代最重要、最有影响力也是最大的工艺美术，从青瓷始终受到青睐的历史看，道家追求自然天成的审美追求贯穿始终，儒家对陶瓷作为礼器功能和以玉比德功能的强调也不绝如缕，宋以后禅宗美学思想对陶瓷艺术的审美追求和题材内容都产生了明显影响，元代以后青花瓷、五彩瓷的实用功能增强民俗审美特点突出，外来文化影响也日益明显，这些影响难以仅以儒道美学来分析和界定。而且从中国古代陶瓷艺术史看，前后期的美学风格判然有别，或偏向道或偏向儒，或儒道释融合，或民俗性和外来文化影响突出，从历时性角度难以发现

---

①　该词原本是著名舞剧《牧羊女亚司泰来》中男主角的名字。1689—1700 年，沿着"新航路"出发的第一艘远洋中国的法国商船"昂菲得里特"号装载着一批中国龙泉青瓷顺利抵达巴黎，当这批青瓷被开箱检验的时候，人们惊异于这些通体晶莹剔透青瓷，可是却叫不出它的名字，当时舞剧《牧羊女亚司泰来》在法国很风靡，因其男主角"雪拉同"喜欢穿青色外衣，唯美而精致，酷似青瓷釉色，因而人们给这些青翠欲滴的青瓷赋予了一个神圣而浪漫的名字"雪拉同"。

②　叶喆民：《中国陶瓷史》，生活·读书·新知三联书店 2013 年版，第 206 页。

存在明显的、一以贯之的、理想的"儒道互补"的陶瓷美学史主线。还需要注意的是，宋瓷一直被称为是中国陶瓷艺术的高峰，难以被超越，主要原因是其创造了自然淳朴、意境深远的美学典范，而从这点来说学界比较公认道家美学的影响更重要。所以笔者认为徐复观所言的中国山水画的艺术精神主要是道家也适用于中国古代陶瓷美学。正如方李莉所言："中国的历史上向来有雅文化和俗文化之分。雅文化是在中国传统的儒、释、道精神合流中产生的，在意识形态上是以儒家思想为主导，但在审美情趣上，则是以道家和禅宗的追求为意境的。"[1] 所以就中国陶瓷美学史而言，与其说以儒家美学为主干，"儒道互补"为主线不如说是中国古代陶瓷艺术的生命力在道家艺术精神的追求和各种思想的融合。正如宗白华所言，在中国美学史中自从魏晋以后中"芙蓉出水"之美比"错彩镂金"之美具有更高的地位，从宋瓷作为"芙蓉出水"之美的极致而被后世奉为陶瓷之美的典范也可以证明这一点。还可以说，中国陶瓷艺术的经典之作，能让人经久不忘，流芳百世，既不是儒家美学所能完全说明的，也不是道家美学能阐述清楚的，唯有不断创新，"青出于蓝而胜于蓝"，满足不断变化的现实审美需要才能延续中国陶瓷艺术的生命力。总之，"儒道互补"美学史观在中国古代陶瓷美学中也难以得到充分证明。

第三节　思维方式阐释困境

一　"互补"思维阐释困境

"儒道互补"美学史观中的"互补"一词具有极为特殊的内涵，不把握这一点也难以理解其"儒道互补"思维的深层特点，以下通过与其他常用"互补"概念中的思维特征进行梳理和比较来做出分析。常用的互补思维的内涵主要有以下三方面：

---

① 方李莉：《青花当道——元代陶瓷的审美解析》，《群言》2009 年第 5 期。

1. "互补"的中国古典内涵

在四库全书中搜索"互补"一词发现该词语仅在 12 种书中出现过,而且每种书中分别只有一次,出现频率极低。现在常用的"阴阳互补""儒道互补"均未在四库全书中出现。检索这些书中"互补"出现的段落,联系上下文可归纳出以下几种含义:

第一,朓朒互补。"……黄道之表里,不正当于其极,可每日准去黄道度,增损于黄道,而计去赤道之远近,准上黄道之率以求之,遁伏相消,朓朒互补,则可知也。"(《隋书》)这可能是"互补"一词目前可见最早出现的记载。朓朒是中国古代天文历法中的专有名词。《说文解字》注"朓朒":"朓,晦而月见西方谓之朓,从月兆声,朒,朔而月见东方谓之朒,从月肉声。"主要是对月相描述。朓、朒作为天文现象,不能同时出现,但要认识月相需要二者互相补充才能完整。

第二,书籍之间的互相补充使之完整。如"……凡有藏之处,置活板一副,将秘本不甚流传者彼此可以互补其所未备。如此,则数十年之间奇文秘籍渐次流通,始也积少而为多,继由半以窥全。"(清·周永年《儒藏说》)由引文可见,由于当时书籍印刷不易,许多书或亡或佚,清代读书人采取了积少成多的互相补充以求全的捐书方式以编辑"儒藏"。这是"互补"一词使用最多的含义。

第三,同种事物之间的互相补充使之完整。这也是现在最通行的含义;如《聊斋志异》中的《江城》中的描述"……已而缚生及婢,以绣剪剪腹间肉互补之,释缚令其自束。月余,补处竟合为一云"。江城怀疑其夫与婢女私通竟然捆绑二人,剪下腹间肉互相补充给对方并令二人自束,结果补处竟然合而为一。

归纳以上三种"互补"一词在《四库全书》的使用情况,可见互补的基本含义总体上是同种事物的互相补充使之完整。

2. 互补的现代学科内涵

"互补"一词在中国古籍中出现极少,却极其广泛地出现在大多数现代学科中。如互补作为系统科学的名词指不同系统之间互相补充，以提高系统的功效。又如数学名词中角度的互补即两角之和为180°。又如作为美术名词的互补色。有三对基本互补色：红与绿、蓝与橙和紫与黄。互补色相互对等调和会使色彩纯度降低，成为灰色。但在两种颜色互为补色的时候，一种颜色所占面积远大于另一种颜色就可以增强画面的对比度。还有对外贸易中的互补，心理学中的性格互补等；

3. 互补原理中的互补内涵

互补原理（complimentarity principle）是1927年丹麦物理学家尼尔斯·亨利克·大卫·玻尔（Niels Henrik David Bohr）提出。玻尔的互补原理来自对原子波粒二象性现象的认识。光和粒子都有波粒二象性，二者在描述微观粒子时是互斥的，即波动性与粒子性不会在同一次测量中出现。另一方面，二者在描述微观现象，解释实验时又缺一不可，因此二者之间存在"互补"关系。互补原理对物理学产生了深远的影响。在经典物理学中，仪器与物体的相互作用可以通过对实验条件的改进而减少，但在微观领域里，仪器与物体的相互作用在原则上不可避免、忽略或控制。只有用互补原理将这些互相矛盾的性质结合起来，才能去完整描述微观现象。互补原理也是一种思维方式的变革，对经典认识论也提出了挑战。由互补原理引出的认识论指出：因为主客体之间存在着不可分离的联系，单独说客体的属性、规律没有意义，必须同时说明主体的情况与其采取的观测方式。玻尔还认为互补原理是一个普遍适用的哲学原理。他试图用互补原理去解决生物学、心理学、数学、化学、人类学、语言学、民族文化等诸多学科问题，并试图揭示其他形式的互补关系。互补原理得到了广泛应用。互补思维根本上是认识论的突破，从单一认识事物到进入关系哲学，这也是近代以来由于不确定的现实普遍性而发生的哲学转向。

归结以上常用"互补"内涵可以发现"互补"作为一种思维方式具有以下基本特点：

（1）互补的事物在性质上是同类事物或属于同种事物，如书籍的互补,胼胝互补;互补色;互补角等,波粒二象性互补也是属于同一微观物质,这也是互补的前提。

（2）互补的事物一般是有差异的或互斥的两者。如互补色中的红与绿,波粒二象性不能同时存在。

（3）互补基本是在两个事物间双向进行的,而且互补的双方事物一般是平等的,如互补角中的钝角与锐角,波粒二象性的波和粒子,互补色中的红与绿,都没有地位上的等级差异也并不否认互补双方的独立性。

（4）互补的目的一般是为了全面性、完整性等,也就是说互补思维有一个隐含的前提互补前的双方是不完整的,互补思维是完整认识事物的有效方式。

（5）互补一般会有保值和增值效果,即 $1+1\geq2$。如波粒二象性可以较完整认识微观物质,是 $1+1=2$。又如作为系统名词的互补主要是增加系统的效率,是 $1+1>2$。互补色在一方为大面积主色时使用互补色也可以增加色彩效果,红的更红,绿的更绿,这也是 $1+1>2$。只有两色相融时才会抵消另一色成为灰色,成为 $1+1=0$ 的零和效果。

笔者将李泽厚的"儒道互补"中的"互补"思维与以上互补思维进行比较发现两者的相同点与差异。二者的相同点在于:在互补的前提方面,李泽厚也强调互补的事物在性质上的同一性和差异性,如一方面,儒道同源,都起源于"巫史传统",都"以情为本"。另一方面,儒道之间存在人工与自然,重视伦理与重视天道;注重功利与超脱世事情等方面的差异性。但是"儒道互补"美学史观中的"互补"思维与以上互补思维有根本的区别,这也是李泽厚"互补"思维的阐释困境所在:

第一,与一般互补思维强调双向性平等性不同,李泽厚强调的"儒道互补"实际上是"道"对"儒"的单向补充而非儒、道之间的双向互补。儒、道思想有儒为主道为次的等级差异。

第二,与互补思维强调保值和增值效果不同,李泽厚提出的

“儒道互补”以儒为主干，道作为补充，只有儒家思想通过吸收“道”家和其他思想而变得越来越全面，无所不包，而挤压其他思想使其只能处于附属地位，整个中国美学史被极大简化了，缺乏明显的保值和增值效果。

第三，互补思维有一个隐含的前提互补前的双方是不完整的通过互补而实现完整。但“儒道互补”美学史观只突出儒家和庄子美学，将屈骚传统纳入儒家美学，将禅宗美学纳入庄子美学试图以此构成完整的中国美学思想体系，但实际上中国古代美学并不是儒家美学、庄子美学、屈骚传统和禅宗美学就可以完全涵盖，如仅就道家美学而言不仅有庄子美学还有老子美学和道教美学，禅宗美学也不能代表整个佛教美学。李泽厚提出的“儒道互补”美学史观突出儒家美学和庄子美学首先不能代表华夏美学的全体，而且儒道之间的关系不是仅有同源和互斥那么简单，儒道之间有很大程度上的思想融合。而且前已述及在中国古代诗歌美学史、绘画美学史和陶瓷美学史中已经证明儒道美学思想之间有融合也可以并立，各自有独立存在的价值。以互补思维整合儒道之间的矛盾并试图建立完整的中国美学史削弱了二者独立存在的价值，与中国美学史发展的基本事实难以符合。

总之，李泽厚的“儒道互补”在本质上不是一般意义的互补思维的产物，其“儒道互补”如果还称其为“互补”的话，那么这种“互补”也是其新造的只强调同一性的“互补”，已经与“互补”的一般含义相违背了。是需要加引号以突出其特点的“互补”思维。李泽厚的“互补”思维不是真正的突出互补双方互动的思维方式，忽略了儒道美学之间多有双向融合的基本事实。而且忽略了屈骚传统比儒家深情的独特价值和禅宗美学突出的形而上价值，降低了华夏美学追求意境美的深层内涵。“儒道互补”中的“互补”思维不仅没有达到更全面认识的目的，而且对美学史做了人为的整合。看上去精致而清晰，但缺乏中国美学史的真实生命力。从这些“互补”思维的阐释困境来说，笔者认为儒道会通或儒道融合可能比"儒道互补"更符合中国美学史发展的实际，也能对中国美学史有更有效的阐释力。

二　单一论思维阐释困境

"儒道互补"美学史观认为儒家为中国美学的主干，以"儒道互补"为中国古代思想史和美学史发展的主线，这种主干论和主线论思维是一种"单一论"思维，也存在阐释困境。"主干"一词在《辞海》中有四个释义：主体部分，起决定作用的人物或力量；专负某种职责的官吏；主要干部的简称和植物的主茎。李泽厚所说的儒家主干地位应为第一释义，即儒家美学是中国美学的主体，是中国美学中起决定性作用的思想。"儒道互补"的主线地位是儒家主干地位的衍生品。这一主干论和主线论思维有以下阐释困境：

（一）主干论的困境

1. 忽视了三教融合的思想史实际

李泽厚的"儒家主干说"忽视了儒道思想的融合和儒道释三教合一在中国历史上长期存在的基本事实。儒道思想的融合在原始儒道思想中已经显露出来。郭店楚简《老子》出土其中"大道兴而仁义存，大道废而孝慈绝"显示出与原始儒道思想在大道与仁义、孝慈的相通性。孔子"吾与点也"的人生追求显示出与道家超越性思想的相通性。或者与其说相通性不如说相融性，即儒道思想一开始并不是截然对立的，在各自的思想内部都包含着另一方思想的因素，这为以后二者的融合奠定了基础。汉代董仲舒关于天人感应的思想是在坚持儒学仁政王道的民本思想的基础上，吸收了黄老道家、阴阳家、法家、方术等各学派的诸多精神内容并进行转化而形成融合性思想成果。《淮南子》作为道家典籍却围绕"讲论道德，总统仁义"的中心思想展开，力图把"道德"和"仁义"糅合起来，实现儒、道的贯通。东汉末期，一些儒者、经学家开始杂采老、庄以玄解儒。学界普遍认同魏晋时期玄学也是儒道思想融合的产物。如余敦康在《魏晋玄学与儒道会通》一文中对魏晋玄学中的儒道关系变化做了深入的分析：魏晋玄学的主题是自然与名教的关系，即如何处理儒道之间的矛盾使之达于会通。主要经历了正反合的过程：正始年间以何晏、王弼为代表，强调"名教本于自然"，对儒道之所同作了肯定的论证，这是正题；到魏晋禅代之际竹林玄学阶段，以阮籍、嵇康为代表，强调"越名教而任自然"（嵇康《释私论》）崇道而反儒；西晋初年裴頠为了纠正虚无放诞之风以维护名教，崇儒而反道，这是反题；元康年间，郭象强调"名教即自然"，把儒道之间的关系说成是一种圆融无滞，体用相即的关系。在更高的阶段上回到玄学会通儒道的起点，成为合题。① 可见儒道会通或儒道融合是魏晋玄学发展的基本趋势和结果。到宋代，宋徽宗有御笔："儒道合而为一，其道学自合废。"（清黄以周《续资治通鉴长编拾补》卷四十一 ）显示出将儒道思想合二为一的倾向。学界普遍认为宋明理学在哲理化方面的提高得力于对道、佛思想的吸收与融合，特别是理学大家朱熹哲学体现了鲜明的"纳道入儒""儒风道骨"的理论特色。有学者对朱熹思想与道家思想的密切关系进行了深入研究，② 可以参见，兹不赘述。诸多学者也注意到儒道思想融合或相通的基本情况。如明代学者余策在《閤皂山志》中有言"儒道本是二家然常并行，宋以后且互相渗透。朱熹之学，根株六经，参观百氏"。现代学者郑振铎在《晚清文选》中也认为"……就此十家论之，儒道本同源而异流，与杂家纵横家合为一类，墨家阴阳家为一类，农家小说家为一类法家名家各自独立特有其相通者"。可见就中国哲学史和思想史发展的实际而言，儒道会通与融合是基本趋势。

还有学者对儒、道、释三教合一的关系进行了深入研究。如为了回答荷兰皇家科学院院士施舟人（Kristofer. Schipper）提出的为

---

① 余敦康：《魏晋玄学与儒道会通》（代序），《魏晋玄学史》，北京大学出版社2016 年版。第1—15 页。

② 可参见孔令宏《朱熹哲学与道家、道教》，河北大学出版社2001 年版，第291 页。

什么中国历史上几乎没有因宗教思想原因发生过战争的问题，汤一介进行了"儒、道、佛三教关系史"的重要课题研究并撰文指出中国历史几乎没有宗教战争的原因主要在于儒释道"三教归一"观念的理论基础，帝王、朝廷"三教论衡"之形式和政权的约束的制度及宗教政策基础，以及民间多神崇拜的信仰基础。[①] 这三方面的影响汤一介并没有做明显区分。而笔者认为儒家思想主导的政治干预起到了更为根本的作用。三教融合与其说是各家思想发展的必然趋势不如说是统治者政策干预的结果。因为历代统治者虽然主要以儒家思想为治国思想，但绝不会纵容各家思想彼此攻击造成极大内耗而威胁统治。这一点我们可以从历代统治者的言论和政策中看出。据《隋书·经籍志》隋文帝杨坚、隋炀帝杨广奖挹佛法，普诏天下，任听出家，并举办三教论衡大会。隋文帝崇佛甚深曾经下诏说："法无内外，万善同归；教有浅深，殊途共致。"自此，"三教论衡"成为以后历代朝廷的基本政策。诸多帝王都主张"三教论衡"无疑有助于弱化宗教之间的对立和冲突。如唐高祖李渊谓："三教虽异，善归一揆。"南宋孝宗皇帝曰："以佛修心，以道治身，以儒治世。"这是在隋文帝、唐高祖强调的三教同善的基础上明确各自的不同分工。明朝成化帝朱见深亲自绘制消弭三教差异的《一团和气图》，并附《御制一团和气图赞》："……伟者达人，遐观高视，谈笑有仪，俯仰不愧，合三人以为一，达一心之无二，忘彼此之是非，蔼一团之和气。噫！和以召和，明良其类，以此同事事必成，以此建功功必备。岂无斯人辅予盛治？……"（后明太祖

---

　　① 原话是："……中国儒、释、道三家思想理论上的内在包容性、调和性确实较之某些其他宗教之强烈'排他性'或更有利于避免宗教战争之发生。而帝王、朝廷的制度及宗教政策，'三教论衡'之形式，政权'礼教'、'法规'之约束对不同宗教思想文化之信仰起着一种外在的约束力，或也是可以从中总结有益之经验。中国社会自古以来神灵崇拜多元化之传统以及各阶层之情理思维模式似也是可以作合理的解释。"参见汤一介《为什么中国没有宗教战争？》，《儒释道与中国传统文化——什刹海书院2013 年年刊》序，中国大百科全书出版社 2014 年版。

九世孙郑王之子依此绘有《混元三教九流图》。)

　　明神宗《正定崇因寺明神宗圣旨碑》中有"朕惟自古帝王以儒道治天下，而儒术之外复有禅教相翼并行"[①]。清雍正帝对儒释道三教互相融合关系有明确的认识："……儒教本乎圣人，为生民立命，乃治世之大经大法，而释氏之明心见性，道家之炼气凝神，亦于吾儒存心养气之旨不悖，且其教皆主于劝人为善，戒人为恶，亦有补于治化。"（清刘锦藻《清续文献通考》卷八十九）[②] 明神宗和雍正帝都强调了道、释对政治的补益作用。由此可见，中国诸多帝王重视三教关系的思想一直没有断绝，他们的共同表现是弱化三教差异，持孔、老、释均为圣人之三教调和论，强调三者同善只是分工不同，但都各有所长均有利于社会统治。学者们对此也达成了共识。而且在民间，三教融合被普遍接受。今天我们仍可看到很多道观、庙宇供奉三教之像。对此笔者在台湾大学访学期间深有体会。笔者考察了台北孔庙、道教圣地保安宫和佛教圣地龙山寺，感受到以儒释道为主的"拜拜"文化即各种祭祀文化在台湾省十分盛行，这三处"拜拜"圣地相邻不远，很多民众几乎不加选择地都拜。可见儒释道已经成为民间信仰融入当地人的生活中，即使一些台湾大学哲学系的教授也不例外，在办公室聊天时毫不避讳自己的"拜拜"行为和体会。笔者深感儒道释在当地人的日常生活中的互相融合。这或许是中国隋唐以后形成的三教融合思想在现实生活中的延续和反映。综上，正是统治者的三教论衡政策，学者的推波助澜，民间的积极响应形成了中国历史上三教融合的总体趋势和基本事实。

　　李泽厚因为确立了儒家思想的主干地位所以只强调儒家对其他思想兼收并蓄的包容性。而汤一介却在儒道融合的思想基础上充分

---

　　① （清）崔嵸：明神宗《正定崇因寺明神宗圣旨碑》，《支提寺志》卷二。

　　② 参见汤一介《为什么中国没有宗教战争？》，《儒释道与中国传统文化——什刹海书院 2013 年年刊》序，中国大百科全书出版社 2014 年版。

认识了道家思想和佛家思想的包容性。道家、佛家并不只是李泽厚所说的作为补充者的存在，它们也有与儒家一样强大的包容性因此才能长期存在。如汤一介所言，"总之，中国的儒、道、释三家在中国文化的大传统中，在思想理论上都具有不同程度的包容性、调和性，这是中国历史上几乎没有发生过'宗教战争'在思想观念上的基础"①。如老庄道家以"容乃公"的理念，统合了春秋战国的各流派。老子的"道论"成为中国哲学之源泉，被各家所吸收。《吕氏春秋》《淮南子》《抱朴子》虽以道家思想为主，但也有对先秦各家思想的统合。魏晋玄学是在道家思想基础上融合儒家思想。中国化的佛教同样主张不同宗教思想之间相互包容。如慧远《沙门不敬王者论》提出"道法之与名教，如来之与尧孔，发致虽殊，潜相影响，出处诚异，终期则同"，论证佛教与儒学在"出世"和"入世"方式上虽有不同，但在为社会服务上却殊途同归。② 相对于李泽厚只强调儒家的包容性，汤一介对道家和佛家思想的包容性的认识更加全面。

2. 主干论忽视了其他美学思想的独立价值

"儒道互补"美学史观由于将儒家美学的主干地位作为预设前提，就只能将道家美学、禅宗美学和屈骚传统都置于从属和被决定性的地位，而实际上这些美学思想能够在文艺创作中独立发挥作用，是具有独立价值的美学思想，并不是儒家美学的依附者。关于庄子美学的丰富性和重要性李泽厚已作了充分论述。如王维的禅诗、中国古代十分常见的道释人物画、敦煌的壁画等其本身就具有独立的审美价值。儒家美学的主干地位即决定性作用仅就儒家美学对中国古代文艺为现实服务、为政治服务、为社会服务的功能而言是成立的。但在文艺超功利的创作心境、天趣、自然的审美标准、

---

① 汤一介：《为什么中国没有宗教战争？》，《儒释道与中国传统文化——什刹海书院 2013 年年刊》序，中国大百科全书出版社 2014 年版。

② 汤一介：《为什么中国没有宗教战争？》，《儒释道与中国传统文化——什刹海书院 2013 年年刊》序，中国大百科全书出版社 2014 年版。

直抒胸臆的情感表现等更能体现文艺价值的方面，儒家美学的影响十分有限。而且李泽厚仅仅强调儒家美学的主干地位使得中国古代美学沦为政治美学史和功利主义美学史，而漠视了中国古代某些极其悠久而重要的抒情传统和各类艺术风格迥异、异彩纷呈的艺术成就，偏离了美学作为感性学的基本特质。

　　有学者已经对儒家美学的主干地位提出了批评，提出了儒道释"文化妥协论"的基本观点并在此基础上认为"学派无主干，根基有共识"。① 并认为"儒家思想在政治上占统治地位并不必然推导出美学上的主导地位，而如果从其对于中华民族冥想方式和诗性气质的影响而言，则儒家远不如道家"②。这是对儒家美学主干说的一种反叛，但又明显走向了徐复观的"道家主干说"。而从中国古代思想史和美学史中存在的不可忽视的三教合流的思想和基本事实出发，李泽厚的"儒家主干说"和徐复观的"道家主干说"都在一定程度上具有独断性，都存在忽视其他思想和各种思想融合事实的阐释困境。总之，在美学思想上我们依然强调百花齐放的多样性和丰富性，先入为主地以某种思想为主干容易造成对美学史丰富性的忽视。

　　（二）主线论的困境

　　"儒道互补"美学史观强调以儒家思想为主干，儒道互补为中国美学史发展的基本线索，这种单一主线论思想也存在一定阐释困境。正如有学者指出的"在用单一的或体系化的理论观点阐释和重构整个中国美学史的进程时，遇到的最大挑战，还是这一理论观点是否真正适合美学历史的始终"③。"儒道互补"美学史观也不例外。因为对中国美学丰富复杂的文艺审美实践而言，任何单一理论

---

① 王进：《中国美学主干说商兑》，《晋阳学刊》2011 年第 3 期。

② 王进：《中国美学主干说商兑》，《晋阳学刊》2011 年第 3 期。

③ 张弘：《近三十年中国美学史专著中的若干问题》，《学术月刊》2010 年第 10 期。

框架都难免会有削足适履的弊病。"儒道互补"美学史观就存在对儒道之外美学思想的忽视。具体如下:

1. 忽视了禅宗美学

李泽厚在《华夏美学》第五章"形上追求"中论述陶潜、李白身合儒道,王维、苏轼身属儒家而心兼道、禅时强调说"儒、道、禅在这里已难截然分开了"①。也就是说至苏轼所处的北宋时期儒、道、禅已经难以在士大夫的人格心理实现了融合,难以分开。那么三者之间的关系如何? 在"儒道互补"的主线中整个封建社会的后一半历史时期儒道禅都是交融的,那么"儒道互补"在前期与后期之间的关系是一以贯之还是有所改变? 理论上讲应该有所改变毕竟之前是两种思想的对立与融合,而后是三种思想任何一方也不能替代和抹杀其他两方的存在,他们之间的关系一定有所变化,会出现多元化与交叉,总之应该是更加复杂化。历史上也确实出现了儒道思想共同应对外来的佛教冲击的思想运动,比如唐代以韩愈为代表的反佛思想。但是禅宗思想在使佛教思想本土化的过程中也自觉融入了儒、道思想,尤其是儒家思想,这样三种思想之间出现了多元的融合。尤其是禅宗思想对唐以后文艺产生了不可忽视的巨大影响。只强调"儒道互补"的主线思想而忽视佛教思想尤其是禅宗思想的影响至少是不符合北宋以后中国古代社会后半期的美学史。除非能够证明"儒道互补"在前后期都是主线,只是主线的表现形式发生了变化,但这在李泽厚的论述里缺乏明确说明。

而且从思想史发展来看,先秦儒道并立,汉初黄老道家为尊,汉武帝独尊儒术,魏晋道家玄学兴起,隋唐儒学重新被统治者尊崇,道、佛并立,宋代三教融合,元代儒学被排斥,明代儒学受到近代人性解放思潮挑战,清代儒学走向考据学走向衰落。中国思想史中真正符合李泽厚"儒道互补"思想的历史时期几乎没有。李泽

――――――――――

① 李泽厚:《华夏美学》,《美学三书》,天津社会科学院出版社 2003 年版,第345 页。

厚的儒道互补的主线论的思想也忽视了佛教思想对中国思想史和中国古代文人士大夫的影响。汤一介曾经论述佛教在南北朝时逐渐深入社会各阶层，对当时的文人士大夫影响很大。有些士大夫在出仕为官时遵循"礼教"，但个人信仰却是佛教，如唐朝王维、白居易、柳宗元，宋朝"三苏"都与佛教有密切关系。宋朝理学兴起，虽然主张"出入佛老，反诸六经"，一些大儒虽然著书立说明确排斥佛道，但却引用佛理阐释理学。如朱熹年轻时曾受学于佛教高僧，并借鉴佛家"月印万川"，来说明儒家"理一分殊"的思想。王阳明在《传习录》中多用禅语、禅门故事来论证儒家思想。① 可见，李泽厚所认为的最能传播儒家思想的载体——读书人本身的思想追求也是三教融合，而不仅仅是儒家思想的传道者。而且由于始终坚持"儒道互补"的主线论，李泽厚对禅宗美学所代表的佛家美学思想的重要性认识不足。虽然他强调禅的加入使中国文艺发生了重要变化，如他指出士大夫文艺中的禅意由于与儒家美学、道家美学和屈骚传统实现了紧密交会，"已经不是那么非常纯粹了，它总是空幻中仍水天明媚，寂灭下却生机宛如"②。但他还是强调禅终究又回到儒道："所以由禅而返归儒、道。又正是中国文化和文艺中的禅的基本特色所在。"③ 可见，李泽厚想突出的依然是儒家思想对禅宗思想的同化与改造，排斥了禅意的超越性，将禅宗思想不断人间化同时也世俗化了。如李泽厚认为中国雕塑从北魏时期佛像艺术的婉雅俊逸、秀骨清相到唐代的人间化直到宋代造像的完全世俗化，这一发展规律更适合中原地区的雕塑艺术。而中国古代佛教艺术的独特性实际上在西域敦煌艺术中还有另一条相对独立的发展道路。李泽

① 参见汤一介《为什么中国没有宗教战争？》，《儒释道与中国传统文化——什刹海书院 2013 年年刊》序，中国大百科全书出版社 2014 年版。

② 李泽厚：《华夏美学》，《美学三书》，天津社会科学院出版社 2003 年版，第356 页。

③ 李泽厚：《华夏美学》，《美学三书》，天津社会科学院出版社 2003 年版，第356 页。

厚在这里主要是突出儒学对佛家美学的改造，佛家美学仅仅具有对儒道美学的补充价值而并具有独特性。但禅宗美学对中国美学的影响是不可忽视的。以皮朝纲为代表的一些学者对禅宗美学的重要价值进行了深入的研究，可资借鉴，此处不赘。

2. 忽视了世俗化的审美风尚史

儒释道不仅是统治者维护统治的思想工具，也成为重要的民间信仰。如汤一介认为中国古代民间信仰的特点是"一是中国上古不是一神教；二是中国的多种神灵信仰可以同时存在，没有很强烈的排他性"[①]。所以"……自古以来，华夏民间处于一多神灵并存而相容的状况，'不同而和'或已成为思维定式"[②]。儒道释都有世俗化的一面。儒家思想在明清时期突出了"道在伦常日用之中"的生活化和世俗化。如清代章学诚的《文史通义·原道》中提出了"道不离器"说："形而上者谓之道，形而下者谓之器"。形而上之"道"存在于形而下之"器"中，离器之道是不存在的。所以要认识"道"，就必须深入到人的日常生活中，从天下事物、人伦日用中把握和论述"道"。道教是中国最为世俗化的一种宗教形态，它虽然奉老子为教主，但是原始道家的哲学理念已经被淡化成了一种精神背景，代之以多神崇拜的精神形式，强调一种文化的包容与平等。佛教尤其是禅宗思想的"不立文字，教外别传"也促进了佛家

---

① 汤一介：《为什么中国没有宗教战争?》，《儒释道与中国传统文化——什刹海书院 2013 年年刊》序，中国大百科全书出版社 2014 年版。

② 关于儒道释三教会通的理论基础。汤一介提出"心性之学"为三教共同之理论基础，故"三教归一"之说实依于此"心性本体论"。诸多学者认为三教融合的基础是道家的形而上的本体论。参见王进《中国美学主干说商兑》，《晋阳学刊》2011 年第 3 期。王进还指出宋元以后庄学取代老学受到文人士大夫的推崇，"而以庄子作为三教合流的中介，可以说是找到了一个最恰当的支点"。而且道家之学在宋元老学之后悄悄地把重心挪移到了庄学。与老学受到道士们的推崇不同的是，庄学则在文士们的心目中得到了更多的认同。以苏轼、王雱为代表的主流意见主张援庄入儒，这一思潮所得出的一个基本判断即为"庄子尊孔论"，从庄子身上寻求儒道释的会通。参见汤一介《为什么中国没有宗教战争?》，《儒释道与中国传统文化——什刹海书院 2013 年年刊》序，中国大百科全书出版社 2014 年版。

思想的世俗化。在中国美学史的发展中，儒道释逐渐从高头讲章沉潜到了平民百姓的日常生活之中，在日常日用中实现了融合，呈现出了一种重要的民间化、世俗化和生活化的审美特征。前已述及在中国古代绘画美学史、陶瓷美学史中民间化、世俗化都是重要的审美风尚，没有民间审美的中国美学史是不完整的。而且儒道释美学总体上是精英美学，而民间美学作为大众美学思想其生命力一直很顽强，具有不被儒道释精英美学所完全取代和涵盖的独立价值。所以"儒道互补"的主线论忽视了这些世俗美学的独特价值，使得中国美学史只能成为单一的精英美学史。

3. 忽视了细节，将美学史简单化

李泽厚的思想体系庞大，难免会缺乏对细节的深入认识。研究方法的不同也是学者的学术个性本无须苛责。李泽厚从来就是一个不拘小节，纵横驰骋的思想者。他擅长从琐碎的材料中发现思想的总体特征，善于从宏观和大处着眼，所以总有惊人宏论。李泽厚这种宏观架构的研究方法已经得到了学界的认可。因为从他开始的《美的历程》此后的中国美学通史几乎都是如此。这似乎已经成为李泽厚开创，其他学者普遍接受的中国美学史研究方法。笔者之前也一直这么接受的。直到笔者为了加深对儒道思想的了解，去台湾大学哲学系访学对这一研究方法的困境有了新的认识。在台湾大学藏书甚丰的图书馆标注为美学书目的两千多本书里笔者几乎找不到几部台湾地区学者写的中国美学通史，才发现当地的美学史研究与中国大陆不同。台湾地区美学研究者们并不把美学当作哲学美学研究，也不热衷于撰写大部头的美学通史或断代史，而主要把美学当作艺术史研究，更愿意集中于某一门类或某一时期的艺术史写作。这种研究方法专注于细节和微观，虽然流于细碎，但比较扎实有力。看来，李泽厚式的宏观的中国美学史研究方法不是唯一的方法。李泽厚的研究方法和台湾地区学者的美学研究方法没有绝对的优劣之分，两种方法相互配合也许可以对中国美学史研究产生积极的影响。其实"儒道互补"美学史观将中国美学史简单化的倾向并非独有。用概念、范畴或命题将中国美学史"简单化"是百年来中国美学所面临的共同问题。正如有学者所指出自 20 世纪初开始，中国美学界都在试图用一个本体性概念为中国美学定性并以此与西方美学相区分。比如王国维的境界、叶朗的意象，以及关于中华美学精神的讨论等，"均显现出试图'一语道尽'中国数千年美学传统的理论欲求"①。但事实上，中国美学史的丰富性是难以"一语道尽"的。所以"儒道互补"美学史观的主干论和主线论思维在面对中国美学史的丰富性和生命力方面依然存在诸多阐释困境。

三　统一论思维困境

"儒道互补"美学史观是一种统一论思维的产物。统一论思维是近代西方美学的基本思维方式。康德美学提出了"审美四契机"论，其中美是无目的又合目的的形式，审美共同感的个性与普遍性的统一具有明显的统一论思维特征。黑格尔的"美是理念的感性显现"强调美是理性与感性的统一。康德和黑格尔美学对李泽厚思想的影响十分深入，在统一论思维上亦然。在 1962 年发表的《美学三题议》中李泽厚已经提出了美是真与善的统一。自此开启了李泽厚的美学思想中美是多种对立因素的统一的认识，如他指出"美作为感性与理性，形式与内容，真与善，合规律性与合目的性的统一，与人性一样，是人类历史的伟大成果"②。所以"儒道互补"美学思想依然是其早期"美"是"真"与"善"的统一思想的延续。"儒道互补"实际是儒道统一，也是统一论思维的集中体现。这种统一论思维近乎完美，一直得到广泛的认可和支持，已经成为美学研究中的一个基本规则。但统一论思维只是看似无比正确，其实存在很多阐释困境，具体如下：

---

① 刘成纪：《中国美学史研究：限界、可能与目标》，《南京大学学报》（哲学·人文科学·社会科学）2022 年第 4 期。

② 李泽厚：《美的历程》，《美学三书》，天津社会科学院出版社 2003 年版，第193 页。

1. 容易导致机械性和僵化性

统一论思维容易形成一种机械和僵化的认识论。统一论思维在"儒道互补"美学史观中表现为儒家的中庸思维或中和思维。而"矛盾统一"律是这种思维的典型特征。这是李泽厚非常重视的。如在《实用理性与乐感文化》里他指出："当代时髦思潮对'二分'的彻底否弃，我以为是肤浅和谬误的"，"这种矛盾统一的辩证范畴是许多文明都具有的一种高级的认知形态和哲学观念"。① 李泽厚美学思想中的很多概念、范畴都体现了统一论思维的矛盾二重性：如"个人心理的主观直觉"与"社会生活的客观功利性质"，"自然人化观"中的"外在自然的人化"和"内在自然的人化"，理性与感性、物质文明与精神文明、工具本体与心理本体等。也体现在"儒道互补"美学史观中，如强调华夏美学追求的是感性与理性、个体与社会、人与自然、自由与形式等，"人的自然化"与"自然的人化"、儒家的"善"与道家的"真"，"天人合一"等多重对立因素的统一。在美学上这种思维表现为对儒家情理统一、温柔敦厚和尽善尽美的美在和谐观的重视。李泽厚的中和思维虽然也强调"矛盾统一"，但由于过多强调对立事物的统一性而显得机械和僵化。"儒道互补"的中和思维实际是一种乡愿式的折中主义，正如冯友兰对折中主义的批评："折中主义不能构成一个自身的思想体系。折中主义者相信真理的总体，指望从各家思想中取其所长，而达到真理。但他们只是把许多不同的思想缀合在一起，并没有一个有机统一的基本道理，很难称作真理。"② 在哲学思想中，折中主义并不能帮助我们认识真理。而且"儒道互补"思想中表面上强调中和，但我们还是可以看出在儒道阴阳动态平衡的和谐关系中，阴阳并非对等的关系，而是"以阳为主"即以儒家为主体，这

① 李泽厚：《论实用理性与乐感文化》，《实用理性与乐感文化》，生活·读书·新知三联书店 2005 年版，第 28 页。

② 冯友兰：《中国哲学简史》，天津社会科学院出版社 2007 年版，第 169 页。

样统一论又导致了独断论。有些学者对"儒道互补"的中和思维也进行了批评。如张光成认为把传统文化概括成"儒道互补"或儒家文化是有缺陷的,因为这种概括是种固化的思维框架,而且不科学。而且对中国美学史而言,儒家单一的和谐美观难以支撑起整个中国美学史的丰富理论,也难以成为中国审美实践的思想根基。所以近代以鲁迅为代表的学者对儒家"庙堂文学"和道家"山林文学"、戏剧文学虚幻的大团圆结构、精、雅、温柔敦厚等儒、道美学进行了全面批判。当我们用"儒道互补"美学史观去解释中国古代最有代表性的诗歌美学、绘画美学和陶瓷美学时会发现有削足适履之感,而且生硬僵化,苍白无力,存在明显的阐释困境。所以"儒道互补"在某种意义上是缺乏生命力的,平庸和僵化的完美。

2. 忽视感性与个性

统一论思维作为一种高度抽象的哲学思维用共性取代了个性研究,并不适用于美学的感性和个性特质。"儒道互补"美学史观的"中和"思维是儒家基本的思维方式,对中国古代思想产生了影响深远。一方面,这种思维方式不强调对立与差异,保证了社会的稳定和人际的相对和谐;另一方面,这种思维方式压抑了个性和感性,使个人只能被集体、社会和理性所吞没。而李泽厚一直强调其主体性实践哲学就是要追求主体性的解放,在坚持理性与感性统一的前提下,重视感性的地位,但在"儒道互补"美学史观中这一追求却没有得到很好的贯彻。"儒道互补"美学史观消弭了中国美学史的个性和感性。因为儒家美学其本质并不是追求感性解放而是社会和谐。而在文艺实践中常常需要彰显个性化的风格。统一论难以回答的是如果仅仅停留于"美"是"真"与"善",感性与理性的统一,何以不同时代、不同地域、不同领域的美为何呈现出来的是如此千差万别的美。美的本质特征如果止于统一论,那么美学如何自足,如何发展?美学的独特价值何在?美与真善如果始终合一,美本身的独立价值何在?西方美学和中国美学都强调"美"是"真"与"善"的统一,那么两者的独特性何在?这些问题在统一论思维的"儒道互补"美学史观中都难以找到有效的答案,阐释困境重重。统一论思维还是一种宏观思维,忽视了各文艺实践的分类和特殊性和个性,在针对具体文艺作品的分析中常常难以奏效,缺乏令人信服的阐释力。

3. 导致审美理想的虚幻性

"儒道互补"统一论思维的阐释困境还在于试图使自己成为一种最高的典范,但在中国美学史中那些堪称经典的文艺作品常常并不符合这种典范,导致了这种审美理想的落空。如即便是李泽厚所认为的"儒道互补"的典范陶渊明、苏轼,究竟是陶渊明和苏轼作品"儒道互补"的共性还是他们各自的个性使他们作品的美在诗歌美学史中彰显出来呢?显然是陶渊明的自然和苏轼的放达的个性特征更加突出,两位诗人虽然都亦儒亦道,但其风格迥然有别,不可等同与替代。又如李白飘逸,杜甫雄浑,各美其美,李白与杜甫的统一并不是最理想的美学标准。也没有人在文学评论中认为"李白加杜甫"式李杜互补是最好的组合和典范。文学史更重视诗人和作家的个性化表达,而不是不偏不倚的所谓强强联合。李泽厚最推崇的儒家"中和"之美也不能说是毫无争议的最高美学典范,天趣、意境在很大程度上可能比"中和"更能体现华夏美学精神。

4. 难以解释中国美学史的发展多样性

统一论思维作为一种理性主义美学传统,在现代社会的后现代主义思潮中受到了全面的挑战,对于今天日新月异的审美实践和当代艺术而言已经难以做出合理的解释,苍白的理论在日益丰富的文艺实践中捉襟见肘,阐释力不足,也难以开创中国美学未来的解释系统。"儒道互补"的统一论思维体现了中国人注重整体性、稳定性、和谐性的传统思维,而这种传统思维在近代以来实际上已经受到诸多挑战。近代和现当代中国美学已经完全超越了儒家为主和"儒道互补"的主线。所以"儒道互补"的统一论思维不仅不能有效解释中国古代美学而且也难以解释现代中国美学史的发展多样性。

总之，"儒道互补"美学史观在探究中国人深层文化—心理结构的初衷的指导下，用各种对立因素的多重统一抹杀了中国美学史中丰富文艺经典充满个性的鲜活生命力。"儒道互补"的中和思维追求的同一性是以儒家为主消弭了道家的独特价值，难以有效完整地反映中国古代美学史的实际。

四　混同思维的阐释困境

（一）思想史与美学史的混同

"儒道互补"美学史观还存在着思想史与美学史的混同思维问题。如在《美的历程》第三章"先秦理性精神"中其指出先秦氏族公社解体，是中国古代社会第一次大的激烈变革期，诸子争鸣的总思潮是"理性主义"。正是这种理性主义既摆脱了原始巫术宗教的观念传统又开始奠定汉民族的文化心理结构。"就思想、文艺领域说，这主要表现为以孔子为代表的儒家学说，以庄子为代表的道家则作了它的对立和补充。"[1] 紧接着旗帜鲜明地提出了"儒道互补是两千年多年来中国思想的一条基本线索"[2]。这句话前后有矛盾，前面说"就思想、文艺领域说"后来却变成了只是"中国思想"的"一条基本线索"，明显将思想史与美学史混同起来。后来在《华夏美学》的前言中确定了"华夏美学"的特定内涵："这里所谓华夏美学，是指以儒家思想为主体的中华传统美学。我以为，儒家因有久远深厚的社会历史根基，又不断吸取、同化各家学说而丰富发展，从而构成华夏文化的主流、基干。说见拙著《中国古代思想史论》，本书则从美学角度论述这一事实。"[3] 李泽厚强调了通过《中国古代思想史论》论述了儒家思想的主干地位，又以此为前

---

① 李泽厚：《美的历程》，天津社会科学院出版社 2003 年版，第 45 页。

② 李泽厚：《美的历程》，天津社会科学院出版社 2003 年版，第 45 页。

③ 李泽厚：《华夏美学》，《美学三书》，天津社会科学院出版社 2003 年版，序言。

提在《华夏美学》中论述了儒家美学在中华传统美学中的主体地位。但并未在"儒道互补"是中国思想史的基本线索的基础上明确指出"儒道互补"是中国美学的一条基本线索。而后来他一直预设了"儒道互补"也是中国美学史的基本线索。这就完全把思想史与美学史等同了。在李泽厚对道家美学的分析中思想史和美学史的矛盾也很突出。一方面，不断突出道家美学的优势，强调由于有了道家的渗入和补充，以儒为主的思想情感便变得更为开阔、高远和深刻；另一方面，李泽厚又始终坚持儒家孔孟思想始终是历代众多的文人士大夫的精神主体或主干。实际上李泽厚在论述中已经将儒、道做了区分，即在思想上儒家为主，在美学上道家为优，但由于他始终将儒家思想等同于儒家美学，所以儒家美学也就自然被预设为主干地位，道家美学只能成为补充者了。

李泽厚的思想史非常重视文化—心理结构的研究，并以此提高中华民族的自我意识。他认为文化—心理结构可以发展为文学、艺术、思想、风俗习惯、意识形态、文化现象等，是民族心理的物态化和结晶体，是一种民族的智慧，也是一个民族得以生存发展所积累下来的内在根源。而且文化—心理结构具有相当强大的承续力量、持久功能和相对独立的性质，会直接间接地、自觉不自觉地影响甚至支配今天的从道德标准、真理观念到思维模式、审美趣味等。所以李泽厚强调思想史研究应深入探究沉积在人们心理结构中的文化传统和古代思想在形成、塑造、影响本民族诸性格特征和思维模式中的重要作用。他对儒家主干地位的推崇正是基于对中国文化心理结构的探求和建构。所以在《华夏美学》中李泽厚指出："对人际的诚恳关怀，对大众的深厚同情，对苦难的严重感受，构成了中国文艺文史上许多巨匠们的创作特色。……这正是上起建安风骨下至许多优秀诗篇中贯串着的华夏美学中的人道精神。这精神也是由孔学儒门将远古礼乐传统内在化为人性自觉、变为心理积淀的产物。"① 这样儒家美学正是由于其体现了中国传统的文化心理积淀而具有了优越地位。所以这一美学史观在中国古代诗歌美学史、绘画美学史和陶瓷美学史具体文艺实践中缺乏实证性也就不奇怪了。

　　从李泽厚的学术历程来看，思想史和美学史都是其研究的中心问题。李泽厚最早对美学发生兴趣。他曾指出考入北京大学哲学系后，对历史、文学、心理学的兴趣很自然地汇集在美学上。② 同时也开始研究谭嗣同、康有为，显示出对思想史的较早关注。大学毕业后李泽厚选择了研究中国近代思想史。20 世纪 80 年代与他的"美学三书"同时推进的是古代、近代和现代的"中国思想史三书"，美学著作和思想史著作在学界都引起了广泛关注。李泽厚将思想史与美学史相联是自觉为之。他说："因为告别革命之后需要从积极方面去研究和认识中国古代的传统，这个传统在以前是被革命所轻视或否定或摧毁的。我这是把思想史和美学联系起来。"③ 徐复观的中国精神论也是从思想史出发。而且从思想史研究美学史在 20 世纪 60—90 年代在美学史研究中比较普遍。但思想史与美学史毕竟具有不同的学科定位和追求。如前者重视理性，后者重视感性；在研究方法上，思想史偏重于宏观研究，不太关注历史的细节。而美学史讲求艺术实证，比较注意细节。

　　"儒道互补"美学史观将思想史与美学史混同造成美学史过于偏重思想史的理性，而忽视了美学史的感性和丰富实证性，受到一些美学学者的反对。一些学者对"儒道互补"美学史观将思想史与美学史混同的问题已经有所认识。如笔者在聆听曾繁仁老师的一次讲座后与曾老师谈及论文选题，请教曾老师是否赞成李泽厚先生的"儒道互补"美学史观。曾老师回答不赞成。在他看来"儒道互

---

① 李泽厚：《华夏美学》，《美学三书》，天津社会科学院出版社 2003 年版，第 235 页。

② 李泽厚：《课虚无以责有》，《读书》2003 年第 7 期。

③ 李泽厚：《课虚无以责有》，《读书》2003 年第 7 期。

补"是对中国思想史的认识而不符合中国美学史。同样的问题也在薛富兴老师的一次讲座中也请教过，薛老师也给出了几乎相同的回答。前已述及王振复对《美的历程》给予了很高的评价，但也有一些批评性意见，比如不满意那种"匆匆赶路"式的体例。还指出"书中一直令人称许的所谓'儒道对立互补'的见解，称'儒道互补是两千年中国美学思想一条基本线索'，'以庄子为代表的道家，则做了它的对立和补充'，就有点儿站不住脚"①。并给出了三点理由。其中主要是不同意"儒道互补"作为美学史主线延续了两千年，也不赞成中国美学仅有儒道两家，而忽视了佛家美学的地位。②研究中国美学的三位知名学者都不认同"儒道互补"美学史观绝非偶然。因为在他们看来，美学始终是感性学。而"儒道互补"美学史观实际上偏离了美学的感性追求，而打上了太多思想史意识形态的烙印。

（二）文化史与美学史的混同

"儒道互补"美学史观将美学史和思想史的混同还造成把思想史泛化为文化史研究，表现出机械的"文化决定论"思维定式。张弘认为"文化决定论"的错失在于"把美学问题放在受文化与哲学影响的外在环境下进行研究"③。王振复进一步指出"文化决定论"其谬失在于不仅倡言"唯文化决定"，而且在人文思想与思维方式上，它先将"文化"设定为一种先在、外在与异在而非本在的决定性根因而且具有"既定"性，它将事物之间普遍的因果联系人为地加以重构，从而走向极端文化决定论、文化宿命论与文化独断论。虽然李泽厚的"文化决定论"思维定式还没有达到极端的地步，但也有所表现。"儒道互补"美学史观一直在寻找中国美学史

① 王振复：《中国美学史著写作：评估与讨论》，《学术月刊》2012 年第 8 期。

② 王振复：《中国美学史著写作：评估与讨论》，《学术月刊》2012 年第 8 期。

③ 张弘：《近三十年中国美学史专著中的若干问题》，《学术月刊》2010 年第 10 期。

的"密钥"。在《美的历程》结语中李泽厚旗帜鲜明地提出:
"……然而只要相信人类是发展的,物质文明是发展的,意识形态
和精神文化最终(而不是直接)决定于经济生活的前进,那么这其
中总有一种不以人们主观意志为转移的规律,在通过层层曲折渠道
起作用,就应可肯定。"① "总之,只要相信事情是有因果的,历史
地具体地去研究探索便可以发现,文艺的存在及发展仍有其内在逻
辑。从而,作为美的历程的概括巡礼,也就是可以尝试的工作
了。"② 这些都说明李泽厚写作《美的历程》是基于因果论和马克
思主义经济基础决定上层建筑的一般规律来对中国美学史做出的探
索性研究。他孜孜以求寻找的是艺术发展中与今天人们的感受爱好
相吻合并使人感到亲切的"凝冻在上述种种古典作品中的中国民族
的审美趣味、艺术风格"。而这些作品的情理结构积淀中国人的文
化心理结构,是一种历史积淀的产物,并蕴藏了艺术作品的永恒性
的秘密③,即马克思所说的"解决艺术的永恒性秘密的钥匙"。④ 可
见李泽厚通过"儒道互补"基本线索的发现试图证明马克思所提出
的解决永恒性秘密的钥匙,是中国人在历史中形成的永恒的感性与
理性统一的共同的、审美的文化—心理结构。这一研究目的使得
"儒道互补"美学史观也表现出明显"文化决定论"的思维定式,
把美学史研究泛化为文化研究。比如中国美学问题被置换成儒家文
化是中国文化—心理结构的根基,强调儒家美学的主干性,道家和
其他美学思想因为缺少儒家文化根基性的优越性而都失去了独立
性,成为被儒家美学主宰的依附性存在。文学艺术审美的发展状况

---

① 李泽厚:《美的历程》,《美学三书》,天津社会科学院出版社 2003 年版,第
191 页。

② 李泽厚:《美的历程》,《美学三书》,天津社会科学院出版社 2003 年版,第
192 页。

③ 李泽厚:《美的历程》,《美学三书》,天津社会科学院出版社 2003 年版,第
192 页。

④ 李泽厚:《美的历程》,《美学三书》,天津社会科学院出版社 2003 年版,第
192 页。

及其独特价值反倒被冷落一边。形成了干瘪的充满概念、范畴和命题的符号化的美学史。正如有学者指出把美学研究泛化为文化研究，"中国古典美学独立自足的光晕或韵味会消融于现代学术体系之中"①。"文化决定论"的思维定式还形成了以历代王朝的先后为序的考察和叙述的方法，研究者的目光不是真正聚焦在美学思想自身，而有意无意地移向了外在，让人觉得"似乎只有靠改朝换代才能替美学的成长发展提供划分阶段的标尺，而不是美学思想内在的进展与成熟状况"②。而且《华夏美学》把儒家文化把作为一统相袭、一脉相承的单线发展并不能充分体现中华民族多民族和多元文化交融发展的实际。如果我们承认文艺审美具有相对独立性，"必须看到，真正的艺术创造，一定程度乃是反主流文化的"③。"艺术审美从来就追求对日常生活的突破，和对自由心灵疆域的开辟；美学思考也从来注重审美活动中新鲜的体验和灵动的飞跃，及对它们的感悟与把握。"④ 正因如此，文化潮流的总体性不能取代文艺审美的个别性。这种从探索文化—心理结构出发的研究范式是一种外部研究，而不是从中国美学史自身特点出发进行研究的内部研究范式，对中国美学史做了简单化和直线论的处理，而且容易导致削足适履，生搬硬套，前后矛盾，缺乏文艺实证等阐释困境。

　　这一"文化决定论"的思维定式并非偶然。李泽厚从 20 世纪 50 年代"美学大讨论"就坚持马克思主义唯物史观，把经济基础或政治权力视为决定艺术和审美的根本，而忽略了文艺审美对经济、政治等外因的反作用，以及对它们的超越。这种坚持实际上存

---

①　王燚：《近三十年来中国美学史写作的维度》，《郑州大学学报》（哲学社会科学版）2010 年第 5 期。

②　张弘：《近三十年中国美学史专著中的若干问题》，《学术月刊》2010 年第 10 期。

③　张弘：《近三十年中国美学史专著中的若干问题》，《学术月刊》2010 年第 10 期。

④　张弘：《近三十年中国美学史专著中的若干问题》，《学术月刊》2010 年第 10 期。

在一些机械性，因为马克思主义是承认文化艺术的相对独立性和对经济基础的反作用的。20 世纪 80 年代以来诸多文化人类学著作被译介到中国，如英国文化人类学家弗雷泽的《金枝》，法国文化人类学家列维－布留尔《原始思维》，美国人类学家塞缪尔·亨廷顿《文明的冲突》等。这些著作都在不同程度上强调了文化决定论的思想。比如塞缪尔·亨廷顿指出："对一个社会的成功起决定作用的，是文化。"① 这些思想促成了中国兴起了"文化热"。这些思想不免对李泽厚也产生了影响。而且正如张弘的《近三十年中国美学史专著中的若干问题》一文所指出的这种"文化决定论"思维定式是整个中国美学史写作中普遍存在的问题，也不能认定为李泽厚个人所带动的美学史书写方法论偏好。毕竟李泽厚提出的大部分概念；范畴和命题都是引起广泛批评的。而对"文化决定论"思维定式接受度如此之高，也有诸多美学史研究者共同的问题。所以有学者认为文化史研究的模式是中国美学史理论的本土化策略。②

作为一个不断求索的清醒思想者，李泽厚本人对"儒道互补"的阐释困境也有反思。如在《华夏美学》第一章"礼乐传统"中他分析了儒家美学传统的"礼乐传统"的"乐从和"的美学特征的缺点：如文艺作品中的情感总是被束缚在"乐从和"的相对和谐的形式中，不断回避激烈的矛盾，而以虚幻的大团圆结局来安抚、麻痹以致欺骗中国人的心灵。还有对"儒道互补"和谐美的反思，他认为美在和谐，推崇优美是中国传统美学精神的特色。但是"优美毕竟只是一种柔性的、松弛舒畅的美，它使人迷恋，使人陶醉其中不能自拔而玩物丧志"③。可见李泽厚对儒学传统对中国古代美学的负面作用有清醒认识。此外，李泽厚对自己的写作简单化忽视细节也进行了反思：如在《美的历程》结语中承认"对中国古典文

<hr>

① ［美］塞缪尔·亨廷顿、劳伦斯·哈里森主编：《文化的重要作用：价值观如何影响人类进步》，程克雄译，新华出版社 2022 年版，"前言"。

② 李钧：《美学史研究与美学的当代状况》，《复旦学报》2000 年第 4 期。

③ 王元骧：《美育并非只是"美"的教育》，《学术月刊》2006 年第 3 期。

艺的匆匆巡礼，到这里就告一段落。跑得如此之快速，也就很难欣赏任何细部的丰富价值"①。在《华夏美学》结语中李泽厚承认包括"儒道互补"在内的涵盖面极大的范畴有极大的模糊性。如何严格地科学地分析、解释这些范畴是目前中国美学研究的重要任务，需要一个长期过程。并承认"本书和本人部暂时没有能力作这工作，只是心向往之而已。于是本书所采取的，仍然是印象式的现象描述和直观态度，其缺乏近代的语言分析的'科学性'是显而易见的"②。

综上所述，李泽厚"儒道互补"美学史观在诠释方法上存在"儒道互补"根源模糊问题，论述充满矛盾性。通过对中国古代最有代表性的诗歌美学、绘画美学和陶瓷美学的历史进行详细的梳理，儒家为主的、儒道互补为主线的美学史观都难以充分体现和被充分证实。在思维方式上存在互补思维的独断性、统一论思维的僵化性、思想史与美学史混同思维等方面的阐释困境。以上这些阐释困境影响了"儒道互补"美学史观的论证力度。相对于李泽厚对中国美学卓越的建构之功绩，对此疏漏笔者无意苛责。而且"儒道互补"美学史观面临的阐释困境也是中国美学研究的困境，所以近年来中国美学史的边界问题也引起了学界的关注。我们需要反思的是"儒道互补"美学史观所存在的问题在当前中国美学史研究中普遍存在，这些并未引起广泛的关注。尤其是"儒道互补"思维方式的阐释困境应当引起重视。"儒道互补"思维即儒家的中庸思想具有重视矛盾对立之间的渗透、依存和互补、系统的反馈机制和自行调节以保持整体结构的动态平衡稳定等优点因而得到了广泛认同，但也造成了中国近代社会的全面危机，是一种虚幻的完美思维方式。这种思维方式在很大程度上形成了对中国美学史的简单化、机械化

① 李泽厚：《美的历程》，《美学三书》，天津社会科学院出版社 2003 年版，第 191 页。

② 李泽厚：《华夏美学》，《美学三书》，天津社会科学院出版社 2003 年版，第 390 页。

的认识，不利于解决中国美学史的复杂问题。笔者对李泽厚"儒道
互补"美学史观的阐释困境的全面反思，对深入理解李泽厚这一观
点或可成为一种探索性的尝试。在当前中国美学史研究的成长期，
迫切需要根据中国美学史的特点创新美学史观。正如有学者指出中
国美学史资料是陈旧而有限的，现代电脑和网络技术已经使资料的
搜集和整理不再是问题，而思想的创新是永恒的问题。[①] 中国美学
史的思想创新首先是美学史观的创新。笔者认为以"儒道互补"的
思维方式探寻中国深层文化—心理结构或者将"儒道互补"作为一
种中国文化的价值理想都不能真正有助于中国美学解决现实问题和
走向世界的中心。所以，我们不仅要创新美学史观还要创新美学研
究思维。

---

① 吴功正：《建构中国美学史的学科体系》，《南通师范学院学报》（哲学社会科
学版）2004 年第 5 期。

结　语

　　李泽厚在中国美学史研究方面的开创性贡献和重要地位已经获得公认。"儒道互补"美学史观是李泽厚在《美的历程》中提出并在《华夏美学》中确立和贯穿的重要观点，当然刘纲纪作为《中国美学史》两卷本的独著者对这一美学史观的提出和发展也有贡献。此后，"儒道互补"命题获得了广泛接受，已经超越美学，成为在中国思想史、哲学史和传统文化等研究领域被普遍认可的观点和重要方法论。但学界对"儒道互补"美学史观的深入研究还比较欠缺。基于此，本书希望对此进行较深入的研究。本书按照以下基本思路展开论述：首先，梳理了李泽厚"儒道互补"美学史观的提出、形成、发展和深化的具体过程；其次，分析了李泽厚"儒道互补"美学史观具有的丰富而独特的内涵；再次，探析了"儒道互补"思想在李泽厚思想体系中的重要地位；复次，总结了李泽厚"儒道互补"美学史观的学术史价值；最后，辩证地分析了李泽厚"儒道互补"美学史观难以克服的阐释困境。在论述过程中，本书初步形成以下主要认识和观点：

　　其一，李泽厚不仅是"儒道互补"命题的提出者，还将"儒道互补"作为中国古代思想史的基本线索，而且在《华夏美学》一书中以这一基本线索对中国古代美学史进行了深入的论述。所以，在美学研究中，"儒道互补"不是大多数论者所认为的美学观而首先是美学史观。

其二，"儒道互补"美学史观是在西学东渐后"儒道会通"成为文化自觉，中国美学本土化要求日益突出的历史背景中提出的。而且以思想史观为基础，李泽厚不断扩展"儒道互补"应用的论域，"儒道互补"逐步成为美学史观，文化史观和人类应对人类生存危机的方法论等。

其三，与大多数论者所认为的儒道双向互补的基本内涵不同，"儒道互补"美学史观具有极其丰富的独特内涵：儒道同源于巫史传统；"儒道互补"的本质是儒家美学为主干，以道补儒；"儒道互补"的动力是兼收并蓄："儒道互补"主要是儒家思想对道家美学、屈骚传统、禅宗美学、近代人性解放思潮和现代西方美学的兼收并蓄，屈骚传统被纳入儒家美学，禅宗美学被纳入道家美学实现了更深层次的"儒道互补"；"儒道互补"的现代转化是李泽厚将其实践美学的核心观点"自然的人化"观与"儒道互补"相结合，儒家美学和道家美学分别对应于"自然的人化"和"人化的自然"体现了"儒道互补"现代意义的新内涵。

其四，"儒道互补"美学史观在李泽厚思想体系中具有重要地位。李泽厚的思想具有会通中、西、马不同思想的特点。"儒道互补"美学史观是以儒学去消化马克思主义、康德哲学和海德格尔哲学，也体现了这种融通性。"儒道互补"与李泽厚的其他重要思想范畴如历史本体论、"度本体""情本体"和"自然的人化观"之间有密切的关系。"儒道互补"不仅是李泽厚所提出的美学史观，而且也是贯穿其思想体系的基本思维特征、独特品格和基本精神。李泽厚思想体系中主要由历史本体论、"自然人化观"、情本体论和度本体论构成，而这些都与"儒道互补"思想密切相关，"儒道互补"是"自然的人化"观的扩展，是历史本体论的基本精神，是情本体论的归宿，是"度本体"的集中体现。

其五，"儒道互补"美学史观具有重要的学术史价值，主要如下："儒道互补"美学史观确立了中国美学史思想根基，与中西方有代表性的美学史观比较，创新了美学史书写范式，合理阐释了中国古代美学史的发展规律，提升了中国美学独特价值，努力建构了"儒道互补，会通中西"的理想中西文化交流模式，开创了中国美学现代性，具有重要的学术史价值。

其六，与多数学者对李泽厚的"儒道互补"完全认同不同，笔者认为"儒道互补"美学史观具难以克服的阐释困境：主要是诠释方法困境，如儒道互补根源模糊、论述充满矛盾性；缺乏文艺实证性，如"儒道互补"美学史观在中国古代诗歌美学史、绘画美学史和陶瓷美学史三种代表性的中国美学史中都难以被充分证实；思维方式困境，如"互补"思维、单一论思维，统一论思维等。这些阐释困境并非仅属于李泽厚，而是20世纪80年代以来中国美学史写作过程中遇到的共同问题。中国美学史研究不仅需要各种通史和断代史或部分文艺史写作，也需要创新美学史观。

其七，"儒道互补"并不是李泽厚主要作为美学史观而提出的，而被赋予了文化复兴的重要目的。他希望探寻中国文化和美学的深层文化—心理结构，实现儒家思想和华夏文化心理结构的"转换性创造"，以应对现代社会的非理性主义思潮的挑战，改变中国文化近代以来的被歧视和边缘化的命运，奋力走进世界中心。总之，在李泽厚宏阔的理论建构中，"儒道互补"不仅是《华夏美学》中建构中国美学史的主线，还被赋予了更大的中国文化心理建构和拯救人类现代生存困境的重要目的。可见，"儒道互补"美学史观从探索文化心理结构出发是一种外部研究范式，而不是对中国美学史自身特点进行的内部研究。这是中国美学史研究长期面临的共同问题，笔者更期望和中国美学学人一起思考共同应对这些问题，为提高中国美学史的阐释力而尽力而为。

"儒道互补"美学史观还引发了笔者对为中国美学研究的进一步思考：

首先，当前中国美学研究存在的根本问题是什么？"我注六经"，天马行空，纵横驰骋是李泽厚的学术特色，失于此，亦成于此，对此我们无须过分苛责。"儒道互补"美学史观的阐释困境不仅仅是李泽厚所难以克服的问题，也反映了中国美学研究的普遍性问题。主要如下：

第一，从文化复兴和应对文化危机而进行的外部美学研究范式已经成为普遍存在的研究模式。如徐复观、朱光潜和宗白华也为应对现代西方艺术冲击，强调道家美学的主导性地位，这与李泽厚为了寻找中国文化的深层文化—心理结构所以强调了儒家美学的主干地位如出一辙。这种研究模式以探索中华民族文化—心理结构、寻找中华美学民族性和国别性，提升中华民族自信心等为研究宗旨，遮蔽了中华美学的各种问题，也缺乏对自己历史的深刻反思。以这样的美学史观去分析中国美学史显得削足适履，生硬机械，产生了诸多矛盾和问题。

第二，由于对不同部门美学、地域、民族、阶层的差异性和儒道两家之外的微观研究尚不充分，在此基础上建立的中国美学通史的宏观研究显得比较空泛而脆弱，各种理论预设的先验性前提和不证自明的可靠性抹杀了中国美学史的丰富性。诸多美学史的著者抽象概括的哲学研究方法论在文艺实证方面的阐释困境比较明显，因为我们总能找到中国文学艺术史上大量存在的反例来反驳他们视为"金科玉律"的观点。

第三，虚幻的完美的概念和命题充斥了整个中国美学史研究，中国美学越来越成为"敝帚自珍"和"孤芳自赏"式的自我封闭研究，失去了美学研究的规范性和客观性，等等。这些问题已经对中国美学史研究产生了很大的消极影响。其实李泽厚本人也认识到这些问题，所以尽管他提炼出了"儒道互补"的中国美学史观，但在《华夏美学》之后并不积极肯定"儒道互补"主线的正面价值。李泽厚后期对于"情本体"的强调实际上也是对这条主线的超越。所以产生了一个奇怪的问题，李泽厚颇费周折论述儒家思想对于其他思想的吸收，以使得自己的儒家为主干的以道补儒的"儒道互补"美学史观确立下来，最终却似乎是为了否定和超越它。"儒道互补"在某种意义上成为平庸缺乏生命力的完美。

　　第四，中国美学史真是仅由儒家美学、道家美学、屈骚传统和禅宗美学构成的吗？在中国美学研究史中情感究竟处于怎样的地位？这四种思想中除了屈骚传统敢于表达真情，想象奇特瑰丽，真正富有美学品格，其他如儒家以理节情，或者如道家太上无情，或者如禅宗一切皆空，都缺乏情感的自由发挥，而远离美学的感性特质。而近代人性解放思潮完全不同于以上四者应当有其独立价值。此外，就道家美学思想影响而言，并不局限于庄子美学，还有老子美学、道教美学，就佛教美学思想的影响来说，也并不局限于禅宗美学，还有华严宗的造像艺术对中国古代美学也是有重要影响的，此外还有非常丰富的民俗美学思想和工艺美学思想。中国美学研究应该不能仅仅局限于儒道释的精英美学还可以有更开阔的研究视野。

　　最后，儒家美学和道家美学作为中国重要的美学遗产在当代如何焕发出新生命力？

　　历史进入近代，中国是被西方列强欺凌的弱国，从那时起国人由强国心态进入了弱国心态。出现了极其矛盾的文化心理：一方面我们是被掠夺和宰割的弱国，极其自卑；另一方面，我们总在强调古已有之，热衷于宣传在哪些方面我们领先西方多少年，极其自负。这种复杂心态在中国不断崛起的过程中始终存在。强烈的忧患意识使我们须臾不敢忘记自己曾经挨打过，并认为丧失了自己的独特性就会被同化甚而有灭顶之灾。其实我们需要认识到世界各国尽管走过不同的发展道路，但在人类的心理发展上还是有很大共同性和相似性的。美学究竟是感性学，这种相似性就更大。所以强调天下共情，美美与共，我们并不因此失去了文化安全和美学自信。我们需要在历时性和共时性的两种维度更多思考不同时期、不同文艺作品中中国美学的特点，而不是机械简单地给它们贴上或儒或道的标签，这只会使中国美学史成为神秘、扑朔迷离的美学奇观，成为永远说不清的想当然，而这无益于中国美学学科的发展和研究的深入。或许，中国美学研究到了一个新的发展阶段：从探寻中华民族特色美学和国家美学的研究范式向寻找人类共性的范式转化。我们可以努力与其他国家、地区和民族的美学研究者一同应对人类和世界的生存问题，发现更多的共性实现更有效的交流，从而也会让我们丰厚的美学遗产得到更广泛和更深入的理解，而实现中华美学的新发展。毕竟，中华文化和美学本身就不是一个纯粹的单一民族、单一来源的独立系统，思想的融合而非对立一直是中国思想史和美学史中的悠久传统。儒家美学和道家美学也并非如西方美学史中某一学者、某一流派的单一的美学观点。儒、道思想从来不是泾渭分明，铁板一块，而是多种思想交流融合的产物，纯粹、单一的美学思想在中国极少出现也没有生命力。正如张法所言："当前中国美学史研究与美学理论研究出现了巨大的理论冲突，当务之急必须要梳理和揭示两者之间的内在联系。"① 应该注意到中国美学史不是单一封闭的线性发展，而更可能是"纬线"和"经线"相互交织构成一个纵横交错的"网状结构"②，而这个"网状结构"并不缺乏中西文化、多民族文化、精英文化和民间文化的多元开放交流。近年来，比较可喜的是中国美学思想史写作在不断突破单线顺向叙事的传统，走向综合与跨越。但也要注意到中国所走上的现代化道路的特殊性。中国美学史研究迫切需要走出"对西方美学理论印证的过程"和"西方美学史著述模式的翻版"的百年来的固有模式。如杜卫对王国维"凡一代有一代之文学"③ 的文学观的继承提出美学史"事实上它也被时代价值重塑，以致一代有一代之美学史"④。中国美学必将走出中国式现代化的美学道路。宗白华曾针对现代中

---

① 张法：《中国美学史研究历程中的三个问题》，《陕西师范大学学报》2013 年第 2 期。

② 方明：《论中国美学史的"网状结构"——从杨恩寰先生的"潜美学"观念谈起》，《美与时代》2021 年第 12 期；方英敏：《中国美学史写作偏至论》，《贵州社会科学》2008 年第 4 期。

③ 姚淦铭、王燕编：《王国维文集》第 1 卷，中国文史出版社 1997 年版，第 307 页。

④ 杜卫：《中国现代的"审美功利主义"传统》，《文艺研究》2003 年第 1 期。

国美学的建立说过"一方面保存中国旧文化中不可磨灭的伟大庄严精神,发挥而重光之;一方面吸取西方文化的菁华,渗透融合,在这中西文化总汇上建造一种更高尚更灿烂的新文化精神,作世界未来文化之模范,免去现在东西两文化之缺点、偏处"①。中西美学会通也是历史发展的必然。中国美学也不仅是民族美学,所以,中国美学不仅需要李泽厚所说的"转换性创造",进行现代性转化,需要新的美学理论来满足人类的需求,合理阐释人类审美实践中出现的新动向,而且需要中西美学的"融通性发展",即不固守于民族主义立场,而以更加宏阔的文化视野,平等、广泛交流,投入到现代美学和世界美学的新发展中。

总体上说,中国美学在以王国维、朱光潜、宗白华、李泽厚等一批美学学人的开拓和引领下不断推进,也在西方文化和西方美学的挤压和冲击下不断成长,取得了丰硕的成果。正如刘成纪所指出的"中国美学的发展是'西学东渐'的产物,也是中西文化、美学学科交流碰撞的精华"②。而且不可否认的是,"儒道互补"美学史观是李泽厚、刘纲纪等学者怀着一种严肃的文化使命,在西方文化的冲击中寻找中国的深层文化—心理结构,为中国文化和中国美学更好面向未来而进行的艰辛探索。他们不断强调儒家的主干地位其实是坚持了一种理性主义美学传统以对抗西方当代盛行的非理性主义思潮的冲击。而且李泽厚既强调中国美学的独特价值,也不排斥与世界美学的可融合性和互补性,把民族性和世界性有机统一起来。其良苦用心是近代以来几代知识分子的捍卫中华民族文化尊严深沉的集体情结。其矢志不渝的艰难探索历程体现了须臾不敢忘忧国的拳拳之心和为人类生存而忧思的深沉情怀,令后辈学人感动和敬重。李泽厚在其哲学小传结尾说:"……这可能与我的历史本体

---

① 宗白华:《宗白华全集(第一卷)》,安徽教育出版社 1994 年版,第 102 页。

② 刘成纪:《中国美学史研究:限界、可能与目标》,《南京大学学报》(哲学·人文科学·社会科学) 2022 年第 4 期。

论哲学仍然保留着某种被认为'过时了'的从康德到马克思的启蒙精神以及保留中国传统的乐观精神有关系，尽管今天这可能在中国很不时髦，但我并不感到任何羞愧。"① 的确"儒道互补"美学史观尽管并不完美，但李泽厚、刘纲纪等学者的砥砺前行无愧于中华美学自觉和美学自信的先行者地位，也无愧于21世纪我国提倡提升中华文化软实力，建设文化强国，实现中华民族伟大复兴的时代。

综上所述，"儒道互补"美学史观是李泽厚、刘纲纪等学者基于探寻中国文化深层心理结构的现实初衷而进行的中国美学史建构。而当前中国美学研究不仅仅需要探寻中国文化深层心理结构，还需要对美学史中十分丰富的文学艺术成果做出更加充分和有力的解释，甚至被期望以此对今天的文艺创作实践提供新的启示和引导。现实美学问题和挑战迫使中国美学学人需要做出新的回应。在这样的历史转折点上，我们不仅需要真正了解中国美学的精神，而且还需要在此基础上从立足于本土特色建构与西方相区别的民族性美学和国家美学，而进入人类美学和世界美学的现代视野，真正走上中国美学学科成熟的新阶段。正如张法所言：在全球化时代里，中国美学"从某种意义上说，它呼唤着一种全球化中的本土美学，这种本土美学不仅与古代中国相联，与100多年的中国现代性相联，更与全球化时代的世界整体相联"②。为此，我们迫切需要沿着以李泽厚为代表的美学学人开创的中国美学研究道路，进行美学观和美学史观的突破性创造。

道阻且长，"往事不可谏，来者犹可追"，中国美学研究，仍然需要继往开来，不断拓展和深入。

---

① 李泽厚：《实用理性与乐感文化》，生活·读书·新知三联书店2013年版，第291—292页。

② 张法：《美与万象——我的美学求索》，《美与时代》（下旬刊）2014年第5期。

参考文献

（一）李泽厚著作

《历史本体论己卯五说》，生活·读书·新知三联书店 2013 年版。

《论语今读》，生活·读书·新知三联书店 2013 年版。

《美学旧作集》，天津社会科学院出版社 2002 年版。

《美学论集》，三民书局 1996 年版。

《美学三书》，天津社会科学院出版社 2003 年版。

《批判哲学的批判——康德述评》，生活·读书·新知三联书店
　2013 年版。

《实用理性与乐感文化》，生活·读书·新知三联书店 2013 年版。

《世纪新梦》，安徽文艺出版社 1998 年版。

《说儒学四期》，上海译文出版社 2012 年版。

《说巫史传统》，上海译文出版社 2012 年版。

《我的哲学提纲》，三民书局 1996 年版。

《哲学纲要》，北京大学出版社 2011 年版。

《中国古代思想史论》，生活·读书·新知三联书店 2013 年版。

《中国近代思想史论》，生活·读书·新知三联书店 2013 年版。

《中国现代思想史论》，生活·读书·新知三联书店 2013 年版。

李泽厚、刘纲纪：《中国美学史（先秦两汉编)》，安徽文艺出版社
　1999 年版。

李泽厚、刘绪源：《该中国哲学登场了?：李泽厚 2010 年谈话录》，
　上海译文出版社 2011 年版。

（二）古典文献

（晋）郭象注、（唐）成玄英疏：《庄子补正》，刘文典补正，云南人民出版社 1998 年版。

（明）董其昌：《画禅室随笔》，江苏教育出版社 2005 年版。

（南朝）谢赫：《古画品录》，中华书局 1958 年版。

（宋）严羽著，郭绍虞校释：《沧浪诗话校释》，人民文学出版社 2006 年版。

（宋）苏轼：《苏东坡全集》（上下册），中国书店 1988 年版。

（宋）朱熹注：《楚辞集注》（八卷），北京图书馆出版社 2003 年版。

（宋）朱熹注：《周易集注》，中华书局 1983 年版。

（宋）朱熹撰：《四书章句集注》，金良年译，上海古籍出版社 2006 年版。

（唐）司空图著，郭绍虞集解：《诗品集解》，人民文学出版社 2006 年版。

陈鼓应注释：《老子今注今释及评介》，台湾商务印书馆 1987 年版。

陈鼓应注释：《庄子今注今译》（上、中、下三册），中华书局 2008 年版。

范文澜注：《文心雕龙注》（上下册），人民文学出版社 2008 年版。

阮元刻本：《十三经注疏》，中华书局 1980 年版。

王微：《画山水序——叙画》，陈传席译，人民美术出版社 1985 年版。

王先谦撰：《荀子集解》，沈啸寰、王星贤点校，中华书局 2008 年版。

杨伯峻译注：《论语译注》，中华书局 2015 年版。

杨伯峻译注：《孟子译注》（上下册），中华书局 1984 年版。

（三）其他著作类

［德］鲍桑葵：《美学史》，张今译，广西师范大学出版社 2001 年版。

［德］伽达默尔：《真理与方法》（上下卷），洪汉鼎译，上海译文出版社 2005 年版。

［德］黑格尔：《美学》（第 1—3 卷），朱光潜译，商务印书馆 1995 年版。

［德］康德：《纯粹理性批判》、《实践理性批判》、《判断力批判》，商务印书馆 2002 年版。

［德］克罗齐：《美学原理美学纲要》，朱光潜译，人民文学出版社 1983 年版。

［德］马克斯·韦伯：《儒教与道教》，王蓉芬译，商务印书馆 2003 年版。

［美］艾恺：《最后的儒家——漱溟与中国现代化的两难》，王宗昱、冀建中译，江苏人民出版社 1996 年版。

［美］梁漱溟、艾恺：《这个世界会好吗？——梁漱溟晚年口述》，生活·读书·新知三联书店 2015 年版。

［美］宇文所安：《中国"中世纪"的终结》，陈引驰、陈磊译，生活·读书·新知三联书店 2006 年版。

［日］笠原仲二：《古代中国人的审美意识》，魏常海译，北京大学出版社 1978 年版。

［意］史华罗：《中国历史中的情感文化——对明清文献的跨学科研究》，林舒俐、谢琰、孟琢译，商务印书馆 2009 年版。

［英］葛瑞汉：《论道者——中国古代哲学论辩》，张海晏译，中国社会科学出版社 2003 年版。

蔡仲德：《中国音乐美学史》，人民音乐出版社 1995 年版。

陈鼓应：《老庄新论》，中华书局（香港）有限公司 1991 年版。

陈来：《古代思想文化的世界——春秋时代的宗教、伦理和社会思想》，生活·读书·新知三联书店 2002 年版。

陈望衡：《中国古典美学史》，湖南教育出版社 1998 年版。

陈伟：《中国现代美学史纲》，上海人民出版社 1993 年版。

陈炎：《中国审美文化史》，山东画报出版社 2000 年版。

陈昭瑛：《台湾儒学的当代课题：本土性与现代性》，中国社会科学出版社 2001 年版。

成中英：《论中西哲学精神》，东方出版中心 1991 年版。

杜维明：《现代精神与儒家传统》，联经出版事业有限公司 1995年版。

方东美：《原始儒家道家哲学》，黎明文化事业股份有限公司 1987年版。

方克立、郑家栋：《现代新儒家人物与著作》，南开大学出版社1995 年版。

冯沪祥：《中国古代美学思想》，学生书局 1990 年版。

冯友兰：《中国哲学简史》，天津社会科学院出版社 2007 年版。

冯友兰：《中国哲学史》（上、下），重庆出版社 2009 年版。

傅伟勋：《文化中国与中国文化》，东大图书股份有限公司 1988年版。

高友工：《文学研究的美学问题》《律诗的美学》，《经验材料的意义与解释·美典：中国文学研究论集》，生活·读书·新知三联书店 2008 年版。

葛兆光：《禅宗与中国文化》，上海人民出版社 1991 年版。

郭绍虞：《中国文学批评史》，台湾明伦书局 1974 年版。

汉宝德等：《中国美学论集》，南天书局 1989 年版。

胡适：《中国哲学史大纲》，东方出版社 2012 年版。

黄宗智：《中国研究的范式问题讨论》，社会科学文献出版社 2003年版。

蒋振华：《唐宋道教文学史》，岳麓书社 2009 年版。

李健夫：《美学思想发展主流反思与阐释》，中国社会科学出版社2001 年版。

李明辉编：《当代新儒家人物论》，文津出版社 1994 年版。

李旭：《中国美学主干思想》，中国社会科学出版社 1999 年版。

梁漱溟：《东西文化及其哲学》，商务印书馆 2006 年版。

林安梧：《儒学革命论——后新儒家哲学的问题向度》，台湾学生书局 1998 年版。

林同华：《中国美学史论集》，江苏人民出版社 1984 年版。

刘成纪：《中国艺术批评通史（先秦两汉卷）》，安徽教育出版社 2015 年版。

刘墨：《中国画论与中国美学》，人民美术出版社 2003 年版。

刘述先：《儒家思想开拓的尝试》，中国社会科学出版社 2001 年版。

刘再复：《李泽厚美学概论》，生活·读书·新知三联书店 2009 年版。

卢辅圣主编：《中国文人画史》（上、下），上海书画出版社 2012 年版。

鲁迅：《中国小说史略》，上海古籍出版社 2013 年版。

罗光：《中国哲学大纲》，台湾商务印书馆 1999 年版。

敏泽：《中国美学思想史》（1—3 卷），齐鲁书社 1987 年版。

牟宗三：《中国哲学的特质》，学生书局 2015 年版。

聂振斌：《中国近代美学思想史》，中国社会科学出版社 1991 年版。

潘知常：《生命的诗境——禅宗美学的现代诠释》，杭州大学出版社 1992 年版。

皮朝刚：《游戏翰墨见本心——禅宗书画美学著作选释》，四川民族出版社 2013 年版。

皮朝纲：《禅宗美学史稿》，电子科技大学出版社 1994 年版。

皮朝纲：《中国美学沉思录》，四川民族出版社 1997 年版。

祁志祥：《中国美学通史》，人民出版社 2008 年版。

启良：《新儒学批判》，上海三联出版社 1995 年版。

钱穆：《中国文化史导论》（修订本），商务印书馆 1994 年版。

邱紫华：《东方美学史》（上下卷），商务印书馆 2003 年版。

任继愈：《中国哲学史》，人民出版社 1996 年版。

施昌东：《汉代美学思想述评》，中华书局 1981 年版。

唐君毅：《人文精神之重建》，台湾学生书局 1985 年版。

唐君毅:《中国文化之精神价值》,广西师范大学出版社 2005 年版。

田自秉:《中国工艺美术史》,东方出版中心 2012 年版。

汪济生:《实践美学观解构:评李泽厚的〈美学四讲〉》,上海人民出版社 2007 年版。

王德胜:《宗白华评传》,商务印书馆 2001 年版。

王国维著,周锡山编校:《王国维集》(第 1—4 册),中国社会科学出版社 2008 年版。

王生平:《李泽厚美学思想研究》,辽宁人民出版社 1987 年版。

王先需:《中国文化与中国艺术心理思想》,湖北教育出版社 2006 年版。

王永亮:《中国画与道家思想》,文化艺术出版社 2007 年版。

王振复:《中国美学的文脉历程》,四川人民出版社 2002 年版。

吴功正:《六朝美学史》,江苏美术出版社 1994 年版。

徐复观:《中国文学精神》,上海书店出版社 2006 年版。

徐复观:《中国艺术精神》,春风文艺出版社 1987 年版。

徐慕云:《中国戏剧史》,上海古籍出版社 2008 年版。

徐寿凯:《中国古代艺文思想漫话》,木铎出版社 1986 年版。

薛富兴:《分化与突围:中国美学 1949—2000》,首都师范大学出版社 2006 年版。

薛富兴:《山水精神》,南开大学出版社 2009 年版。

杨安仑、程俊:《先秦美学思想史略》,岳麓书社 1992 年版。

杨成寅、汤麟、程至的、潘耀昌编著:《中国历代绘画理论评注(共 7 卷)》,湖北美术出版社 2009 年版。

叶长海:《中国戏剧学史》,骆驼出版社 2001 年版。

叶海烟:《庄子的生命美学》,东大图书股份有限公司 1990 年版。

叶朗:《中国美学史大纲》,上海人民出版社 1999 年版。

叶维廉:《道家美学与西方文化》,北京大学出版社 2002 年版。

叶喆民:《中国陶瓷史》,生活·读书·新知三联书店 2013 年版。

余敦康:《魏晋玄学史》,北京大学出版社 2016 年版。

俞剑华:《中国古代画论类编》(上下册),人民美术出版社 1998
　　年版。

袁鼎生:《西方古代美学主潮》,广西师范大学出版社 1995 年版。

袁行霈:《中国诗歌艺术研究》,北京大学出版社 2012 年版。

张法:《中国美学史》,上海人民出版社 2000 年版。

张国庆:《儒道美学与文化》,中国社会科学出版社 2002 年版。

张节末:《禅宗美学》,北京大学出版社 2006 年版。

张明学:《道教与明清文人画研究》,四川出版集团巴蜀书社 2008
　　年版。

张启亚:《中国画的灵魂——哲理性》,文物出版社 1994 年版。

张世英:《境界与文化:成人之道》,人民出版社 2007 年版。

张松如主编,庄严、章铸著:《中国诗歌美学史》,吉林大学出版社
　　1994 年版。

张玉能:《新实践美学论》,人民出版社 2007 年版。

赵士林:《李泽厚美学》,北京大学出版社 2012 年版。

郑伟:《〈毛诗大序〉接受史研究——儒学文论进程与士大夫心灵
　　变迁》,人民出版社 2015 年版。

钟仕伦、李天道:《当代中国传统美学研究》,四川大学出版社
　　2002 年版。

周来祥:《中国美学主潮》,山东大学出版社 1992 年版。

朱光潜:《谈美书简》,北京出版社 2004 年版。

朱光潜:《西方美学家论美与美感》,汉京出版社 1984 年版。

朱光潜:《西方美学史》(上下),人民出版社 1963、1996 年版。

朱良志:《中国艺术的生命精神》,安徽教育出版社 2007 年版。

朱志荣:《中国审美理论》,上海人民出版社 2013 年版。

宗白华:《美学散步》,上海人民出版社 1981 年版。

宗白华:《艺境》,北京大学出版社 1998 年版。

邹华:《20 世纪中国美学研究》,复旦大学出版社 2003 年版。

（四）重要期刊论文

安继民：《论儒道互补》，《中州学刊》2007 年第 6 期。

白奚：《孔老异路与儒道互补》，《南京大学学报》（哲社版）2000
年第 5 期。

陈国球：《从律诗美典到中国文化史的抒情传统——高友工"抒情美
典论"初探》，《政大中文学报》2008 年第 10 期。

陈望衡：《"全球美学"与中国美学——中国美学如何与世界接
轨》，《学术月刊》2011 年第 8 期。

陈望衡：《论中国美学史的核心与边界问题》，《河北学刊》2015 年
第 3 期。

邓东：《李泽厚与陈炎的"儒道互补"研究之比较》，《山东科技大
学学报》（社会科学版）2002 年第 9 期。

方明：《论中国美学史的"网状结构"——从杨恩寰先生的"潜美
学"观念谈起》，《美与时代》2021 年第 12 期。

方然：《重估庄子在中国美学史上的地位——兼评李泽厚"儒道互
补"说》，《河南师范大学学报》（哲学社会科学版）1997 年第
1 期。

方英敏：《中国美学史写作偏至论》，《贵州社会科学》2008 年第
4 期。

高建平：《从形象思维谈认识论美学的回归》，《文史知识》2015 年
第 5 期。

高建平：《论作为文学史尺度的美学时间》，《文艺争鸣》2015 年第
5 期。

龚鹏程：《成体系的戏论:论高友工的抒情传统》，《清华中文学报》
2009 年第 3 期。

韩秉方：《儒道互补——国学之根基》，《读书》2011 年第 5 期。

贾永平：《论"儒道互补"在李泽厚美学中的确立》，《兰州文理学
院学报》（社会科学版）2014 年第 5 期。

金浪：《"以情释儒"——从〈陶渊明〉看朱光潜抗战时期的情感

论美学构建》,《中国现代文学研究丛刊》2013 年第 4 期。

金浪:《儒家礼乐的美学阐释——兼论抗战时期朱光潜与宗白华的
美学分野》,《文艺争鸣》2016 年第 11 期。

李钧:《美学史研究与美学的当代状况》,《复旦学报》2000 年第
4 期。

刘成纪:《40 年中国美学史研究的十个问题》,《文艺争鸣》2019
年第 11 期。

刘成纪:《多元一体的美学》,《郑州大学学报》(哲学社会科学版)
2009 年第 6 期。

刘成纪:《中国美学史研究:限界、可能与目标》,《南京大学学报》
(哲学·人文科学·社会科学) 2022 年第 4 期。

刘成纪:《中国美学史应该从何处写起》,《文艺争鸣》2013 年第
1 期。

刘成纪:《中国美学与传统国家政治》,《文学遗产》2016 年第
5 期。

刘彦顺:《鲍桑葵〈美学史〉"逻辑与历史"的研究方法及其当代意
义》,《淮北煤炭师院学报》(哲学社会科学版) 2002 年第 6 期。

刘悦笛:《美学的传入与本土创建的历史》,《文艺研究》2006 年第
2 期。

牟钟鉴、林秀茂:《论儒道互补》,《中国哲学史》1998 年第 6 期。

牛宏宝:《"后现代学术"条件下的美学史写作》,《首都师范大学
学报》2003 年第 6 期。

彭锋:《艺术的界定、潜能与范例》,《文艺理论研究》2014 年第
4 期。

彭立勋:《西方美学史学科建设的若干问题》,《哲学研究》2000 年
第 8 期。

石了英:《中国美学史的宏大叙述:高友工的"抒情传统"》,《山
西师大学报》(社会科学版) 2015 年第 4 期。

宋伟:《从"巫史传统"到"儒道互补":中国美学的深层积淀——

以李泽厚"巫史传统说"为中心》,《社会科学辑刊》2012 年第 9 期。

王建疆、杨宁:《中国美学的学科发生与学科认同》,《社会科学战线》2015 年第 4 期。

王启兴:《论儒家诗教及其影响》,《文学遗产》1987 年第 4 期。

王振复:《中国美学史著写作:评估与讨论》,《学术月刊》2012 年第 8 期。

徐碧辉:《从〈红楼梦〉看中国艺术之"情本体"》,《浙江工商大学学报》2011 年第 2 期。

徐碧辉:《一部厚重的历史——读汝信先生主编的〈西方美学史〉四卷本》,《哲学研究》2011 年第 6 期。

徐碧辉:《中国传统美学的核心——道》,《北京大学研究生学刊》1990 年第 6 期。

徐承:《抒情传统论述的"之"与"止"》,《中国图书评论》2014 年第 1 期。

颜昆阳:《从反思中国文学"抒情传统"之建构以论"诗美典"的多面向变迁与丛聚状结构》,《东华汉学》2009 年第 9 期。

杨一博:《德国古典美学与德国历史主义理论的关联性》,《云南社会科学》2015 年第 3 期。

张法:《新世纪西方美学新潮对西方美学冲击和对中国美学的影响》,《文艺争鸣》2013 年第 3 期。

张法:《中国美学史:学科性质、提问方式、演进状况》,《学术月刊》2011 年第 8 期。

张法:《中国美学史研究历程中的三个问题》,《陕西师范大学学报》2013 年第 2 期。

张法:《中国美学史应当怎样写:历程、类型、争论》,《文艺争鸣》2013 年第 1 期。

张弘:《近三十年中国美学史专著中的若干问题》,《学术月刊》2010 年第 10 期。

赵吉惠:《论"儒道互补"的中国文化主体结构与格局》,《陕西师范大学学报》(哲社版) 1994 年第 6 期。

赵建军:《思想与文化:中国美学史研究的认知逻辑》,《吉首大学学报》 2011 年第 1 期。

朱志荣:《中国美学史的审美意识史研究》,《郑州大学学报》(哲学社会科学版) 2010 年第 7 期。

（五）硕博论文

刘广新:《李泽厚美学思想述评》,博士学位论文,浙江大学, 2006 年。

刘建平:《论徐复观的中国艺术精神论》,博士学位论文,武汉大学,2010 年。

罗绂文:《李泽厚"情本体"思想研究》,博士学位论文,西南大学,2011 年。

牟方垒:《论李泽厚的"情本体"思想》,博士学位论文,湖南师范大学,2013 年。

钱善刚:《本体之思与存在化境——李泽厚哲学思想研究》,博士学位论文,华东师范大学,2005 年。

王耕:《李泽厚历史本体论研究》,博士学位论文,河北大学,2015 年。

张红梅:《论宋代陶瓷的禅宗美学境界》,硕士学位论文,景德镇陶瓷学院,2011 年。

张兰兰:《李泽厚中国古典美学思想研究》,硕士学位论文,山东大学,2016 年。

后　记

本书是在我的博士论文的基础上修改完成的。其中第一、二章已经修改发表，特此说明。

二〇一三年，我在四十岁的年纪开始了首都师范大学四年的读博生活。说来惭愧，博士论文的写作常常让我感到无限迷茫，难以为继，心生退意，而能够支撑我坚持下去的并不是自己的学术梦想，而是那些温暖我生命，让我始终充满诚挚谢意和深切感激的师长与亲朋。

感谢我的博士导师王德胜老师！四十岁读博，几乎已经失去了人才培养的意义，真是蒙恩师不弃才能给我这样宝贵的学习机会。入学后我一直怕老师。其实老师对我们非常亲切、随和，有时还很风趣，不乏真性情。这种怕其实是一种敬畏，敬畏的不是老师的权威，而是老师的勤奋和严谨。老师已过知天命的年纪，却在日常工作极其繁杂的条件下，笔耕不辍，还常常在凌晨时分回复我们的邮件。老师以身作则，其言传身教已经成为令我难以企及的尺度。论文写作的每一环节都有老师不厌其烦地辛苦指导，老师的意见常常像照亮我头脑的奇光，让我在极其困惑的情况下豁然开朗，走出迷思走进一个更广阔的天地。老师于我们就是这样永远高悬却绝不会落下的戒尺，宽容而不失严谨，尊重性灵却绝不骄纵懒惰。感谢我的师母贺丽老师！论文开题前我生病需要做手术，师母听说后立刻表示要陪我去，手术结束后又要为我做营养汤。论文写作期间师母不幸腿部骨折，老师和师母从未要我们照顾，也谢绝我们的探望，师母常说"你们读书、写论文忙，有收获我们就替你们高兴，一定照顾好自己。"让我既感动又惭愧。

同时我还要感谢二十多年前引领我走入美学之门的授业恩师硕士导师栾栋老师。1996年我大学三年级，在陕西师范大学学习经济管理专业，那年春天我听了栾老师的讲座"中国学人在法国"，当时栾老师在法国留学十余年刚刚回国。我被栾老师儒雅的讲解和拳拳爱国之心所感动，心想将来报考栾老师的研究生。几个月后当我在招生简章上看到栾老师名字后面的方向是感性学（美学）后就决定报考了。栾老师给我开了阅读书目。其中有朱光潜的《悲剧心理学》，读完后突然感到自己困惑的许多问题都有了答案，更加坚定了报考决心。应届我未能如愿考上，工作两年后我还是割舍不下美学对我的吸引力，再次报考，终于在栾老师的帮助下达成所愿，从此走上了美学学习和研究之路。我对栾老师是既感激又敬畏，老师在我偷懒不读书或回答问题不思考时真的会动怒，大声呵斥，而且怒气很久不能平息，我自知愚钝，更加内疚。工作后也很怕给老师打电话。隔着电话也能听出他对我怒其不争的失望。但老师始终在我心里，是缺席的在场，而且我自己为师越久越能理解老师对学生无所用心，学无所获的怒气。栾老师是我在美学之路上探求的原初动力。2023年2月19日敬爱的栾老师因病去世。而1月13日我收到栾老师最后一条回信还是"照顾好自己"。后来我得知其时老师已躺在医院的病床上。每每念及我都万分愧疚，心痛不已，天堂路远，但恩师之博学与赤诚依然可照亮前路。

还要感谢真正让我爱上中国美学并愿意深入研究的硕士导师王磊老师。王老师非常随和，研一的夏天，老师带我们去终南山游学，白天我们在山间游赏，下午在宾馆前的游泳池玩水，晚上我们和老师一起讨论中国美学史的问题。山间月色正好，清风徐徐，同学少年，恩师慈爱，哲思不断，言谈风雅，但愿此刻即永恒。那是我生命中难忘的动人瞬间。让我常常想起马克思所设想的理想生活："共产主义理想社会中劳动将不再屈从于强制性分工或为谋生而终生束缚于单一职业，而成为上午打猎、下午捕鱼、黄昏哲学思考的个性潜能全面发展。"受王老师的影响，我对中国美学情有独钟，一直愿意孜孜以求。

总之，跟随人品、学品都让我感动和敬佩一生的三位先生学习美学，品味人生，实乃此生之大幸事也！

还要感谢中小学时教育、启迪、爱护我的在家乡新疆的戈壁滩上支边的各位启蒙恩师，周老师（惭愧，四十余年前的幼儿园老师，我记不得老师的名字了，但记得她为我们做的许多事。比如用报纸和皱纹纸给我们做出五颜六色的儿童节的演出服。老师是上海知青，会唱歌跳舞做手工，这是我心中最早的美学种子。），还有第一个家访关心我的上海知青姜绮贤老师，教我英语并为我助我考研而敢于采取"非常手段"的冯玲娣老师，最早肯定我写作、读书能力的北京知青劳志冰老师，在我补习时请我去他家蹭饭的湖南知青赵慈命老师等。他们远离故土亲人，不远万里来荒漠戈壁从事教育工作。生活艰难，却热爱学生，他们确立了我对学习的最初信仰：知识可以照亮人生。这也是我在高校从教二十六年的最初动力之源。

以上恩师都是我为师的楷模，是我以敬畏之心教书的心理基石。

感谢首都师范大学政法学院的杨生平老师、白奚老师、田国秀老师、王淑琴老师等各位为我们授课的老师们！各位老师学有所长，授课精心，待我们友善宽容，是照亮我方向的灯塔。感谢政法学院分管研究生工作的邓衍雷老师！我夜晚突发急病，邓老师不辞辛苦，不厌其烦地陪着我去多家医院辗转求医，直到凌晨我得以医治才放心回家。这不仅仅是责任使然，还有对学生的深切关爱，令我倍受感动。

感谢我访学期间的导师——台湾大学的杜保瑞老师！杜老师儒释道兼修，对学生也仁爱尽心。为了"气韵贯通"，长期站着看书写作，看见我埋头看书，现身说法，也让我尝试，逐渐我也可以坚持下来。感谢台湾大学哲学系的林义正老师、林明照老师、佐藤将之老师！他们对中国哲学的热爱和深入的研究令我敬佩，在他们的课堂上我真正感受到中国哲学的巨大魅力，也坚定了将中国哲学、美学作为自己主要研究方向的信心。

感谢我的母亲，因为我是女儿，没有给母亲带来母以子贵的幸运，却让母亲因为我而历经苦难。母亲出生于豫东的农村，家境贫寒，家中的女儿们都没有读书的机会。目不识丁的母亲却一直支持我读书。小学时我求她赶集时给我买本字典，那是她唯一一次进书店，她取回来时却有一页被弄破了，心疼不已。我跟她说没关系可以用。结果她去卫生所要了白胶布将那页的裂缝粘贴起来，遮住了字反而看不见了，我哭笑不得。那时我不懂母亲敬惜字纸的情结，却第一次感到"书"在母亲心目中的神圣地位以及希望孩子好好读书的心情。我从未因为母亲不识字而真正难过，因为她从来不会看我的成绩单，我也从不需要把闲书藏起来。邻居取笑我只会读书连地都扫不干净，她却理直气壮地回一句"我孩子将来又不靠扫地吃饭！"母亲是个大嗓门，一喊我，整条街都会听到。高考当年落榜时，母亲没有像其他很多女同学的家长一样送我去纺织厂做女工挣钱养家，即使当时她靠给人做布鞋和贩菜养活我。我母亲就是这样一种无知、霸气而坚韧的存在，是我心目中的大山，不仅给了我生命，也将她的一切融入了我的生命。2009 年母亲骑自行车摔倒后昏迷不醒。由于脑出血的后遗症性情大变，由身疾而转为心疾，患上了抑郁症，身心脆弱，什么都不能再替我做，我也从此学会成为母亲的大山。

感谢我的伯父伯母，他们已有三个孩子，家境并不宽裕，但他们视我如己出，最早肯定我爱读书爱学习的习惯，并始终给予我力所能及的支持。记忆中我第一件属于自己的绣花新衣，第一双厚实的棉鞋都是伯母给我做的，第一次作为优秀少先队员出去玩的路费是伯父给我的，在四十多年的岁月里二老一直积极肯定和相信我。这种无私的信任也是我前进的重要动力。他们始终如一的乐观豁达也一直感染着我。

感谢我的爱人！二十多年的婚姻生活让我们彼此珍惜，互相扶持，从无到有。爱人读博时女儿只有三个月，三年后爱人博士如期毕业。十年后我去读博，爱人成为我最大的依靠。感谢他真诚的陪伴，坚持不懈的努力和最大的付出！爱人每天早起给女儿做饭，接送女儿学习，陪女儿运动，是一个好爸爸。最重要的是相对于我这个刻板妈妈，他给予女儿成长很大的自由和贴心的陪伴：送女儿上学的路上看到春光明媚，立刻给老师请假，带孩子去看了一天中山公园盛开的樱花。一场难得的大雪后给老师请假两天带孩子堆雪人，玩雪。我读博期间是爱人对母亲的照顾给我最有力的支持。他还不断努力，教学科研双丰收评上了教授，真是励志暖男。感谢我的女儿！我读博时缺席了她四年的成长，她学习上极其自律自强，还学会照顾我母亲。她总是暖心地支持我读书，是我生命中的天使。她在高考选择专业时，我鼓励她选择自己热爱的工科电学，而不是延续我们夫妇文科生的所谓"遗传基因"，尽管文科成绩确实给她的高考成绩增色不少，因为我从自己的求学经历已经明白唯有热爱可抵岁月漫长，也可抵世事无常。

感谢袁新、张茹芝、胡疆锋、庞飞、刘伟这些挚友们，是他们胜似亲人的深厚友情给了莫大的鼓励，帮我度过人生的许多艰难时期，纸短情长，好在还有余生可以相扶相守。感谢岳贤雷、翟彬、张旭辉、高玄和孙慧等博士学友们，他们各有所长，温暖如玉，在学习和生活上都给了我很大的帮助，让人留恋读书时光的美好。

感谢我可爱的学生刘伟、王林君、张晓萍一直相信和支持我！最欣慰的是她们始终有自己的追求，并且持之以恒，见证她们的成长，而且时时感受她们如挚友般触手可及的温暖问候，实在是为师之幸。

最后感谢我自己，大多数学子从本科到博士可能只需要10年，而我却用了二十四年，博士论文出书又用了五年多。其中艰辛无奈难以言说。感谢自己从未放弃，一直在努力成为自己想成为的人。

此处引龚自珍的《己亥杂诗》第二十三首来表达自己的痴与拙："少年哀乐过于人，歌泣无端字字真。既壮周旋杂痴黠，童心来复梦中身。"愿余生依然奋勉不息，不负恩师，不负至亲，不负挚友。

此外，由于自身学术水平浅陋，学术积累不足，本书还存在诸多错讹，恳请各位专家读者批评指正。